食品安全管理丛书

食品市场监管概论

张建新 著

INTRODUCTION TO
FOOD MARKET REGULATION

中国轻工业出版社

图书在版编目（CIP）数据

食品市场监管概论／张建新著．—北京：中国轻工业出版社，2020.11
食品安全管理丛书
ISBN 978-7-5184-3164-9

Ⅰ.①食… Ⅱ.①张… Ⅲ.①食品—市场监管—概论 Ⅳ.①F768.2

中国版本图书馆CIP数据核字（2020）第165002号

责任编辑：马　妍　张浅予
策划编辑：马　妍　　责任终审：张乃东　　封面设计：锋尚设计
版式设计：砚祥志远　责任校对：吴大鹏　　责任监印：张　可

出版发行：中国轻工业出版社（北京东长安街6号，邮编：100740）
印　　刷：三河市国英印务有限公司
经　　销：各地新华书店
版　　次：2020年11月第1版第1次印刷
开　　本：787×1092　1/16　印张：13
字　　数：330千字
书　　号：ISBN 978-7-5184-3164-9　定价：58.00元
邮购电话：010-65241695
发行电话：010-85119835　传真：85113293
网　　址：http://www.chlip.com.cn
Email：club@chlip.com.cn
如发现图书残缺请与我社邮购联系调换
181439J4X101ZBW

前言 Preface

食品安全问题不仅是一个民生问题、社会问题、经济问题，而且还是一个政治问题，关系到社会和谐稳定、人民群众的身心健康。食品安全是国家发展的百年大计，也是人民对美好生活的期盼。近几年来，食品工业已经成为我国国民经济的第一大支柱产业，在国民经济、实施健康中国战略等方面扮演着举足轻重的角色。但食品安全形势依然严峻，人民群众的满意度还不够高，党中央和国务院高度关注。食品市场监管是国家治理体系和治理能力现代化建设的重要组成部分，如何优化监管体制机制，改进市场监管方法和措施，确保我国的食品安全，促进食品经济和健康中国发展，实现让人民吃得放心的目标，也是我国市场监管部门和相关科技工作者必须深入思考和研究的重大课题。

食品市场监管是一门综合学科，也是一门大学问，既要监管好食品市场，确保食品安全，壮大食品经济，又要让人民满意，因此监管既不能让食品市场经济丧失活力，又要使食品市场主体的能量得到最大限度的发挥。我国持续不断地进行食品市场监管改革，给市场能量释放提供了巨大的空间，只有不断完善食品市场监管体系和建立客观公正的食品市场监管体制机制，才能为中国食品工业高质量发展和食品安全保驾护航。面对我国食品安全形势和食品市场监管的目标要求，为了提高食品市场监管的科学性、合理性、适用性和有效性，我国不断调整食品市场监管体制，以适应食品市场的变化和就业发展的需要。有鉴于此，作者在食品市场监管理论与实践、历史与现状的基础上，深入分析了食品市场监管领域及相关领域存在的热点和难点问题，通过对食品市场监管理论、食品市场监管体制机制现状和食品监管技术与方法的系统分析，归纳总结了食品市场监管规律、监管体制与机制、监管技术与方法、监管标准及监管体系之间的相互关系，提出了以食品市场监管理论与规律、监管技术与方法、监管思路与措施相互融合的市场监管思路来撰写适合中国国情和特色的《食品市场监管概论》。本书属于管理学（C93）中的管理技术与方法（C931），希望能为我国食品市场监管工作的发展、食品安全的稳定向好、让人民吃得放心、走好中国特色市场监管之路尽一份力量。

本书内容共八章，第一章市场与市场监管概述，第二章食品与食品市场监管概述，第三章食品市场监管理论与规律，第四章食品市场监管的体制与发展方向，第五章食品市场监管方法与技术，第六章食品市场监管法律与标准，第七章构建食品市场监管标准体系框架，第八章不同类型食品市场监管思路与措施。书中首次总结提出了食品市场监管规律，包括一般规律和特殊规律；首次提出并创建了食品市场监管标准及监管体系框架；针对保健食品、食用农产品、传统食品、餐饮服务业、食品标签、食品广告和食品过度包装等市场监管热点问题，提出了创新食品市场监管方式的思路和措施，对食品市场科学监管可能具有一定的作用。本书出版的必要性、重要性、理论意义及实际价值是不言而喻的，同时，也可为其他产品市场监管提供思路经验与借鉴。

　　本书涉及市场监管的基本概念、市场监管的范围与对象、市场监管理论、食品市场监管规律、市场监管方法与技术、食品安全标准化管理、食品原料生产、食品生产加工、食品销售流通经营和餐饮服务全过程，以及保健食品、食用农产品、食品广告、食品标签、传统食品、食品包装等食品市场监管重点领域，内容十分广泛。谋事在作者，成事在读者。由于本书涉及经济学、管理学、法学、社会学、化学、生物科学、农业科学、环境科学及食品科学与工程等多门学科，作者深刻认识到，书中可能存在不妥的地方，恳请专家和读者批评指正，以便再版修订时完善。在撰写过程中，作者参考阅读了大量文献资料，吸收了行业专家和教授及学者的观点，在此深表感谢！在撰写过程中，得到了中国轻工业出版社和西北农林科技大学的大力支持，对此表示最诚挚的感谢！在撰写过程中，还得到了家人的鼎力支持和同事的关照，特此感谢！

　　本书可作为国家市场监督管理部门和农产品市场监管部门，省市自治区及市、区、县级等政府相关部门的市场监管高级研修培训教材；也可作为食品质量与安全、食品科学与工程和食品营养与健康等食品类专业本科教材，食品科学、农产品贮藏与加工工程、粮食油脂与蛋白质工程、水产品贮藏与加工工程、食品工程等专业硕士研究生教材；还可作为食品生产经营企业高、中级管理人员，品质控制技术人员和食品安全管理人员的培训教材；同时也可作为食品市场监管、食品标准化管理、大中专院校和企事业单位相关研究领域的专业技术人员的参考书。

作者
2020 年 9 月 1 日
于陕西杨凌

目录 Contents

第一章 市场与市场监管概述 ·· 1
  第一节 市场概念及种类 ·· 1
    一、市场相关概念 ·· 1
    二、市场种类 ·· 2
    三、市场构成要素 ·· 4
  第二节 市场监管及其发展历史 ·· 4
    一、市场监管相关概念 ·· 4
    二、市场监管发展历史 ·· 5
  第三节 市场监管目标与范围对象 ·· 7
    一、市场监管目标 ·· 7
    二、市场监管范围 ·· 7
    三、市场监管对象 ·· 8

第二章 食品与食品市场监管概述 ·· 9
  第一节 食品相关概念及市场监管发展历史 ·· 9
    一、食品与食品安全 ·· 9
    二、食品相关概念 ·· 10
    三、我国食品市场监管发展历史 ·· 12
  第二节 食品市场监管范围及其分类 ·· 13
    一、食品市场监管范围 ·· 13
    二、食品市场监管分类 ·· 14
  第三节 食品市场监管对象与对策 ·· 39
    一、食品市场监管对象 ·· 39
    二、食品市场监管对策 ·· 40

第三章 食品市场监管理论与规律 ·· 42
  第一节 食品市场监管理论 ·· 42
    一、市场失灵论与公共失灵论 ·· 43
    二、真实票据论与索证索票论 ·· 44
    三、信息不对称理论与溯源追溯理论 ·· 45
    四、全程质量控制与事前事中事后监管论 ·· 49

　　　　　五、回应性监管理论与社会共治理论 …………………………………… 52
　　第二节　食品市场监管规律 ……………………………………………………… 57
　　　　　一、市场规律概述 ……………………………………………………… 57
　　　　　二、市场监管客观规律 ………………………………………………… 58
　　　　　三、食品市场监管客观规律 …………………………………………… 59

第四章　食品市场监管的体制与发展方向 …………………………………………… 63

　　第一节　食品市场监管历史与体制 ……………………………………………… 63
　　　　　一、以食品卫生为主线的阶段（1949—2002年）……………………… 63
　　　　　二、食品卫生和食品安全并重的阶段（2003—2007年）……………… 64
　　　　　三、以食品安全为主线的阶段（2008—2012年）……………………… 65
　　　　　四、以食品安全和打击犯罪为主线的阶段（2013—2017年）………… 66
　　　　　五、以大市场一体化监管为主线的阶段（2018年至今）……………… 68
　　第二节　我国食品市场监管体制发展方向分析及措施 ………………………… 70
　　　　　一、食品市场监管体制发展方向分析 ………………………………… 70
　　　　　二、食品市场监管措施分析 …………………………………………… 72

第五章　食品市场监管方法与技术 …………………………………………………… 74

　　第一节　食品安全风险评估 ……………………………………………………… 74
　　　　　一、概述 ………………………………………………………………… 74
　　　　　二、食品安全风险评估与市场监管 …………………………………… 75
　　第二节　产品质量监督抽查 ……………………………………………………… 76
　　　　　一、概述 ………………………………………………………………… 76
　　　　　二、产品质量监督抽查与市场监管 …………………………………… 77
　　第三节　食品安全监督抽检和风险监测 ………………………………………… 78
　　　　　一、概述 ………………………………………………………………… 78
　　　　　二、食品安全监督抽检和风险监测 …………………………………… 81
　　第四节　食品质量安全溯源追溯 ………………………………………………… 89
　　　　　一、概述 ………………………………………………………………… 89
　　　　　二、产品质量溯源追溯与市场监管 …………………………………… 90
　　第五节　食品质量安全认证 ……………………………………………………… 92
　　　　　一、概述 ………………………………………………………………… 92
　　　　　二、食品质量安全认证与市场监管 …………………………………… 93
　　第六节　食品生产经营许可 ……………………………………………………… 95
　　　　　一、概述 ………………………………………………………………… 95
　　　　　二、食品生产经营许可与市场监管 …………………………………… 96

第六章　食品市场监管法律体制与标准 ……………………………………………… 97

　　第一节　食品市场监管法律体制分析 …………………………………………… 97
　　　　　一、食品市场监管法律目标要求 ……………………………………… 97
　　　　　二、食品的法律概念与调整范围分析 ………………………………… 98

三、食品法律内容完善与市场监管体制分析 …………………………… 101
　第二节　食品安全标准体系分析与市场监管标准创建 …………………………… 104
　　　一、概述 …………………………………………………………………… 104
　　　二、食品安全国家标准体系及在食品市场监管中的适用性分析 ………… 105
　　　三、食品安全国家标准体系在市场监管中的应用分析 …………………… 108

第七章　构建食品市场监管标准体系框架 …………………………………… 112
　第一节　食品市场监管标准的构建 …………………………………………… 112
　　　一、构建食品市场监管标准思路与目标 …………………………………… 112
　　　二、食品市场监管标准的范围与分类 ……………………………………… 113
　　　三、食品市场监管标准制定原则及关键控制点 …………………………… 117
　第二节　食品市场监管体系框架 ……………………………………………… 126
　　　一、概述 …………………………………………………………………… 126
　　　二、食品市场监管体系构建的基础 ………………………………………… 127
　　　三、食品市场监管体系框架 ………………………………………………… 131
　　　四、食品市场监管体系建设 ………………………………………………… 140

第八章　不同类型食品市场监管思路与措施 …………………………………… 143
　第一节　保健食品监管思路与措施 …………………………………………… 143
　　　一、保健食品及市场监管问题概述 ………………………………………… 143
　　　二、保健食品市场监管思路 ………………………………………………… 145
　　　三、保健食品监管措施 ……………………………………………………… 146
　第二节　食用农产品监管思路与措施 ………………………………………… 147
　　　一、食用农产品及市场监管问题概述 ……………………………………… 147
　　　二、食用农产品生产过程与市场监管思路 ………………………………… 148
　　　三、食用农产品市场监管措施 ……………………………………………… 152
　第三节　餐饮服务业监管思路与措施 ………………………………………… 153
　　　一、餐饮服务业及市场监管问题概述 ……………………………………… 153
　　　二、餐饮服务业监管思路 …………………………………………………… 155
　　　三、餐饮业服务业监管措施 ………………………………………………… 161
　第四节　食品标签监管思路与措施 …………………………………………… 168
　　　一、食品标签及市场监管问题概述 ………………………………………… 168
　　　二、食品标签监管思路 ……………………………………………………… 173
　　　三、食品标签监管措施 ……………………………………………………… 175
　第五节　食品广告的监管思路与措施 ………………………………………… 175
　　　一、食品广告及市场监管问题概述 ………………………………………… 175
　　　二、食品广告监管思路 ……………………………………………………… 178
　　　三、食品广告监管措施 ……………………………………………………… 179
　第六节　传统食品监管思路与措施 …………………………………………… 180
　　　一、传统食品及市场监管问题概述 ………………………………………… 180

　　　　二、传统食品监管思路 …………………………………………………… 182
　　　　三、传统食品监管措施 …………………………………………………… 182
　　第七节　食品包装监管思路与措施 ………………………………………… 187
　　　　一、食品包装及市场监管问题概述 ……………………………………… 187
　　　　二、食品包装监管思路 …………………………………………………… 190
　　　　三、食品包装监管措施 …………………………………………………… 191

参考文献 ………………………………………………………………………… 193

第一章 CHAPTER 1

市场与市场监管概述

内容要点

- 市场
- 市场种类
- 市场构成要素
- 市场监管发展历史
- 市场监管范围及对象

第一节 市场概念及种类

提到市场大家并不陌生,人们买卖东西就会去市场,这已经成为人类生活、社会活动中一个重要组成部分。在汉语中常常把一切物体统称为"东西",盛唐时期的长安城中设有东、西两大市场,东市是国内市场,西市是国际市场。一般认为市场就是买卖双方进行交易的场所。市场是社会分工和商品生产发展的必然产物,哪里有社会分工和商品交换,哪里就有市场。市场在促进社会经济发展、技术进步和满足消费者需求等方面发挥着重要作用。市场监管是因市场上商品交换过程中存在诸如侵犯知识产权、垄断、不正当竞争、欺诈甚至犯罪等破坏市场经济秩序和造成环境污染等社会问题而诞生的。市场监管对象是市场主体及其市场行为。因此掌握市场的特点、活动规律和主要问题,以市场监管目标为导向,完善市场监管法律法规,确定市场监管体制机制,制定相应的监管标准及有效的监管方法,培养高素质和懂业务的监管人才队伍是市场监管的关键。

一、市场相关概念

市场是指买卖双方进行交易的场所。市场是实现商品交换的条件和纽带,也是市场上一切有形商品或无形商品交换活动的总和。市场与经济是一对孪生兄弟,市场伴随着商品经济和市场经济的发展而发展、壮大而壮大。有关市场的概念及研究均起源于经济领域。

随着社会经济活动与消费者需求的不断变化，市场在其形成和发展过程中，也不断地产生市场细分，出现了不同类型的市场，并向着专业市场、综合市场等方向发展。市场细分最早由美国的温德尔·史密斯于1956年提出，其基本概念是多数市场都不是单一性的市场，而是由几个相对同质的子市场组成，对于提供类似产品或服务的企业来说，这些子市场的需求是同质的。

市场细分遵循的基本原则，一是基于消费者为导向，按照消费者的需求和行为特征来细分；二是基于产品（商品）为导向，按照产品的特定消费情境来细分。而市场细分的产生与发展，一方面满足不同消费者的需求，另一方面也加速了社会分工、商品交换及社会经济的发展[1]。

二、市场种类

关于市场的起源，据《周易·系辞》记载："神农日中为市，致天下之民，聚天下之货，交易而退，各得其所。"司马光在《资治通鉴》中也称："神农日中为市，致天下之民，聚天下之货，交易而退，此立市始。"这两种说法基本一致都认为原始市场是从神农氏时代开始出现的。我国古代社会进入农业时期，社会生产力有了一定发展后，先民们就开始有了少量剩余产品可以交换，原始市场开始出现。陕西省武功县的武功镇是中华农耕文明始祖后稷的故里，相传上古时期每年春季，后稷在教稼台前教农稼穑，授民于农耕技术。每年农历十一月初七，四方百姓聚合武功镇漆水河东河滩教稼台下，纷纷带来各自的收获以答谢后稷，并开始以物易物，中国最早的市场即发端于此。据《史记·正义》记载："古者相聚汲水，有物便卖，因成市，故曰'市井'"。古代把原始市场称为市井，因最初的交易都是在井边进行的。据《史记·货殖列传》记载，到西汉时，有以下七类市场：一是粮食、新鲜蔬菜、水果、干果和干菜等农产品市场；二是原木、竹竿、木柴等林产品市场；三是牛肉、羊肉、猪肉、牛皮、羊皮、猪皮、牲畜的角等畜牧业产品市场；四是鲜鱼、大干鱼、小杂鱼等水产品市场；五是豆酱、酒、帛、絮（丝棉）、毛织品、狐皮等手工业市场；六是牛车、轺车、漆器、铜器、铁器、木器等农业生产工具市场；七是玉石、玛瑙、丹砂等矿物产品市场。此外，还有劳动力市场。

随着社会经济的不断发展，商品交换形式也随之发展变化，从原始市场的物—物交换形式，发展到物—货币—物交换形式，从有形商品到无形商品的交换形式。古代不同市场交换的发展经历了巨大变化，市场也发生了巨大变迁，直到出现现代的实体市场，以及网络市场等市场种类。

关于市场种类，不同时期、不同学者有不同的分类方法，综合归纳国内外对市场的分类，概括起来主要有以下几种。

（1）按照企业的角色分类
①购买市场：企业在市场上是购买者，购买需要的产品（原辅料或者配件）；
②销售市场：企业在市场上是销售者，出售自己的产品。
（2）按产品或服务供给方的状况（即市场上的竞争状况）分类
①完全竞争市场；
②完全垄断市场；
③垄断竞争市场；
④寡头垄断市场。

(3) 按市场所处的国家及地理位置分类

①国际市场（城市市场和农村市场）；

②国内市场（城市市场和农村市场）。

(4) 按经营产品的专业性和综合性分类

①专业性市场；

②综合性市场。

(5) 按规模和交易量大小分类

①微型市场；

②小型市场；

③中型市场；

④大型市场。

(6) 按交易对象是否具有物质实体分类

①有形产品市场；

②无形产品市场。

(7) 按交易对象的供货属性分类

①商品市场；

②现货市场；

③期货市场。

(8) 按经营的商品属性及其用途分类

①生产资料市场；

②生活用品市场；

③技术服务市场；

④人力资源市场；

⑤金融保险市场；

⑥财产保险市场；

⑦文化旅游市场；

⑧房地产市场；

⑨建筑材料市场；

⑩民用航空市场；

⑪军事工业市场；

⑫家用汽车市场；

⑬医疗药品市场；

⑭医疗器械市场；

⑮快递服务市场。

(9) 按商品交换环境及交货状况分类

①实体市场；

②虚拟市场（电子商务、网络市场）。

(10) 按商品交换时间及地点固定状况分类

①定时市场（早市或者朝市、大市或者午市、夕市或者夜市）；

②固定市场；

③流动市场。

总而言之，商品交换的种类涉及人类衣食住行、社会经济、科学技术、知识产权和社会服务等方方面面。因市场上商品交换过程中存在诸如侵犯知识产权、垄断、不正当竞争、欺诈、甚至犯罪等破坏市场经济秩序的问题，从古至今，无论是原始市场、现代市场以及未来新兴市场，为确保商品交换的公平、公正和消费者的合法权益，都需要政府、市场主体以及消费者自身对市场进行干预，市场监管成为国家或政府的一项基本任务。

国家或政府为了实施对不同商品市场监管，制定并颁布了相应的法律法规和标准，但其发展却相对滞后，难以满足市场的变化和对市场监管的需求。科学有效、公平合理的市场管理理论、市场监管体系、监管技术与方法等还需要不断地创新和发展。而食品是一种特殊的商品，与人类的生命健康息息相关，食品安全是人类社会发展的生命线。因此，做好食品市场监管，让人民吃得放心是实现人民群众对美好生活需求的关键问题之一。

三、市场构成要素

无论市场种类的分类多么复杂，市场名称怎样变化，对于一个完整市场而言，其构成要素都是由硬件要素和软件要素两部分组成。市场构成的硬件要素，主要由市场主体、市场客体和市场载体三部分组成。

市场主体是指参与市场交换活动的一切个体和组织，其中个体包括商品生产者、商品消费者和商品交换的中介人；组织包括生产型企业、商务型企业、行业协会、商会、政府及其市场管理机构。

市场客体是指在市场商品交换活动中市场主体之间交换的对象，其中交换对象有物质产品，也有非物质产品（如知识产权和社会服务等）。

市场载体是指市场主体进行市场客体交换所需要的地点、空间、场所以及其他有关设施，市场载体还包括进行交换的特定地点、空间或场所，以及仓库、运输工具、物流系统、信息传递的网络等配套设施。

市场构成软件要素，主要包括价值与价格、供给与需求、竞争与协作三个方面。任何一个市场的发展水平与市场构成软件要素的完备程度相关。因此，处理好三个方面的关系，是市场有序健康发展的助推剂。

在市场构成要素中硬件和软件二者不可分割，硬软互为一体、相互关联、互为支撑[2]。因此，市场监管应针对市场的硬件要素和软件要素两个方面实施全面监管，缺一不可。

第二节 市场监管及其发展历史

一、市场监管相关概念

市场监管，其字面含义是指市场监督和市场管理，但市场监管并非市场监督和市场管理两个含义的叠加，市场监管既不同于市场监督，也不同于市场管理，市场监管在市场经济发展过程中有着其特定的含义。市场监管是市场监管主体对市场活动主体及其行为进行限制、约束、管制等直接干预活动的总称[3]。笔者认为市场监管除了对市场活动主体及其行为进行限制、约束、管制等直接干预活动外，还应包括对市场主体的服务。

市场许可准入是市场监管机构为确保市场稳定发展与有序竞争，对市场主体进入市场，参与市场活动的约束和限制。是政府对市场监管和经济发展的一种制度安排，它通过政府有关部门对市场主体的登记、注册、发放许可证和营业执照等方式来实现[3]。我国食品市场准入制度实际上是工业产品许可证管理的一部分，旨在消除市场缺陷、抑制过度竞争、防止市场风险、确保市场食品安全和人民身心健康。

市场监管机构是指有权实施市场监管的政府机关、机构和团体，其中以政府机关为主。市场监管的权力是由国家有关法律法规授权的，是国家体制的重要组成部分，包括综合性监管机关（如各级人民代表大会及其常务委员会、各级人民政府）和具体市场监管机关（如金融监管、证券监管、食品监管、药品监管、进出口食品监管、道路交通安全监管等）。

此外，政府机关的一些附属机构（主要是事业单位），也因政府机关依法授权承担相关市场的监管任务（如国家认证认可监督管理委员会、中国银行保险监督管理委员会、中国证券监督管理委员会、国家级产品质检中心、省部级产品质检中心和第三方检验检测机构等）。官方和非官方的社会团体、新闻媒体、消费者协会和其他消费者组织承担对行业自律，对违反相关市场法律法规规定，损害消费者合法权益的行为，依法进行社会监督，也就是承担社会监管任务。

市场监管对象是市场主体及其市场行为。市场主体主要包括提供有形产品、无形产品的经营者和中介服务者（各种类型的有形产品生产者、产品经销者和无形产品的拥有者）；市场行为是指市场主体为满足自身需要，在市场中进行的各种活动，包括销售经营、产权交易、中介服务和营销广告等。

二、市场监管发展历史

我国市场监管历史悠久，且市场监管伴随着市场产生而产生，又随着市场不断地发展而发展，且因市场种类的不同，产生了不同市场监管法律法规以及相应的市场监管技术与方法。市场监管不仅仅是对某一行业、某一具体市场、某一区域的管理，也是具有普遍性的监督管理，也就是说有市场就必然需要市场监管。据历史记载，我国市场监管最早出现在周朝，在周朝的正式市场中，每日的交易活动分三次举行，"朝市"在早晨，"大市"在午后，"夕市"在傍晚。参加夕市贸易的都是小商小贩。市场设有门，进入市门交易，称为"市入"，市入之时，有小吏执鞭守于门口，以维护市入秩序，这就是原始的市场监管。由此可见，最早的市场监管主体是由政府负责的。初期的市场监管，因市场构成要素不尽完善，且市场监管仅仅局限于对市场主体交易行为的一般管理，并不是真正意义上对市场主体的限制、约束、管制和服务。随着市场的发展，市场主体交易关系更加复杂，交易行为也发生很大的变化，市场监管也从一般行为开始向抽象行为转化，且市场监管体制与内容也随之变化，以适应市场监管的需要。

中国市场监管体制可以分为市场宏观监管和市场技术监管两个部分。具体发展历史经历了市场宏观管理和市场技术管理两个阶段。

第一阶段，市场宏观管理部门的历史沿革情况：1954年11月，成立了中央工商行政管理局，属于国务院直属机构。1970年6月，经中共中央批准将中央工商行政管理局并入商业部。

1978年经党中央批准，成立中华人民共和国工商行政管理总局，直属国务院。1982年8月，成立国家工商行政管理局（至2018年3月），是国务院主管市场监督管理和有关行政执法工作的直属机构，既是经济监督机关，也是行政执法机关。随着国家体制和机制的变化，期间其归属有过多次调整。市场监管职能主要是对市场进行监督管理，其主要职能可以概括为：①组织管理工商企业和从事经营活动的单位、个人的注册，依法核定注册单位名称，审定、批准、颁发有关证照，实行监督管理；②研究拟定工商行政管理的方针、政策和有关法规，拟定、发布工商行政管理的规章制度；③组织监督检查市场竞争行为，查处垄断和不正当竞争案件，依照法律法规打击流通领域的走私贩私行为和经济违法违章行为；④组织保护消费者合法权益，组织查处侵犯消费者权益案件，组织查处市场管理和商标管理中的经销掺假及假冒产品行为；⑤组织管理商标注册工作，认定驰名商标，组织查处商标侵权行为；⑥组织管理广告发布与广告经营活动；⑦监督管理或参与监督管理市场上的各种经济活动，检查处理经济违法违章行为，保护合法经营，维护正常的市场秩序，保证社会经济的健康发展等。

第二阶段，市场技术管理部门历史沿革情况：最初的技术管理主要涉及标准和计量两个方面，1949年10月成立中央技术管理局，负责管理国内工业生产所必需的计量和标准。1957年成立国家科学技术委员会，内设标准局，主管全国的标准化工作。1972年11月，国务院批准成立国家标准计量局，由中国科学院代管。1976年10月，国家标准计量局的职能机构又做了调整。1977年9月，国家标准计量局的工作由中国科学院代管改为国家科学技术委员会代管。1978年，国务院批准成立了国家标准总局，专门负责国家标准化管理。1978年，国务院批准国家科学技术委员会《关于国家计量总局工作任务和机构设置的请示报告》，成立国家计量总局，直属国务院，由国家科学技术委员会代管，同时，国家标准计量局撤销。1988年4月，第七届全国人民代表大会第一次会议决定，把国家标准局、计量局、国家经委质量局合并组成国家技术监督局，直属国务院，赋予其行政执法职能，实现了标准化、计量、质量三位一体的质量行政管理体制。同年，又将中国纤维检验局划为国家技术监督局直属单位。1998年3月，国务院批准在原国家技术监督局的基础上成立国家质量技术监督局，将原各工业部门的质量管理、质量监督、生产许可等职能统一由质量技术监督部门管理，并将劳动部所属锅炉压力容器安全监察局整建制并入，进一步加强综合管理和行政执法职能。随后，在地方政府机构改革中，各地质量技术监督局成立，开始实行省级以下垂直管理。

关于进出口产品的市场监管，中华人民共和国成立以来，一直与国内产品的市场监管分列。1949年11月成立中央人民政府贸易部国外贸易司商检处负责国外贸易技术管理工作，并先后在天津、上海、广州、青岛、汉口、重庆等主要口岸恢复设立商品检验局，开展针对进出口货物的检验工作。与进出口相关的动植物和卫生检疫专门机构也相继设立。1980年改革开放初期，国务院将外贸部商品检验总局改为中华人民共和国进出口商品检验总局，并将各地商检局的建制收归中央（1982年更名为国家进出口商品检验局，1994年升格为副部级）。1982年成立农业部动植物检疫总所（1994年更名为动植物检疫局）。1988年成立卫生部卫生检疫总所（1995年更名为卫生检疫局）。1998年国务院在机构改革中，将同在口岸工作，同样依靠技术执法的进出口商品检验、进出境动植物检疫、国境卫生检疫实施"三检合一"，合并为国家出入境检验检疫局（副部级），使得口岸检验检疫监督管理及各执法部门的职责统一、职能整合，执法更加便利、简洁、高效。同时，开始从国际上引入认证认可制度。

2001年4月，在我国即将加入世界贸易组织（WTO）的大背景下，国务院将原国家质量技术监督局与国家出入境检验检疫局合并，组建国家质量监督检验检疫总局，同时整合认证认可管理和标准化管理职能，相应成立国家认证认可监督管理委员会和国家标准化管理委员会，由国家质量监督检验检疫总局统一进行管理。这体现了中国政府加入WTO谈判的重要承诺，也标志着我国建立了统一的质检体制，解决了国内产品和进出口商品质量监管标准不一、重复认证、职能交叉等问题。

2018年3月，国务院机构改革方案实行统一的大市场监管，将国家工商行政管理总局的职责，国家质量监督检验检疫总局的职责，国家食品药品监督管理总局的职责，国家发展和改革委员会的价格监督检查与反垄断执法职责，商务部的经营者集中反垄断执法以及国务院反垄断委员会办公室等职责整合，组建国家市场监督管理总局，作为国务院直属机构。同时，组建国家药品监督管理局，由国家市场监督管理总局管理，主要职责是负责药品、化妆品、医疗器械的注册并实施监督管理。将国家质量监督检验检疫总局的出入境检验检疫管理职责和队伍划入海关总署。保留国务院食品安全委员会、国务院反垄断委员会，具体工作由国家市场监督管理总局承担。国家认证认可监督管理委员会、国家标准化管理委员会职责划入国家市场监督管理总局，对外保留牌子。国家市场监督管理总局主要职能是负责市场综合监督管理，统一登记市场主体并建立信息公示和共享机制，组织市场监管综合执法工作，承担反垄断统一执法，规范和维护市场秩序，组织实施质量强国战略，负责工业产品质量安全、食品安全、特种设备安全监管，统一管理计量标准、检验检测、认证认可工作等。

中国进入新时代，国家市场监督管理总局的成立是大市场质量安全监管，规范市场竞争秩序和市场主体行为，打击假冒伪劣产品和非法经营以及维护消费者权益的体制机制支撑，有利于系统内监管资源的协调整合，也标志着我国大市场统一的市场监管格局形成。因此，市场监管要把监管范围放到社会经济发展的全过程之中，坚持"放、管、服"和"寓监督于服务之中"的原则，采用事前、事中和事后相结合的方式，维护市场的公平、公开、公正和正常的市场经济秩序，以确保市场的健康可持续发展，保护市场主体和消费者的合法权益。

第三节　市场监管目标与范围对象

一、市场监管目标

市场监管目标是要维护市场公平竞争，扶优治劣，打击假冒伪劣产品和违法行为，维护市场健康稳定运行，确保市场经济秩序正常运转，依法保护生产者、经营者、消费者合法权益和身心健康，有效保护生态环境，满足人民群众对美好生活的追求，促进社会经济全面进步、社会长期稳定和实现可持续发展。

二、市场监管范围

市场监管是对整个市场体系的监管，任何一个市场都属于市场监管的范围，但由于市场种类不同，监管依据的法律法规也不同，而市场监管范围与对象均由相应市场监管的法律法规来确定。市场监管主要是对监管对象在涉及产品质量、价格、垄断、食品安全、人身财产和健康安全、假冒伪劣、服务、知识产权等有形市场和无形市场的管理，还包括对电子商务市场、网络市场等新型交易行为的限制、约束、管制和服务。

三、市场监管对象

通过法律法规确定了不同市场种类的监管范围，明确了市场监管的对象。

关于产品的市场监管范围，应遵循《中华人民共和国产品质量法》（以下简称《产品质量法》）的规定。如《产品质量法》第二条规定，在中华人民共和国境内从事产品生产、销售活动，必须遵守本法。本法所称产品是指经过加工、制作，用于销售的产品。建设工程不适用本法的规定。但是，建设工程使用的建筑材料、建筑构配件和设备属于前款规定的产品范围的，适用本法的规定。《产品质量法》第十五条规定，市场监管的产品重点范围主要包括：①可能危及人体健康和人身、财产安全的产品；②影响国计民生的重要工业产品；③消费者和有关组织反映有质量问题的产品。

关于电子商务的市场监管范围，应遵循《中华人民共和国电子商务法》的规定。2019年1月1日实施的《中华人民共和国电子商务法》（以下简称《电子商务法》）第二条规定，中华人民共和国境内的电子商务活动，适用本法。本法所称电子商务，是指通过互联网等信息网络销售商品或者提供服务的经营活动。法律、行政法规对销售商品或者提供服务有规定的，适用其规定。金融类产品和服务，利用信息网络提供新闻信息、音视频节目、出版以及文化产品等内容方面的服务，不适用本法。《电子商务法》第九条规定了电子商务监管的对象，本法所称电子商务经营者，是指通过互联网等信息网络从事销售商品或者提供服务的经营活动的自然人、法人和非法人组织，包括电子商务平台经营者、平台内经营者以及通过自建网站、其他网络服务销售商品或者提供服务的电子商务经营者。本法所称电子商务平台经营者，是指在电子商务中为交易双方或者多方提供网络经营场所、以及交易撮合、信息发布等服务，供交易双方或者多方独立开展交易活动的法人或者非法人组织。本法所称平台内经营者，是指通过电子商务平台销售商品或者提供服务的电子商务经营者。

第二章

食品与食品市场监管概述

内容要点

- 食品
- 相关产品
- 食品市场监管发展历史
- 食品市场监管范围及分类
- 食品市场监管对象与监管对策

第一节　食品相关概念及市场监管发展历史

一、食品与食品安全

我国法律法规对食品的定义，在国务院 1979 年 8 月 28 日颁布和实施的《中华人民共和国食品卫生管理条例》第二条第二款将食品定义为已经过加工和能够直接食用的各种食物和饮料、豆制品、调味品、瓜果、茶叶等。这是我国最早的法律法规对食品的定义。

1983 年 7 月 1 日起试行的《中华人民共和国食品卫生法（试行）》第四十三条规定的用语定义中，将食品定义修改为：食品指各种供人食用或者饮用的成品和原料以及按照传统既是食品又是药品的物品，但是不包括以治疗为目的的物品。这个定义，与在 1995 年 10 月 1 日施行的《中华人民共和国食品卫生法》和 2009 年 6 月 1 日施行的《中华人民共和国食品安全法》中给出的食品定义没有变化。

2015 年 10 月 1 日施行的《中华人民共和国食品安全法》（以下简称《食品安全法》）给出的食品定义是指各种供人食用或者饮用的成品和原料以及按照传统既是食品又是中药材的物品，但是不包括以治疗为目的的物品。这个定义中把之前的"药品"改为"中药材"，对食品定义更加科学与严谨。

在国家标准 GB/T 15091—1994《食品工业基本术语》中，将食品定义为：可供人类食用或饮用的物质，包括加工食品、半成品和未加工食品，不包括烟草或只作药品用的物质。无论是法律法规，还是国家标准，对食品的定义都包括食品和食品原料，也就是食用农产品两个方面。

我国法律法规对食品安全和农产品质量安全的定义，在现行的《食品安全法》中，其对食品安全的定义为：食品无毒、无害，符合应当有的营养要求，对人体健康不造成任何急性、亚急性或者慢性危害。在现行的《中华人民共和国农产品质量安全法》中，对农产品质量安全的定义为：农产品质量符合保障人的健康、安全的要求。

二、食品相关概念

食品是一个极其特殊的商品，属于一次性消费品，且对人体健康有直接的影响，对安全性的要求高。因此进入消费市场前，食品最关键的是营养与安全，这与一般商品有着根本性的差别。食品质量与安全已经成为一个综合性的概念，涵盖食品卫生、食品营养、食品质量、食品添加剂、食品包装、运输与贮存等相关方面，也包含食用农产品及食品原料的生产，即从农田到餐桌的各个环节。食品市场产品种类繁多，同时还涉及不同类型的食品相关产品，这都与食品市场监管密切相关，目前食品市场监管的产品及相关产品主要包括：

（1）预包装食品　是指预先定量包装或者制作在包装材料和容器中的食品。

（2）食品添加剂　是指为改善食品品质和色、香、味以及为防腐、保鲜和加工工艺的需要而加入食品中的人工合成或者天然物质，包括营养强化剂。

（3）不安全食品　是指食品安全法律法规规定禁止生产经营的食品以及其他有证据证明可能危害人体健康的食品。不安全食品的类型在《食品安全法》第三十四条作了明确的规定：主要包括①用非食品原料生产的食品或者添加食品添加剂以外的化学物质和其他可能危害人体健康物质的食品，或者用回收食品作为原料生产的食品；②致病性微生物、农药残留、兽药残留、生物毒素、重金属等污染物质以及其他危害人体健康的物质含量超过食品安全标准限量的食品、食品添加剂、食品相关产品；③用超过保质期的食品原料、食品添加剂生产的食品、食品添加剂；④超范围、超限量使用食品添加剂的食品；⑤营养成分不符合食品安全标准的专供婴幼儿和其他特定人群的主辅食品；⑥腐败变质、油脂酸败、霉变生虫、污秽不洁、混有异物、掺假掺杂或者感官性状异常的食品、食品添加剂；⑦病死、毒死或者死因不明的禽、畜、兽、水产动物肉类及其制品；⑧未按规定进行检疫或者检疫不合格的肉类，或者未经检验或者检验不合格的肉类制品；⑨被包装材料、容器、运输工具等污染的食品、食品添加剂；⑩标注虚假生产日期、保质期或者超过保质期的食品、食品添加剂；⑪无标签的预包装食品、食品添加剂；⑫国家为防病等特殊需要明令禁止生产经营的食品；⑬其他不符合法律、法规或者食品安全标准的食品、食品添加剂、食品相关产品。

（4）新食品原料　是指在我国无传统食用习惯的物品。包括动物、植物和微生物；从动物、植物和微生物中分离的成分；原有结构发生改变的食品成分；其他新研制的食品原料共四个方面（传统食用习惯：是指某种食品在省辖区域内有30年以上作为定型或者非定型包装食品生产经营的历史，并且未载入《中华人民共和国药典》）。

（5）特殊食品　《食品安全法》第七十四条规定"特殊食品"是指保健食品、特殊医学用途配方食品、婴幼儿配方食品等。

（6）保健食品　声称具有特定保健功能或以补充维生素、矿物质为目的的食品。即适宜于特定人群食用，具有调节机体功能，不以治疗疾病为目的，并且对人体不产生任何急性、亚急性或慢性危害的食品。

（7）特殊医学用途配方食品　特殊医学用途配方食品是为满足进食受限、消化吸收障碍、代谢紊乱或特定疾病状态下对营养或膳食的特殊需要，专门加工配制的配方食品。该类食品必须在医生或临床营养师指导下，单独食用或与其他食品配合食用。根据不同临床需求和适用人群，将其分为：全营养配方食品、特定全营养配方食品、非全营养配方食品。

（8）转基因食品　是指利用基因工程技术改变基因组构成的动物、植物和微生物生产的食品和食品添加剂，包括：①转基因动植物、微生物产品；②转基因动植物、微生物直接加工品；③以转基因动植物、微生物或者其直接加工品为原料生产的食品和食品添加剂。

（9）无公害农产品　是指产地环境、生产过程和产品质量符合国家有关标准和规范的要求，经认证合格获得认证证书并允许使用无公害农产品标志的未经加工或者初加工的食用农产品。

（10）绿色食品　是指产自优良生态环境、按照绿色食品标准生产、实行全程质量控制并获得绿色食品标志使用权的安全、优质食用农产品及相关产品。

（11）有机食品　是"有机产品"的一个类别。现行的行政规章中将"有机产品"定义为"生产、加工和销售符合中国有机产品国家标准的供人类消费、动物食用的产品"。

（12）农产品地理标志产品　是指标示农产品来源于特定地域，产品品质和相关特征主要取决于自然生态环境和历史人文因素，并以地域名称冠名的特有农产品标志。

（13）辐照食品　辐照食品是指用钴60、铯137产生的γ射线或者电子加速器产生的低于10MeV电子束辐照加工处理的食品，包括辐照处理的食品原料、半成品。

（14）农产品　是指来源于农业的初级产品，即在农业活动中获得的植物、动物、微生物及其产品。

另外，关于食品经营和餐饮服务方面，在2015年10月1日开始实施的《食品经营许可管理办法》第五十二条中，也给出了有关用语的含义：①单位食堂，指设于机关、事业单位、社会团体、民办非企业单位、企业等，供应内部职工、学生等集中就餐的餐饮服务提供者；②预包装食品，指预先定量包装或者制作在包装材料和容器中的食品，包括预先定量包装以及预先定量制作在包装材料和容器中并且在一定量限范围内具有统一的质量或体积标识的食品；③散装食品，指无预先定量包装，需称重销售的食品，包括无包装和带非定量包装的食品；④热食类食品，指食品原料经粗加工、切配，并经过蒸、煮、烹、煎、炒、烤、炸等烹饪工艺制作，在一定热度状态下食用的即食食品，含火锅和烧烤等烹饪方式加工而成的食品等；⑤冷食类食品，指一般无须再加热，在常温或者低温状态下即可食用的食品，含熟食卤味、生食瓜果蔬菜、腌菜等；⑥生食类食品，一般特指生食水产品；⑦糕点类食品，指以粮、糖、油、蛋、乳等为主要原料，经焙烤等工艺现场加工而成的食品，含裱花蛋糕等；⑧自制饮品，指经营者现场制作的各种饮料，含冰淇淋等；⑨中央厨房，指由餐饮单位建立的，具有独立场所及设施设备，集中完成食品成品或者半成品加工制作并配送的食品经营者；⑩集体用餐配送单位，指根据服务对象订购要求，集中加工、分送食品但不提供就餐场所的食品经营者；⑪其他类食品，指区域性销售食品、民族特色食品、地方特色食品等。

（15）食品相关产品　主要包括三个方面：①用于食品的包装材料和容器，是指包装、盛放食品或者食品添加剂用的纸、竹、木、金属、搪瓷、陶瓷、塑料、橡胶、天然纤维、化学纤维、玻璃等制品和直接接触食品或者食品添加剂的涂料。②用于食品生产经营的工具、设备，是指在食品或者食品添加剂生产、销售、使用过程中直接接触食品或者食品添加剂的机械、管道、传送带、容器、用具、餐具等。③用于食品的洗涤剂、消毒剂，是指直接用于洗涤或者消毒食品、餐具、饮具以及直接接触食品的工具、设备或者食品包装材料和容器的物质。

三、我国食品市场监管发展历史

食品市场监管属于市场监管的一个重要分支，与市场监管一样，我国食品市场监管分为食品市场宏观监管和食品市场技术监管。中华人民共和国成立以来，食品市场宏观管理一直由政府工商行政管理部门负责监管，没有大的变化。从食品市场技术监管概念及其内涵的发展历史来看，政府监管部门变化较大，主要经历了三个阶段。

第一阶段是食品卫生监督管理，其含义是指国家卫生行政机关依法对从事食品生产经营活动者及其一切食品、食品添加剂、食品容器、包装材料和食品用工具、设备、食品的生产经营场所、设施实行检查与监督的活动。其目的是保证食品卫生，防止食品污染和有害因素对人体造成危害，保障人民身体健康，维护社会秩序。如1995年10月30日实施的《中华人民共和国食品卫生法》第三条规定：国务院卫生行政部门主管全国食品卫生监督管理工作。第三十二条规定县级以上地方人民政府卫生行政部门在管辖范围内行使食品卫生监督职责。也就是说，县级以上地方人民政府卫生行政部门是食品卫生监管的第一责任者。

第二阶段是食品质量与安全监督管理。1993年9月1日实施的《产品质量法》第二条对产品的定义是指经过加工、制作，用于销售的产品。而经过加工、制作，用于销售的食品如月饼、面粉、食醋、酱油、大豆制品、肉制品、蛋制品、蔬菜制品等的食品加工业安全监管属于《产品质量法》的监督管理范畴。2009年6月1日实施的《食品安全法》把《产品质量法》对食品加工业的安全监督调整到了《食品安全法》之中，其中食品安全监督管理出现了16次；2015年10月1日实施的《食品安全法》，其中食品安全监督管理出现了21次。但目前对食品安全监督管理概念及其含义理解仅仅处于其字面含义，而我国食品安全相关法律法规及学术界尚没有食品安全监督管理或者食品市场监管的权威性定义，参考相关文献及资料，笔者认为食品市场监督管理的含义是指食品市场监管对食品市场活动主体及其行为进行限制、约束、管制和服务等直接干预活动的总称。其目的是保证食品安全，保障公众身体健康和生命安全。现行的《食品安全法》第六条规定：县级以上地方人民政府对本行政区域的食品安全监督管理工作负责，统一领导、组织、协调本行政区域的食品安全监督管理工作以及食品安全突发事件应对工作，建立健全食品安全全程监督管理工作机制和信息共享机制。县级以上地方人民政府依照本法和国务院的规定，确定本级食品安全监督管理、卫生行政部门和其他有关部门的职责。有关部门在各自职责范围内负责本行政区域的食品安全监督管理工作。县级人民政府食品安全监督管理部门可以在乡镇或者特定区域设立派出机构。也就是说，县级以上地方人民政府是食品市场监管的第一责任者。

第三个阶段是食用农产品监督管理。1983年7月1日试行的《食品卫生法（试行）》第四十三条中食品生产经营的含义是：指一切食品的生产（不包括种植业和养殖业）、采集、收购、加工、储存、运输、陈列、供应、销售等活动。1995年10月1日实施的《食品卫生法》第五十四条仍然沿用上述食品生产经营定义。也就是说，食用农产品作为食品和食品原料主要来源的种植业和养殖业，在当时的《食品卫生法》对食品卫生监管，并不包括种植业和养殖业。1993年9月1日实施《产品质量法》第十五条规定：国家对产品质量实行以监督抽查为主要方式的监督检查制度。由于农产品特别是食用农产品，没有经过加工和制作的，也不属于产品质量法的调整范围。因此，国家对产品质量实行以监督抽查为主要方式的监督检查制度，也不适用于农产品监管。但是为了保证食用农产品的质量安全，2001年国家启动实施了"无公害食品行动计划"，以蔬菜中高毒农药残留和畜产品中"瘦肉精"等污染控制为重点，着力解决人民群众最为关心的高毒农药、兽药违规使用和残留超标问题，以确保农产品质量安全为目标的服务、管理、监督、处罚、应急"五位一体"的工作机制逐步形成。尽管我国农业部门等在农产品质量安全方面出台了确保从农田到餐桌的相关规定和制度，但从法律层面我国农产品质量安全监管法律处于空白状态，直到2006年4月29日第十届全国人民代表大会常务委员会第二十一次会议通过并颁布了《中华人民共和国农产品质量安全法》（以下简称《农产品质量安全法》），2006年11月1日开始实施。《农产品质量安全法》第三条规定：县级以上人民政府农业行政主管部门负责农产品质量安全的监督管理工作；县级以上人民政府有关部门按照职责分工，负责农产品质量安全的有关工作。《农产品质量安全法》第五十五条规定：生猪屠宰的管理按照国家有关规定执行。2015年修订的《食品安全法》把生猪屠宰监督管理由商务部调整给农业部后，2016年2月6日国务院新颁布的《生猪屠宰管理条例》第三条规定：国务院畜牧兽医行政主管部门负责全国生猪屠宰的行业管理工作。县级以上地方人民政府畜牧兽医行政主管部门负责本行政区域内生猪屠宰活动的监督管理。县级以上人民政府有关部门在各自职责范围内负责生猪屠宰活动的相关管理工作。该条例把生猪屠宰的监管由当时的商务部转交给了农业部（国务院畜牧兽医行政主管部门），自2016年2月6日起施行。也就是说县级以上人民政府农业行政主管部门和畜牧兽医行政主管部门是农产品质量安全监管（包括种植业和养殖业）的第一责任者。

第二节 食品市场监管范围及其分类

一、食品市场监管范围

按照现行的《食品安全法》的相关规定，食品市场监管范围主要包括：
(1) 食品生产和加工，食品销售和餐饮服务；
(2) 食品添加剂的生产经营；
(3) 用于食品的包装材料、容器、洗涤剂、消毒剂和用于食品生产经营的工具、设备的生产经营；
(4) 食品生产经营者使用的食品添加剂、食品相关产品；
(5) 食品的贮存和运输；
(6) 对食品、食品添加剂、食品相关产品的安全管理；

（7）食用农产品的市场销售和食用农产品生产者使用农药、肥料、兽药、饲料和饲料添加剂等农业投入品的使用安全间隔期或者休药期；禁止将剧毒、高毒农药用于蔬菜、瓜果、茶叶和中草药材生产的管理。

食品市场监管通常包括市场主体准入和市场行为两个方面，均属于市场的宏观监管，食品市场监管是一个全方位、多维度、链条式的过程，特别就食品安全而言，其市场的微观监管不可轻视，对市场微观监管越细化、越深入、越具体，食品的市场宏观监管效果就越容易实现，也就是说食品市场微观监管效果是食品市场宏观管理效果的具体体现。不管是食品市场宏观监管，还是食品市场微观监管，对食品市场监管范围的界定是至关重要的，因其涉及食品市场监管职权的划分，是做好食品市场监管的重要前提。如果食品市场监管范围界定不科学、不细化、不明晰或者存在盲区，在实施监管工作中就会出现需要协调的事项，只有从食品市场宏观和微观监管的整体出发，研究成因和具体对策，如监管依据的法律法规问题、构建的监管体制机制问题，否则就会产生食品市场监管失灵，不利于监管措施的落实。由于食品是一种特殊的商品，其原料生产和加工环境条件、产品质量安全的形成过程受自然因素和人为因素的影响，且与相关的工业产品、医药产品有着天然的内在联系。特别是农产品是食品的主要来源，从农产品质量与安全的影响因素来看，现行的农产品法律法规、现实的生产管理状况、现有的农产品执法监督情况，还难以消除影响农产品质量安全的风险隐患。实际上，肥料（化肥和有机肥料以及叶面肥等新型肥料）、农药、农膜、兽药、鱼药、饲料及饲料添加剂、生长激素及调节剂的安全直接影响最终农产品的质量安全。对农产品生产的灌溉水质、土壤环境、大气环境质量和必需的农业投入品，如种源、肥料、农药、农膜、兽药、鱼药、饲料及饲料添加剂、动植物生长激素及调节剂等进行严格的安全性评价和市场准入监管是不可或缺的。

因此，依据食品和食用农产品质量安全形成过程来科学合理地确定食品市场监管范围，就显得十分必要。为了不放过任何一个影响食品质量安全过程因素，就要把食品市场监管范围放到食品生产加工和市场发展过程之中，特别要注重食品市场新业态的变化，如"网红食品""养生馆""生态食品"、生命健康产业、食品和农产品电子商务、网络餐饮服务平台，以及食品广告、食品包装（环保因素）等，应全部纳入到食品市场监管范围之中。

二、食品市场监管分类

食品市场监管范围由食品市场主体许可准入监管（即国家对食品生产经营许可实行制度）和食品市场主体行为监管两个部分组成。

（一）食品市场主体许可监管

市场主体许可监管是食品市场监管的第一关。现行的食品市场许可监管，把食品、食品添加剂和食品相关产品许可分成了四类，第一类为食品和食品添加剂产品类；第二类为食品经营类，包括食品流通销售和餐饮服务；第三类为食品相关产品类；第四类为小作坊、小餐饮和食品摊贩，即"三小"食品类。

第一类食品和食品添加剂产品类，按照2020年1月3日国家市场监督管理总局发布《食品生产许可管理办法》（国家市场监督管理总局令第24号），自2020年3月1日起施行，按照该办法的规定，在中华人民共和国境内从事食品和食品添加剂生产活动的市场主体许可准入的食品类别、类别编号、类别名称及品种明细等如表2-1所示。

表 2-1　　　　　　　　　　　食品和食品添加剂类别许可准入情况

食品、食品添加剂类别	类别编号	类别名称	品种明细	备注
1. 粮食加工品	0101	小麦粉	1. 通用：特制一等小麦粉、特制二等小麦粉、标准粉、普通粉、高筋小麦粉、低筋小麦粉、全麦粉、其他 2. 专用：营养强化小麦粉、面包用小麦粉、面条用小麦粉、饺子用小麦粉、馒头用小麦粉、发酵饼干用小麦粉、酥性饼干用小麦粉、蛋糕用小麦粉、糕点用小麦粉、自发小麦粉、专用全麦粉、小麦胚（胚片、胚粉）、其他	
	0102	大米	大米、糙米类产品（糙米、留胚米等）、特殊大米（免淘米、蒸谷米、发芽糙米等）、其他	
	0103	挂面	1. 普通挂面 2. 花色挂面 3. 手工面	
	0104	其他粮食加工品	1. 谷物加工品：高粱米、黍米、稷米、小米、黑米、紫米、红线米、小麦米、大麦米、裸大麦米、莜麦米（燕麦米）、荞麦米、薏仁米、八宝米类、混合杂粮类、其他 2. 谷物碾磨加工品：玉米碴、玉米粉、燕麦片、汤圆粉（糯米粉）、莜麦粉、玉米自发粉、小米粉、高粱粉、荞麦粉、大麦粉、青稞粉、杂面粉、大米粉、绿豆粉、黄豆粉、红豆粉、黑豆粉、豌豆粉、芸豆粉、蚕豆粉、黍米粉（大黄米粉）、稷米粉（糜子面）、混合杂粮粉、其他 3. 谷物粉类制成品：生湿面制品、生干面制品、米粉制品、其他	
2. 食用油、油脂及其制品	0201	食用植物油	菜籽油、大豆油、花生油、葵花籽油、棉籽油、亚麻籽油、油茶籽油、玉米油、米糠油、芝麻油、棕榈油、橄榄油、食用植物调和油、其他	
	0202	食用油脂制品	食用氢化油、人造奶油（人造黄油）、起酥油、代可可脂、植脂奶油、粉末油脂、植脂末、其他	
	0203	食用动物油脂	猪油、牛油、羊油、鸡油、鸭油、鹅油、骨髓油、水生动物油脂、其他	
3. 调味品	0301	酱油	酱油	
	0302	食醋	1. 食醋 2. 甜醋	

续表

食品、食品添加剂类别	类别编号	类别名称	品种明细	备注
3. 调味品	0303	味精	1. 谷氨酸钠（99%味精） 2. 加盐味精 3. 增鲜味精	
	0304	酱类	稀甜面酱、甜面酱、大豆酱（黄酱）、蚕豆酱、豆瓣酱、大酱、其他	
	0305	调味料	1. 液体调味料：鸡汁调味料、牛肉汁调味料、烧烤汁、鲍鱼汁、香辛料调味汁、糟卤、调味料酒、液态复合调味料、其他 2. 半固体（酱）调味料：花生酱、芝麻酱、辣椒酱、番茄酱、风味酱、芥末酱、咖喱卤、油辣椒、火锅蘸料、火锅底料、排骨酱、叉烧酱、香辛料酱（泥）、复合调味酱、其他 3. 固体调味料：鸡精调味料、鸡粉调味料、畜（禽）粉调味料、风味汤料、酱油粉、食醋粉、酱粉、咖喱粉、香辛料粉、复合调味粉、其他 4. 食用调味油：香辛料调味油、复合调味油、其他 5. 水产调味品：蚝油、鱼露、虾酱、鱼子酱、虾油、其他	
	0306	食盐	1. 食用盐：普通食用盐（加碘）、普通食用盐（未加碘）、低钠食用盐（加碘）、低钠食用盐（未加碘）、风味食用盐（加碘）、风味食用盐（未加碘）、特殊工艺食用盐（加碘）、特殊工艺食用盐（未加碘） 2. 食品生产加工用盐	
4. 肉制品	0401	热加工熟肉制品	1. 酱卤肉制品：酱卤肉类、糟肉类、白煮类、其他 2. 熏烧烤肉制品 3. 肉灌制品：灌肠类、西式火腿、其他 4. 油炸肉制品 5. 熟肉干制品：肉松类、肉干类、肉脯、其他 6. 其他熟肉制品	
	0402	发酵肉制品	1. 发酵灌制品 2. 发酵火腿制品	
	0403	预制调理肉制品	1. 冷藏预制调理肉类 2. 冷冻预制调理肉类	

续表

食品、食品添加剂类别	类别编号	类别名称	品种明细	备注
4. 肉制品	0404	腌腊肉制品	1. 肉灌制品 2. 腊肉制品 3. 火腿制品 4. 其他肉制品	
5. 乳制品	0501	液体乳	1. 巴氏杀菌乳 2. 高温杀菌乳 3. 调制乳 4. 灭菌乳 5. 发酵乳	《食品安全国家标准 高温杀菌乳》发布前可按经备案的企业标准许可
	0502	乳粉	1. 全脂乳粉 2. 脱脂乳粉 3. 部分脱脂乳粉 4. 调制乳粉 5. 乳清粉	
	0503	其他乳制品	1. 炼乳 2. 奶油 3. 稀奶油 4. 无水奶油 5. 干酪 6. 再制干酪 7. 特色乳制品 8. 浓缩乳	
6. 饮料	0601	包装饮用水	1. 饮用天然矿泉水 2. 饮用纯净水 3. 饮用天然泉水 4. 饮用天然水 5. 其他饮用水	
	0602	碳酸饮料（汽水）	果汁型碳酸饮料、果味型碳酸饮料、可乐型碳酸饮料、其他型碳酸饮料	

续表

食品、食品添加剂类别	类别编号	类别名称	品种明细	备注
6. 饮料	0603	茶类饮料	1. 原茶汁：茶汤/纯茶饮料 2. 茶浓缩液 3. 茶饮料 4. 果汁茶饮料 5. 奶茶饮料 6. 复合茶饮料 7. 混合茶饮料 8. 其他茶（类）饮料	
	0604	果蔬汁类及其饮料	1. 果蔬汁（浆）：果汁、蔬菜汁、果浆、蔬菜浆、复合果蔬汁、复合果蔬浆、其他 2. 浓缩果蔬汁（浆） 3. 果蔬汁（浆）类饮料：果蔬汁饮料、果肉饮料、果浆饮料、复合果蔬汁饮料、果蔬汁饮料浓浆、发酵果蔬汁饮料、水果饮料、其他	
	0605	蛋白饮料	1. 含乳饮料 2. 植物蛋白饮料 3. 复合蛋白饮料	
	0606	固体饮料	1. 风味固体饮料 2. 蛋白固体饮料 3. 果蔬固体饮料 4. 茶固体饮料 5. 咖啡固体饮料 6. 可可粉固体饮料 7. 其他固体饮料：植物固体饮料、谷物固体饮料、食用菌固体饮料、其他	

续表

食品、食品添加剂类别	类别编号	类别名称	品种明细	备注
6. 饮料	0607	其他饮料	1. 咖啡（类）饮料 2. 植物饮料 3. 风味饮料 4. 运动饮料 5. 营养素饮料 6. 能量饮料 7. 电解质饮料 8. 饮料浓浆 9. 其他类饮料	
7. 方便食品	0701	方便面	1. 油炸方便面 2. 热风干燥方便面 3. 其他方便面	
	0702	其他方便食品	1. 主食类：方便米饭、方便粥、方便米粉、方便米线、方便粉丝、方便湿米粉、方便豆花、方便湿面、凉粉、其他 2. 冲调类：麦片、黑芝麻糊、红枣羹、油茶、即食谷物粉、其他	
	0703	调味面制品	调味面制品	
8. 饼干	0801	饼干	酥性饼干、韧性饼干、发酵饼干、压缩饼干、曲奇饼干、夹心（注心）饼干、威化饼干、蛋圆饼干、蛋卷、煎饼、装饰饼干、水泡饼干、其他	
9. 罐头	0901	畜禽水产罐头	火腿类罐头、肉类罐头、牛肉罐头、羊肉罐头、鱼类罐头、禽类罐头、肉酱类罐头、其他	
	0902	果蔬罐头	1. 水果罐头：桃罐头、橘子罐头、菠萝罐头、荔枝罐头、梨罐头、其他 2. 蔬菜罐头：食用菌罐头、竹笋罐头、莲藕罐头、番茄罐头、豆类罐头、其他	
	0903	其他罐头	其他罐头：果仁类罐头、八宝粥罐头、其他	

续表

食品、食品添加剂类别	类别编号	类别名称	品种明细	备注
10. 冷冻饮品	1001	冷冻饮品	1. 冰淇淋 2. 雪糕 3. 雪泥 4. 冰棍 5. 食用冰 6. 甜味冰 7. 其他冷冻饮品	
11. 速冻食品	1101	速冻面米制品	1. 生制品：速冻饺子、速冻包子、速冻汤圆、速冻粽子、速冻面点、速冻其他面米制品、其他 2. 熟制品：速冻饺子、速冻包子、速冻粽子、速冻其他面米制品、其他	
	1102	速冻调制食品	1. 生制品（具体品种明细） 2. 熟制品（具体品种明细）	
	1103	速冻其他食品	速冻其他食品	
12. 薯类和膨化食品	1201	膨化食品	1. 焙烤型 2. 油炸型 3. 直接挤压型 4. 花色型	
	1202	薯类食品	1. 干制薯类 2. 冷冻薯类 3. 薯泥（酱）类 4. 薯粉类 5. 其他薯类	
13. 糖果制品	1301	糖果	1. 硬质糖果 2. 奶糖糖果 3. 夹心糖果 4. 酥质糖果 5. 焦香糖果（太妃糖果） 6. 充气糖果 7. 凝胶糖果 8. 胶基糖果	

续表

食品、食品添加剂类别	类别编号	类别名称	品种明细	备注
13. 糖果制品	1301	糖果	9. 压片糖果 10. 流质糖果 11. 膜片糖果 12. 花式糖果 13. 其他糖果	
	1302	巧克力及巧克力制品	1. 巧克力 2. 巧克力制品	
	1303	代可可脂巧克力及代可可脂巧克力制品	1. 代可可脂巧克力 2. 代可可脂巧克力制品	
	1304	果冻	果汁型果冻、果肉型果冻、果味型果冻、含乳型果冻、其他型果冻	
14. 茶叶及相关制品	1401	茶叶	1. 绿茶：龙井茶、珠茶、黄山毛峰、都匀毛尖茶、其他 2. 红茶：祁门工夫红茶、小种红茶、红碎茶、其他 3. 乌龙茶：铁观音茶、武夷岩茶、凤凰单枞茶、其他 4. 白茶：白毫银针茶、白牡丹茶、贡眉茶、其他 5. 黄茶：蒙顶黄芽茶、霍山黄芽茶、君山银针茶、其他 6. 黑茶：普洱茶（熟茶）散茶、六堡茶散茶、其他 7. 花茶：茉莉花茶、珠兰花茶、桂花茶、其他 8. 袋泡茶：绿茶袋泡茶、红茶袋泡茶、花茶袋泡茶、其他 9. 紧压茶：普洱茶（生茶）紧压茶、普洱茶（熟茶）紧压茶、六堡茶紧压茶、白茶紧压茶、花砖茶、黑砖茶、茯砖茶、康砖茶、沱茶、紧茶、金尖茶、米砖茶、青砖茶、其他紧压茶	

续表

食品、食品添加剂类别	类别编号	类别名称	品种明细	备注
14. 茶叶及相关制品	1402	茶制品	1. 茶粉：绿茶粉、红茶粉、其他 2. 固态速溶茶：速溶红茶、速溶绿茶、其他 3. 茶浓缩液：红茶浓缩液、绿茶浓缩液、其他 4. 茶膏：普洱茶膏、黑茶膏、其他 5. 调味茶制品：调味茶粉、调味速溶茶、调味茶浓缩液、调味茶膏、其他 6. 其他茶制品：表没食子儿茶素没食子酸酯、绿茶茶氨酸、其他	
	1403	调味茶	1. 加料调味茶：八宝茶、三炮台、枸杞绿茶、玄米绿茶、其他 2. 加香调味茶：柠檬红茶、草莓绿茶、其他 3. 混合调味茶：柠檬枸杞茶、其他 4. 袋泡调味茶：玫瑰袋泡红茶、其他 5. 紧压调味茶：荷叶茯砖茶、其他	
	1404	代用茶	1. 叶类代用茶：荷叶、桑叶、薄荷叶、苦丁茶、其他 2. 花类代用茶：杭白菊、金银花、重瓣红玫瑰、其他 3. 果实类代用茶：大麦茶、枸杞子、决明子、苦瓜片、罗汉果、柠檬片、其他 4. 根茎类代用茶：甘草、牛蒡根、人参（人工种植）、其他 5. 混合类代用茶：荷叶玫瑰茶、枸杞菊花茶、其他 6. 袋泡代用茶：荷叶袋泡茶、桑叶袋泡茶、其他 7. 紧压代用茶：紧压菊花、其他	
15. 酒类	1501	白酒	1. 白酒 2. 白酒（液态） 3. 白酒（原酒）	
	1502	葡萄酒及果酒	1. 葡萄酒：原酒、加工灌装 2. 冰葡萄酒：原酒、加工灌装 3. 其他特种葡萄酒：原酒、加工灌装 4. 发酵型果酒：原酒、加工灌装	

续表

食品、食品添加剂类别	类别编号	类别名称	品种明细	备注
15. 酒类	1503	啤酒	1. 熟啤酒 2. 生啤酒 3. 鲜啤酒 4. 特种啤酒	
	1504	黄酒	黄酒：原酒、加工灌装	
	1505	其他酒	1. 配制酒：露酒、枸杞酒、枇杷酒、其他 2. 其他蒸馏酒：白兰地、威士忌、俄得克、朗姆酒、水果白兰地、水果蒸馏酒、其他 3. 其他发酵酒：清酒、米酒（醪糟）、奶酒、其他	
	1506	食用酒精	食用酒精	
16. 蔬菜制品	1601	酱腌菜	调味榨菜、腌萝卜、腌豇豆、酱渍菜、虾油渍菜、盐水渍菜、其他	
	1602	蔬菜干制品	1. 自然干制蔬菜 2. 热风干燥蔬菜 3. 冷冻干燥蔬菜 4. 蔬菜脆片 5. 蔬菜粉及制品	
	1603	食用菌制品	1. 干制食用菌 2. 腌渍食用菌	
	1604	其他蔬菜制品	其他蔬菜制品	
17. 水果制品	1701	蜜饯	1. 蜜饯类 2. 凉果类 3. 果脯类 4. 话化类 5. 果丹（饼）类 6. 果糕类	
	1702	水果制品	1. 水果干制品：葡萄干、水果脆片、荔枝干、桂圆、椰干、大枣干制品、其他 2. 果酱：苹果酱、草莓酱、蓝莓酱、其他	

续表

食品、食品添加剂类别	类别编号	类别名称	品种明细	备注
18. 炒货食品及坚果制品	1801	炒货食品及坚果制品	1. 烘炒类：炒瓜子、炒花生、炒豌豆、其他 2. 油炸类：油炸青豆、油炸琥珀桃仁、其他 3. 其他类：水煮花生、糖炒花生、糖炒瓜子仁、裹衣花生、咸干花生、其他	
19. 蛋制品	1901	蛋制品	1. 再制蛋类：皮蛋、咸蛋、糟蛋、卤蛋、咸蛋黄、其他 2. 干蛋类：巴氏杀菌鸡全蛋粉、鸡蛋黄粉、鸡蛋白片、其他 3. 冰蛋类：巴氏杀菌冻鸡全蛋、冻鸡蛋黄、冰鸡蛋白、其他 4. 其他类：热凝固蛋制品、其他	
20. 可可及焙烤咖啡产品	2001	可可制品	可可粉、可可脂、可可液块、可可饼块、其他	
	2002	焙炒咖啡	焙炒咖啡豆、咖啡粉、其他	
21. 食糖	2101	糖	1. 白砂糖 2. 绵白糖 3. 赤砂糖 4. 冰糖：单晶体冰糖、多晶体冰糖 5. 方糖 6. 冰片糖 7. 红糖 8. 其他糖：具体品种明细	
22. 水产制品	2201	干制水产品	虾米、虾皮、干贝、鱼干、干燥裙带菜、干海带、干紫菜、干海参、其他	
	2202	盐渍水产品	盐渍藻类、盐渍海蜇、盐渍鱼、盐渍海参、其他	
	2203	鱼糜及鱼糜制品	冷冻鱼糜、冷冻鱼糜制品	
	2204	冷冻水产制品	冷冻调理制品、冷冻挂浆制品、冻煮制品、冻油炸制品、冻烧烤制品、其他	

续表

食品、食品添加剂类别	类别编号	类别名称	品种明细	备注
22. 水产制品	2205	熟制水产品	烤鱼片、鱿鱼丝、烤虾、海苔、鱼松、鱼肠、鱼饼、调味鱼（鱿鱼）、即食海参（鲍鱼）、调味海带（裙带菜）、其他	
	2206	生食水产品	腌制生食水产品、非腌制生食水产品	
	2207	其他水产品	其他水产品	
23. 淀粉及淀粉制品	2301	淀粉及淀粉制品	1. 淀粉：谷类淀粉（大米、玉米、高粱、麦、其他）、薯类淀粉（木薯、马铃薯、甘薯、芋头、其他）、豆类淀粉（绿豆、蚕豆、豇豆、豌豆、其他）、其他淀粉（藕、荸荠、百合、蕨根、其他） 2. 淀粉制品：粉丝、粉条、粉皮、虾味片、凉粉、其他	
	2302	淀粉糖	葡萄糖、饴糖、麦芽糖、异构化糖、低聚异麦芽糖、果葡糖浆、麦芽糊精、葡萄糖浆、其他	
24. 糕点	2401	热加工糕点	1. 烘烤类糕点：酥类、松酥类、松脆类、酥层类、酥皮类、松酥皮类、糖浆皮类、硬皮类、水油皮类、发酵类、烤蛋糕类、烘糕类、烫面类、其他类 2. 油炸类糕点：酥皮类、水油皮类、松酥类、酥层类、水调类、发酵类、其他类 3. 蒸煮类糕点：蒸蛋糕类、印模糕类、韧糕类、发糕类、松糕类、粽子类、水油皮类、片糕类、其他类 4. 炒制类糕点 5. 其他类：发酵面制品（馒头、花卷、包子、豆包、饺子、发糕、馅饼、其他）、油炸面制品（油条、油饼、炸糕、其他）、非发酵面米制品（窝头、烙饼、其他）、其他	
	2402	冷加工糕点	1. 熟粉糕点：热调软糕类、冷调韧糕类、冷调松糕类、印模糕类、其他类 2. 西式装饰蛋糕类 3. 上糖浆类 4. 夹心（注心）类 5. 糕团类 6. 其他类	
	2403	食品馅料	月饼馅料、其他	

续表

食品、食品添加剂类别	类别编号	类别名称	品种明细	备注
25. 豆制品	2501	豆制品	1. 发酵豆制品：腐乳（红腐乳、酱腐乳、白腐乳、青腐乳）、豆豉、纳豆、豆汁、其他 2. 非发酵豆制品：豆浆、豆腐、豆腐泡、熏干、豆腐脑、豆腐干、腐竹、豆腐皮、其他 3. 其他豆制品：素肉、大豆组织蛋白、膨化豆制品、其他	
26. 蜂产品	2601	蜂蜜	蜂蜜	
	2602	蜂王浆（含蜂王浆冻干品）	蜂王浆、蜂王浆冻干品	
	2603	蜂花粉	蜂花粉	
	2604	蜂产品制品	蜂产品制品	
27. 保健食品	2701	片剂	具体品种	
	2702	粉剂	具体品种	
	2703	颗粒剂	具体品种	
	2704	茶剂	具体品种	
	2705	硬胶囊剂	具体品种	
	2706	软胶囊剂	具体品种	
	2707	口服液	具体品种	
	2708	丸剂	具体品种	
	2709	膏剂	具体品种	
	2710	饮料	具体品种	
	2711	酒剂	具体品种	
	2712	饼干类	具体品种	
	2713	糖果类	具体品种	
	2714	糕点类	具体品种	
	2715	液体乳类	具体品种	
	2716	原料提取物	具体品种	

续表

食品、食品添加剂类别	类别编号	类别名称	品种明细	备注
27. 保健食品	2717	复配营养素	具体品种	
	2718	其他类别	具体品种	
28. 特殊医学用途配方食品	2801	特殊医学用途配方食品	1. 全营养配方食品 2. 特定全营养配方食品：糖尿病全营养配方食品，呼吸系统病全营养配方食品，肾病全营养配方食品，肿瘤全营养配方食品，肝病全营养配方食品，肌肉衰减综合征全营养配方食品，创伤、感染、手术及其他应激状态全营养配方食品，炎性肠病全营养配方食品，食物蛋白过敏全营养配方食品，难治性癫痫全营养配方食品，胃肠道吸收障碍、胰腺炎全营养配方食品，脂肪酸代谢异常全营养配方食品，肥胖、减脂手术全营养配方食品，其他 3. 非全营养配方食品：营养素组件配方食品，电解质配方食品，增稠组件配方食品，流质配方食品，氨基酸代谢障碍配方食品，其他	产品（注册批准文号）
	2802	特殊医学用途婴儿配方食品	特殊医学用途婴儿配方食品：无乳糖配方或低乳糖配方食品、乳蛋白部分水解配方食品、乳蛋白深度水解配方或氨基酸配方食品、早产/低出生体重婴儿配方食品、氨基酸代谢障碍配方食品、婴儿营养补充剂、其他	产品（注册批准文号）
29. 婴幼儿配方食品	2901	婴幼儿配方乳粉	1. 婴儿配方乳粉：湿法工艺、干法工艺、干湿法复合工艺 2. 较大婴儿配方乳粉：湿法工艺、干法工艺、干湿法复合工艺 3. 幼儿配方乳粉：湿法工艺、干法工艺、干湿法复合工艺	产品（配方注册批准文号）
30. 特殊膳食食品	3001	婴幼儿谷类辅助食品	1. 婴幼儿谷物辅助食品：婴幼儿米粉、婴幼儿小米米粉、其他 2. 婴幼儿高蛋白谷物辅助食品：高蛋白婴幼儿米粉、高蛋白婴幼儿小米米粉、其他 3. 婴幼儿生制类谷物辅助食品：婴幼儿面条、婴幼儿颗粒面、其他 4. 婴幼儿饼干或其他婴幼儿谷物辅助食品：婴幼儿饼干、婴幼儿米饼、婴幼儿磨牙棒、其他	

续表

食品、食品添加剂类别	类别编号	类别名称	品种明细	备注
30. 特殊膳食食品	3002	婴幼儿罐装辅助食品	1. 泥（糊）状罐装食品：婴幼儿果蔬泥、婴幼儿肉泥、婴幼儿鱼泥、其他 2. 颗粒状罐装食品：婴幼儿颗粒果蔬泥、婴幼儿颗粒肉泥、婴幼儿颗粒鱼泥、其他 3. 汁类罐装食品：婴幼儿水果汁、婴幼儿蔬菜汁、其他	
	3003	其他特殊膳食食品	其他特殊膳食食品：辅助营养补充品、运动营养补充品、孕妇及乳母营养补充食品、其他	
31. 其他食品	3101	其他食品	其他食品：具体品种明细	
32. 食品添加剂	3201	食品添加剂	食品添加剂产品名称：使用 GB 2760—2014、GB 14880—2012 或卫生健康委（原卫生计生委）公告规定的食品添加剂名称；标准中对不同工艺有明确规定的应当在括号中标明；不包括食品用香精和复配食品添加剂	
	3202	食品用香精	食品用香精：液体、乳化、浆（膏）状、粉末（拌和、胶囊）	
	3203	复配食品添加剂	复配食品添加剂明细（使用 GB 26687—2011 规定的名称）	

第二类食品经营类，按照《食品经营许可管理办法（2017 修订版）》的规定，在中华人民共和国境内，从事食品销售和餐饮服务活动的，对食品经营实施市场主体许可准入。食品经营主体业态分为：食品销售经营者、餐饮服务经营者、单位食堂、网络经营、中央厨房和集体用餐配送。实施市场主体许可准入的食品经营项目分为以下 10 种。

（1）预包装食品销售（含冷藏冷冻食品、不含冷藏冷冻食品）；

（2）散装食品销售（含冷藏冷冻食品、不含冷藏冷冻食品）；

（3）特殊食品销售（保健食品、特殊医学用途配方食品、婴幼儿配方乳粉、其他婴幼儿配方食品）；

（4）其他类食品销售；

（5）热食类食品制售；

（6）冷食类食品制售；

（7）生食类食品制售；

（8）糕点类食品制售；

（9）自制饮品制售；

（10）其他类食品制售等。

在食品经营业态方面，随着健康中国战略的实施，市场出现了大量的与饮食健康相关的"大健康产业"，如养生馆、"门诊食疗养生馆（所）"、养生网、养生保健、中医养生、生态食品、生命健康产业（网）等，这些新业态应纳入食品经营许可准入监管。近期曝光的"权健事件"等，也进一步表明加强这方面监管的重要性。

第三类食品相关产品类。按照现行《食品安全法》的规定，用于食品的包装材料、容器、洗涤剂、消毒剂和用于食品生产经营的工具、设备（简称食品相关产品）的生产经营实施市场许可监管，市场许可的食品相关产品涉及食品用塑料包装容器工具等制品、食品用纸包装容器等制品、餐具洗涤剂、压力锅和工业和商用电热食品加工设备共5个类别，具体情况如表2-2所示。

表2-2　　　　　　　　　　食品相关产品许可准入情况

产品类别	产品单元	序号	产品小类	备注
1. 食品用塑料包装容器工具等制品	1. 非复合膜袋	1	聚乙烯自黏保鲜膜	
		2	商品零售包装袋（仅对食品用塑料包装袋）	
		3	液体包装用聚乙烯吹塑薄膜	
		4	食品包装用聚偏二氯乙烯（PVDC）片状肠衣膜	
		5	双向拉伸聚丙烯珠光薄膜	
		6	高密度聚乙烯吹塑薄膜	
		7	包装用聚乙烯吹塑薄膜	
		8	包装用双向拉伸聚酯薄膜	
		9	单向拉伸高密度聚乙烯薄膜	
		10	聚丙烯吹塑薄膜	
		11	热封型双向拉伸聚丙烯薄膜	将普通双向拉伸聚丙烯薄膜加热封条后直接用于包装食品，按热封型双向拉伸聚丙烯薄膜处理
		12	未拉伸聚乙烯、聚丙烯薄膜	
		13	夹链自封袋	
		14	包装用镀铝薄膜	
		15	普通型双向拉伸聚丙烯薄膜	
		16	双向拉伸聚酰胺（尼龙）薄膜	

续表

产品类别	产品单元	序号	产品小类	备注
1. 食品用塑料包装容器工具等制品	2. 复合膜袋	17	耐蒸煮复合膜、袋	
		18	双向拉伸聚丙烯（BOPP）/低密度聚乙烯（LDPE）复合膜、袋	
		19	双向拉伸尼龙（BOPA）/低密度聚乙烯（LDPE）复合膜、袋	
		20	榨菜包装用复合膜、袋	
		21	液体食品包装用塑料复合膜、袋	
		22	液体食品无菌包装用纸基复合材料	
		23	液体食品无菌包装用复合袋	
		24	液体食品保鲜包装用纸基复合材料（屋顶包）	
		25	其他类多层复合食品包装膜、袋	包括符合卫生标准要求的各种内层材质如聚乙烯、聚丙烯等。多层复合包装膜、袋是指用于包装方便面、膨化食品、熟食品、半成品等的复合膜袋，也包括符合卫生标准要求的各种内层材质如聚乙烯、聚丙烯以外的内层材质如聚对苯二甲酸乙二醇酯等
	3. 片材	26	食品包装用聚氯乙烯硬片、膜	
		27	双向拉伸聚苯乙烯（BOPS）片材	
		28	聚丙烯（PP）挤出片材	
		29	食品包装用复合片材	
		30	其他类食品包装用片材	
	4. 编织袋	31	塑料编织袋	
		32	复合塑料编织袋	

续表

产品类别	产品单元	序号	产品小类	备注
1. 食品用塑料包装容器工具等制品	5. 容器	33	聚乙烯吹塑桶	
		34	聚对苯二甲酸乙二醇酯（PET）碳酸饮料瓶	
		35	聚酯（PET）无汽饮料瓶	
		36	聚碳酸酯（PC）饮用水罐	
		37	热罐装用聚对苯二甲酸乙二醇酯（PET）瓶	
		38	软塑折叠包装容器	
		39	塑料防盗瓶盖	
		40	其他类塑料瓶盖	含铝塑复合盖
		41	塑料奶瓶、塑料饮水杯（壶）、塑料瓶（坯）	
	6. 食品用工具	42	密胺塑料餐具	
		43	塑料菜板（PE、PP）	
		44	一次性塑料餐饮具	
		45	其他类一次性塑料餐饮具	包括筷子、刀、叉、勺、托、吸管、果冻杯、酸奶杯等
		46	其他塑料餐具	除密胺塑料餐具外的其他材质的非一次性使用餐具，如PP塑料饭盒等
2. 食品用纸包装容器等制品	7. 食品用纸包装	1	非热封型茶叶滤纸	
		2	热封型茶叶滤纸	
		3	鸡皮纸	适用于包装、盛放食品的纸制品
		4	食品羊皮纸	
		5	半透明纸	适用于包装、盛放食品的纸制品
		6	玻璃纸	适用于包装、盛放食品的纸制品

续表

产品类别	产品单元	序号	产品小类	备注
2. 食品用纸包装容器等制品	7. 食品用纸包装	7	食品包装纸	包括涂蜡纸、淋膜纸等
		8	食品包装纸板	包括淋膜纸板、白纸板
	8. 食品用纸容器	9	纸质袋	
		10	淋膜纸袋	
		11	涂蜡纸袋	
		12	纸板类罐	
		13	圆柱形复合罐	
		14	其他复合罐	
		15	淋膜纸杯	
		16	涂蜡纸杯	
		17	纸板餐具	
		18	淋膜纸餐具	
		19	纸浆模塑餐具	
		20	纸板盒	
		21	淋膜纸盒	
3. 餐具洗涤剂	餐具（含果蔬）用洗涤剂	1	手洗餐具用洗涤剂	注：复合主剂是指含有较高浓度表面活性剂的浓缩洗涤剂
		2	机洗餐具用洗涤剂	
	食品工业用（含复合主剂）洗涤剂	3	机械用洗涤剂	
		4	管道用洗涤剂	
		5	传送带用洗涤剂	
		6	容器用洗涤剂	
		7	用具用洗涤剂	

续表

产品类别	产品单元	序号	产品小类	备注
4. 压力锅	不锈钢压力锅	1	最小规格~20cm	压力锅产品生产许可发证范围包括公称工作压力在50~120kPa，容积不大于18L各种规格型号的不锈钢压力锅产品、铝及铝合金压力锅产品
		2	22~24cm	
		3	26~28cm	
		4	30cm~最大规格	
	铝压力锅	5	最小规格~20cm	
		6	22~24cm	
		7	26~28cm	
		8	30cm~最大规格	
5. 工业和商用电热食品加工设备	商用箱式电烤炉	1	电烤箱、分层烘炉、电焗炉等	
	商用旋转电烤炉	2	卧式旋转烤炉、立式旋转烤炉等	
	商用热风电烤炉	3	箱式热风炉、旋转热风炉等	
	商用烧烤炉	4	羊肉串烤箱、烧烤架、多士炉等	
	商用电炸炉	5	固定式电炸锅、西式电炸炉、炸薯条机、油水分离炸炉等	
	商用电热铛	6	电饼铛、电扒炉、滚动烤肠机等	
	商用电平锅	7	多用烹饪平底锅、爆谷机等	
	商用电炉灶	8	电灶台、电磁灶等	
	商用电蒸锅	9	蒸饭箱、蒸汽发生器等	

续表

产品类别	产品单元	序号	产品小类	备注
5. 工业和商用电热食品加工设备	商用电煮锅	10	固定式电煮锅、夹层式煮锅、煮浆锅等	
	商用电开水器	11	储水式开水器、沸腾式开水器、饮料加热器等	
	工业电烤炉	12	隧道炉、热风炉、摇篮炉、旋转炉、旋转热风炉等	注：增加了型式类别"旋转热风炉"，因原类别不能覆盖现有产品

从表2-2来看，食品用塑料包装容器工具等制品和食品用纸包装容器等制品主要用于预包装食品，其产品市场许可包括8个产品单元，也是食品市场上最常见的。而餐具洗涤剂、压力锅、工业和商用电热食品加工设备主要用于餐饮服务业，对餐饮安全非常重要。但从监管的范围来看，食品相关产品的监管没有涉及食品加工生产线的设备，特别是杀菌灭菌设备，这些设备对食品质量安全有重要的影响，应列入市场主体许可准入监管。

第四类小作坊、小餐饮和食品摊贩，即"三小"食品类。根据现行《食品安全法》的规定，食品生产加工小作坊和食品摊贩等从事食品生产经营活动，实施市场主体许可准入，食品生产加工小作坊和食品摊贩等的具体管理办法由省、自治区、直辖市制定。例如陕西省依据《食品安全法》的要求，在陕西省第十二届人民代表大会常务委员会第二十一次会议通过并颁布了《陕西省食品小作坊小餐饮及摊贩管理条例》，对陕西省食品小作坊小餐饮及摊贩的市场主体许可准入提出明确的规定，关于具体的市场许可准入的情况如表2-3所示。

表2-3　　　　　　　　　　陕西省食品小作坊许可准入情况

食品类别	类别编号	类别名称	品种明细
1. 粮食加工品	0101	小麦粉	通用小麦粉
	0102	大米	大米
	0103	挂面	挂面
	0104	其他粮食加工品	1. 谷物加工品；2. 谷物碾磨加工品；3. 谷物粉类制成品
2. 食用油、油脂及其制品	0201	食用植物油	食用植物油（采用压榨法、水代法加工）

续表

食品类别	类别编号	类别名称	品种明细
3. 调味品	0301	酱油	酿造酱油
	0302	食醋	酿造食醋
	0304	酱类	酿造酱
	0305	调味料	1. 半固态（酱）调味料（花生酱、芝麻酱、辣椒酱、油辣椒）；2. 固态调味料（香辛料粉）。
4. 肉制品	0401	热加工熟肉制品	1. 酱卤肉制品；2. 熏烧烤肉制品；3. 肉灌制品；4. 油炸肉制品；5. 熟肉干制品；6. 其他熟肉制品（血豆腐除外）
	0404	腌腊肉制品	1. 腊肉制品；2. 火腿制品
5. 方便食品	0702	其他方便食品	1. 主食类；2. 冲调类
6. 薯类和膨化食品	1202	薯类食品	1. 干制薯类；2. 薯粉类
7. 糖果制品	1301	糖果	1. 硬质糖果；2. 酥质糖果
8. 茶叶及相关制品	1401	茶叶	1. 绿茶；2. 红茶；3. 乌龙茶；4. 白茶；5. 黄茶；6. 黑茶
9. 酒类	1501	白酒	白酒［自酿（固态发酵法）］
	1502	葡萄酒及果酒	1. 葡萄酒（自酿）；2. 发酵性果酒（自酿）
	1504	黄酒	黄酒（自酿）
	1505	其他酒	其他发酵酒［清酒、米酒（醪糟）］
10. 蔬菜制品	1601	酱腌菜	酱腌菜
	1602	蔬菜干制品	1. 自然干制蔬菜；2. 热风干燥蔬菜；3. 冷冻干燥蔬菜；4. 蔬菜脆片；5. 蔬菜粉及制品
	1603	食用菌制品	1. 干制食用菌；2. 腌渍食用菌
	1604	其他蔬菜制品	其他蔬菜制品
11. 水果制品	1702	水果制品	水果干制品
12. 炒货食品及坚果制品	1801	炒货食品及坚果制品	1. 烘炒类；2. 油炸类；3. 其他类
13. 蛋制品	1901	蛋制品	再制蛋类
14. 淀粉及淀粉制品	2301	淀粉及淀粉制品	1. 淀粉；2. 淀粉制品

续表

食品类别	类别编号	类别名称	品种明细
15. 糕点	2401	热加工糕点	1. 烘烤类糕点；2. 油炸类糕点；3. 蒸煮类糕点；4. 炒制类糕点；5. 其他类
	2402	冷加工糕点	熟粉糕点
16. 豆制品	2501	豆制品	1. 发酵性豆制品；2. 非发酵性豆制品；3. 其他豆制品
17. 蜂产品	2601	蜂蜜	蜂蜜

注：食品类别和类别编号与生产许可是一致的。

从上述四类食品市场主体许可准入监管的实际情况来看，一是《食品安全法》第三十五条规定，国家对食品生产经营实行许可制度。从事食品生产、食品销售、餐饮服务，应当依法取得许可。但是，销售食用农产品，不需要取得许可。也就是说，食用农产品不需要市场主体许可准入监管，但对其生产过程使用的农药、肥料、兽药、饲料和饲料添加剂等农业投入品却在监管范围；二是食用农产品通过农产品质量安全认证的产品，是否需要进行市场主体许可准入监管，还有待研究，笔者认为对绿色食品、有机食品和地理标志农产品等认证产品，各自都有相应的认证管理和标志使用规定等，除加强认证管理之外，应建立通过认证的农产品的市场许可准入监管制度；三是对辐照食品，原卫生部1996年颁布了《辐照食品卫生管理办法》，该办法规定：国家对食品辐照加工实行许可制度，且食用农产品如龙眼、板栗、茶叶、桂圆、土豆、洋葱和大蒜等，应进一步强化该类产品的市场主体许可准入监管制度，也就是没有辐照的食用农产品如龙眼、板栗、茶叶、桂圆、土豆、洋葱和大蒜，不需要许可准入监管；四是食品电子商务模式，如 ABC（Agent to Business to Consumer）是由代理商、商家和消费者共同搭建的集生产、经营、消费为一体的电子商务模式；B2B（Business to Business）是商家对商家进行电子商务模式；B2C（Business to Customer）是商家对消费者的电子商务模式；C2C（Customer to Customer）是消费者与消费者之间的电子商务模式；B2M（Business to Manager）是商家对客户群，而不是最终消费者的电子商务模式；O2O（Online to Offline）是消费者线上浏览信息或完成支付，线下体验消费形成交易闭环的电子商务模式。这些电子商务模式增加了食品市场监管的难度，针对这一问题，2018年8月31日第十三届全国人民代表大会常务委员会第五次会议通过了2019年1月1日开始施行的《中华人民共和国电子商务法》，对电子商务监管提出了新要求，但有关食品电子商务市场监管还需要进一步明确细化监管。

（二）食品市场主体行为监管

食品市场主体行为监管是食品市场监管的关键，属于微观市场监管范畴，也是食品市场监管最复杂，且监管难度最大的部分。食品市场主体涉及范围很广，包括提供各种类型食品、食品添加剂和食品相关产品的生产者、食品经营者（各种类型的食品销售者、各种类型餐饮服务者以及食品贮存运输者）。食品生产者和经营者的生产、经营、交易行为等市场行为的内容也十分复杂，链长面广，而且不断地发生变化。

市场主体行为是指为了满足自身需要，在食品市场中进行的各种活动，包括食品加工原料、辅料采购，人力资源管理与劳动关系，员工培训及健康管理，能源与环境管理及废弃物处理，食品生产加工工艺与设备设施及资产管理，产品设计开发与产品标准、产品检验、产品质量控制、标准化管理与不合格品控制、产品标识、包装、储存、运输、营销、售后服务、产品召回与回收再利用，以及产品代加工，知识产权与信息管理，网络平台销售，产权交易，企业并购或者重组，产品安全质量认证（合格评定），产品中介服务，营销广告，行政事务，劳动安全、消防和职业健康管理，应急管理与事故处理，申诉和投诉管理，质量安全管理制度文件与运行记录及档案管理等全部过程。因此，食品市场主体行为的监管要坚持"问题导向，防控结合"，以食品法律法规为准绳，以标准化管理为抓手，实施从农田到餐桌的全过程无缝监管。

针对当前食品安全存在的突出问题和常见食品抽检不合格问题，食品市场行为监管的重点领域、常见行为和重点食品安全风险隐患如表2-4所示。

表2-4　　食品市场主体行为监管的重点领域和常见行为及监管明细

类别编号	重点领域	常见行为	重点食品安全风险隐患
1	食品原料（食用农产品）	非法使用剧毒高毒农药、非法使用植物激素和重金属等环境污染物	非法使用剧毒高毒农药进行粮食生产、蔬菜生产和水果生产等；非法使用植物激素进行水果生产等；环境污染：重金属污染和灌溉用水污染等；以硫磺熏制毒生姜、黄花菜等
2	掺伪食品	掺假、掺杂和伪造（食品中可能违法添加的非食用物质名单）	掺假：味精中掺入食盐，食醋中掺入游离矿酸等；掺杂：糯米中掺入大米，菜籽油中掺入棉籽油等；伪造：用工业酒精兑制白酒，用工业乙酸兑制食用醋，用工业明胶替代食用明胶，冒用知名品牌或质量安全认证标志销售劣质食品等
3	保健食品	非法添加药品的保健食品；非法销售和虚假广告；办学习班销售	声称减肥功能产品；声称辅助降血糖（调节血糖）功能产品；声称缓解体力疲劳（抗疲劳）功能产品；声称增强免疫力（调节免疫）功能产品；声称改善睡眠功能产品；声称辅助降血压（调节血脂）功能产品
4	传统食品	生产加工环境和滥用添加剂	红肉、咸鱼、白酒、凉茶、油条、普洱茶面制品等滥用食品添加剂
5	农村食品	集市销售的食品、农村"红白喜事"宴请及家宴	集市过期食品、小作坊食品、小餐饮、摊贩和"三无产品"；家宴餐饮原料采购、加工制作等
6	畜禽产品	非法兽药使用、产品检验检疫	非法使用兴奋剂类药物、硝基呋喃类药物、玉米赤霉醇、抗生素残渣、镇静剂（氯丙嗪和安定）、五氯酚钠、喹乙醇、孔雀石绿等非食用物质；僵尸肉；柠檬黄、胭脂红、日落黄、苏丹红等非法染料

续表

类别编号	重点领域	常见行为	重点食品安全风险隐患
7	食品流通	产品销售、安全储运	商场、超市等企业经营的预包装食品、进口食品、散装食品等重点检查食品的生产日期、保质期等；食品标签；食品批发企业向食品进货单位提供食品零售单位的进货凭证；统一配送经营方式的食品经营企业进货查验记录；食品集中交易市场的开办者、食品经营柜台的出租者、食品展销会的产品来源与经营环境及广告宣传等
8	餐饮服务	餐饮原料采购、生产加工环境	学校、托幼机构、养老机构、建筑工地餐饮服务中餐具、饮具清洗消毒；原料采购及网络上异地销售真空形式包装的散装熟食；安装油烟净化设施；流动餐饮食品商贩；地沟油等
9	网红食品	网络售假、虚假宣传、虚假促销、刷单炒信、恶意诋毁等	社交电商、手机应用软件商城、农村电商、跨境电商和服务电商等净化网络市场环境；网约快餐
10	白酒和配制酒	违规使用食品添加剂、假冒伪劣	严禁使用甲醇、工业酒精等非食品原料生产加工白酒；塑化剂污染、氰化物、甲醇不符合标准规定问题；违规使用甜蜜素、安赛蜜、糖精钠等食品添加剂的问题；液态法白酒冒充固态法白酒的问题；配制酒中添加药品西地那非类、降糖、降压、降脂、减肥类药物等和食药同源目录以外物质等
11	蜂蜜（土蜂蜜）	以假乱真、以次充好	在蜂蜜中掺杂、掺假，掺入大米糖浆、白糖等，导致 C_4 植物糖超标；产品中氯霉素等农残超标；标示的产品名称没有反映产品真实属性；用蜂蜜制品冒充蜂蜜
12	食品标签	违法标示标注	具有保健功能的夸大宣传等；食品名称未标注反映食品真实属性的专用名称；营养标签不规范甚至假冒；暗示营养功能等
13	食品广告	非法宣传食品治疗疾病、夸大食品功能或者暗示可预防和治疗疾病、虚假宣传欺骗消费者	食品、保健食品、新食品原料及其相关食品，特别是要加大对既是食品又是中药材的物品的监管

第三节 食品市场监管对象与对策

一、食品市场监管对象

目前全国食品生产经营企业大约有 1300 万家,与其他工业产品的监管对象相比数量巨大,且企业规模相对较小,规模化、标准化程度相对偏低。食品从业人员数量大且文化程度和素质相对偏低,法律意识淡薄。食品事件屡禁不止,人民群众对食品安全的满意度有待提高。近十年来,我国食品和保健食品的生产企业逐年增加,食品工业的产值也不断增加,但各个省、直辖市和自治区的食品工业发展水平不同,其监管对象的数量也有很大的差距。山东省、河南省、广东省、浙江省、江苏省等食品工业相对发达,产值占全国总产值的 50% 以上,食品市场主体数量多,市场监管任务繁重,而西北地区相对落后,食品市场主体相对较少。按照现行我国对食品生产和经营许可管理办法的要求规定,可把食品市场监管对象粗略地分为 7 个大类。

(1) 食品和保健食品 据 2007 年 8 月国务院新闻办公室发布的《中国的食品质量安全状况白皮书》,全国共有食品生产加工企业 44.8 万家。其中食品规模以上企业 2.6 万家,实现总产值 21586.95 亿元人民币;规模以下、10 人以上企业 6.9 万家;10 人以下小企业小作坊 35.3 万家。据工业和信息化部消费品工业司《2016 年食品工业发展报告》[4],全国食品规模以上企业 41494 家,食品工业主营业务收入 110986.2 亿元。据工业和信息化部消费品工业司《2017 年食品工业发展报告》[5],全国食品规模以上企业 42830 家,食品工业主营业务收入 105204.6 亿元。2017 年各省(区、市)局共新发放食品生产许可证 1.7 万张,食品添加剂生产许可证 231 张。截至 2017 年 11 月底,全国共有食品生产许可证 15.9 万张,食品添加剂生产许可证 3695 张;共有食品生产企业 14.9 万家,食品添加剂生产企业 3685 家。全国共有保健食品生产许可证 2317 件。陕西省现有食品加工获得食品生产许可证的企业 3921 家。

截至 2017 年我国有保健食品的生产企业超 2300 家,注册和备案的保健食品约有 16000 个,其中进口保健食品不到 1000 个。

(2) 食品相关产品 截至 2016 年 7 月,食品相关产品生产许可证 15279 张,其中对塑料材质的产品办理生产许可 12412 张,对纸质材质产品办理生产许可 1551 张,对金属材质产品办理生产许可 564 张,对餐饮清洗物质生产许可 752 张。

(3) 餐饮服务 据中国烹饪学会《中国餐饮业发展报告(2017)》[6],2016 年全国餐饮企业接近 400 万家,从业人员超过 3000 万人,全国餐饮业收入 35799 亿元。

(4) 食品流通销售 据不完全统计,目前登记注册的食品销售企业有 850 万家,从业人员 5000 万人以上。截至 2017 年 11 月底,全国共有食品经营许可证(含仍在有效期内的食品流通许可证和餐饮服务许可证)1284.3 万件,其中新版食品经营许可证 896.3 万件,食品流通许可证(旧版)267.5 万件,餐饮服务许可证(旧版)120.4 万件。目前陕西省现有食品经营企业 269217 家。

(5) 屠宰及肉类加工 2015 年规模以上企业 3936 家,其中大型企业达到 148 家,中型企业 653 家,大中型企业主营业务收入的占比高达 61.6%。

（6）食用农产品　2016年全国农业经营户20743万户，其中规模农业经营户398万户。全国农业经营单位204万个。在工商部门注册的农民合作社总数179万个，其中，农业普查登记的以农业生产经营或服务为主的农民合作社91万个（国务院第三次全国农业普查领导小组，2017）。目前全国涉农电子商务平台已超过3万家，其中农产品电子商务平台已达3000家。例如，中国电子商务网是中国特色的企业B2B电商新媒体门户网站，目前开通330个地市级电子商务网、2000个县级电商网、40000个乡镇电商服务中心、66万家村级农村电商服务站。

（7）小作坊、小餐饮和食品摊贩　目前，陕西省登记注册小作坊、小餐饮和食品摊贩，即"三小"食品登记注册的生产经营有10万多家，其中小作坊2.1万多家，小餐饮4.5万多家，食品摊贩3.5万多家，从业人员50万人。估算全国"三小"食品生产经营在400万家以上，从业人员至少在9000万人以上。

二、食品市场监管对策

中国是全球最大的发展中国家，当前我国正处于经济转型和体制创新的过程中，虽然改革开放40多年来，在食品市场监管体制和机制上不断改革创新，市场监管也取得了显著的成效，但由于监管对象极其复杂，数量巨大，食品市场还存在一些问题，如假冒伪劣、掺杂掺假、虚假宣传和食品安全事件等问题；市场主体食品安全责任意识落实还不到位，甚至存在盲区；食品市场不正当竞争行为时有发生，尤其是个别地方还存在着地方保护、市场分割等问题；食品市场主体的信用意识相对淡薄，各种失信行为还比较普遍；食品行业协会、中介组织监督和约束作用发挥不够，公众监督渠道不畅，推进社会共治措施实施没有完全到位；食品市场监管体制和机制系统性、协调性、有效性，还不能完全适应经济发展的需要等。

近几年，我国食品安全监管有了显著的进步，据英国《经济学人》智库发布数据显示，在2018年《全球食品安全指数报告》中，全球109个国家和地区，中国以64.2分排名46位；2019年《全球食品安全指数报告》，全球113个国家和地区中，中国排名第35位，上升了11位。但提起食品安全问题，总是有人在心理上还不是十分踏实和坦然。从近几年人民群众不满意的社会现象排行情况来看，2013年到2018年，食品安全问题一直存在人民群众不满意的地方，如食品安全2013年位列第6位；2014年位列第2位；2015年位列第7位；2016年位列第4位；2017年位列不满意社会现象排行第4位；2018年位列第3位。这对食品市场监管应满足人民群众的原则提出客观要求。因此，要做好食品市场监管，首先需要了解食品市场主体的生产与经营活动、交易行为变化发展的新趋势，掌握我国食品市场主体行为及其活动规律，针对食品市场监管对象和食品市场监管问题现状，制定有效的防控措施。笔者从食品市场许可准入监管和市场主体行为监管两个方面来考虑，提出食品市场监管的对策。

（一）食品市场许可准入监管对策

（1）市场许可准入监管的职责由政府市场监督管理部门承担，这是法律赋予的行政权力。在实施市场准入监管过程中，要加快政府职能转变，实施"放管服"，以激发市场活力，同时需处理好市场监管与服务的关系，加大市场监管体制机制改革，合理分配和授权监管职责，要把政府从繁重的食品市场监管体制中解放出来。在食品市场监管中，政府市场监督管理部门的主要任务是建立并完善食品、特殊食品、食用农产品、食品相关产品、食品流通销售和餐饮服务以及小作坊、小餐饮和食品摊贩等市场主体的最低条件要求，严格执行市场许可准入标准，严格管控食品市场准入第一个关口。

（2）农业农村部门主要负责食用农产品市场许可准入监管工作，这是《农产品质量安全法》赋予的行政权力。对食用农产品要从农田到餐桌实施全过程无盲区监管，对农产品质量安全的风险有隐患的要素，无论直接还是间接的要素全部纳入食用农产品市场准入之中，如对农产品生产源头的水质、土壤质量、大气环境和农业投入品如种源、肥料（化肥和有机肥料及叶面肥等新型肥料）、农药、农膜、兽药、鱼药、饲料及添加剂、生长调节剂及激素等进行严格的安全性评价和市场准入管控，并从生产环节对种源、肥料、农药、农膜、兽药、鱼药、饲料及添加剂、生长调节剂及激素实施全程追溯，把国家禁止剧毒、高毒农药用于蔬菜、瓜果、茶叶和中草药材等国家规定的农作物以及水产品禁用药物和有毒有害物质作为监管的重点对象。适时在农业企业、合作社、家庭农场等经济组织推行食用农产品市场准入许可制度，并逐步实行全面市场许可准入监管。

（二）市场主体行为监管对策

（1）市场主体行为监管的职责由政府市场监督管理部门承担，这也是《食品安全法》赋予的行政权力。在实施市场主体行为监管过程中，政府市场监督管理部门负责查处食品、特殊食品、食用农产品、食品相关产品、食品流通销售和餐饮服务以及小作坊、小餐饮和食品摊贩的假冒伪劣、掺杂掺假、虚假宣传和食品安全问题等违法行为；政府公安部门负责打击食品、特殊食品、食用农产品、食品相关产品、食品流通销售和餐饮服务以及小作坊、小餐饮和食品摊贩的犯罪行为，这是食品市场监管的最后一道防线。

（2）强化食品行业协会（学会）、商业协会、餐饮协会、烹饪协会等与食品相关的协会（学会）的作用，要加强各级各类食品行业协会、商会等社会团体组织的管理，发挥社会团体作为政府助手的作用，授权其承担并负责食品市场主体行为监督管理职能，依法制定行业自律行为规范，强化市场主体的食品安全责任意识，提供食品安全信息与技术服务，引导和督促食品生产经营者依法生产经营，推动行业诚信建设，宣传、普及食品安全知识。

（3）市场食品监管坚持市场规则的统一性、市场监管执法的统一性，建立统一协调的执法体制、执法规则和执法程序，提高市场监管的公开性和透明度，有效打击地方保护和市场分割等违法行为。

（4）在完善健全食品、特殊食品、食用农产品、食品相关产品等食品安全国家标准的基础上，克服食品安全标准"重安全、轻质量营养"的缺陷，根据食品生产经营许可的范围和产品分类，分门别类地制定食品、特殊食品、食用农产品、食品相关产品、食品流通销售和餐饮服务以及小作坊、小餐饮和食品摊贩和质量安全认证产品的市场监管标准，并形成具有中国特色的食品市场监管标准体系，实现市场监管标准的全覆盖，为全国基层食品安全监管提供统一的执行标准。

总而言之，以大数据、云计算等为代表的新一轮科技革命和产业变革，促进了技术、资源、产业和市场的跨时空、跨领域融合，网络经济、分享经济、众创空间、线上线下互动等新产业、新业态、新模式的不断涌现，颠覆了许多传统的生产经营模式和消费模式，这都对加强和创新食品市场监管提出了新要求、新挑战。我国市场经济在不断发展，市场监管也要与时俱进，不断探索食品市场监管新机制，用现代理念引领市场监管，用现代科技武装市场监管，用现代监管方式推进市场监管，形成具有中国特色，且符合新时代要求的食品市场监管模式，全面实施智慧监管，才能更好地适应发展变化的需要，真正实现让人民"买得安心、吃得放心、吃得健康"的目标。

第三章 食品市场监管理论与规律

内容要点

- 市场失灵论与公共失灵论
- 真实票据论与索证索票论
- 信息不对称理论与溯源追溯理论
- 回应性监管理论与社会共治理论
- 全程质量控制与事前事中事后控制论
- 食品市场监管规律

第一节 食品市场监管理论

政府与市场、市场与政府的关系都直接或间接地影响着社会稳定、进步与发展,决定着社会经济发展的方向与深度,关系到政府、企业、消费者等市场主体的利益分配和服务格局[7]。为了实现某种公共政策的目标,维持市场的良性运转,克服市场缺陷和弥补市场失灵,政府就要对市场主体准入和行为进行限制、约束、管制与服务,通过政府市场监管部门对特定产业和市场主体的进入的许可、退出、价格、投资,特别是涉及国家安全、环境保护、食品安全、人类健康等行为进行监管来实现。

目前,市场监管是各级政府的重要职能之一,也是建设现代国家治理体系的重要组成部分,食品市场监管是其中的重要组成部分,这直接关系到新时代人民对美好生活的期待。但国内外对市场监管的研究主要侧重于市场经济学方面,提出并形成了"市场失灵论""真实票据论""信息不对称论""事前事中事后"等一系列理论,在市场监管中发挥了重要作用[7,8]。

2013年党的十八届三中全会通过了《中共中央关于全面深化改革若干重大问题的决定》,明确提出加强中央政府宏观调控、公共服务、市场监管、社会管理和环境保护等五大职能。市场监管职能,主要是针对我国改革开放发展市场经济的过程中,市场主体行为出现的问题提出来的,与西方国家对市场监管的职能有着很大的区别。就食品市场监管而言,我国对食品市场的监管是因"大头娃娃"、苏丹红、三聚氰胺、瘦肉精、地沟油等食品安全事件引起社会的极大关注而引发的,同时还与我国食品市场本身的特点及食品市场环境和社会经济发展水平等的特殊性相关,任何市场都具有外部性及信息不对称的特点,食品市场也不例外,食品市场也不能仅靠市场机制这只"看不见的手"来自发调节,这就会导致出现"市场失灵"等一系列问题。因此,想要矫正市场的失灵,就需要政府科学合理地运用"看得见的手"来实施政府市场监管,以确保市场秩序在合理、公平、公正的环境下正常运行,但政府对市场的监管也不是万能的,进而会引发"公共失灵"问题,针对不同时期市场监管过程中存在问题的分析研究,在不同时期便产生了相应的市场监管理论,综合国外市场监管理论,并结合我国食品市场监管的实践,有关市场监管理论可归纳为5大理论,研究市场监管理论对促进市场公平运行、维护正常的市场经济秩序和确保社会经济持续健康发展以及维护消费者的利益等都具有重要的意义。

一、市场失灵论与公共失灵论

亚当·斯密是古典经济理论的代表,在他的《国富论》(1776)中认为,市场就像一只"看不见的手",有强大的自我调节和资源配置功能,能够通过价格机制达到自我动态平衡。因为市场本身具有调节能力,政府只需要扮演好"守夜人"的角色,守卫国家安全、维持社会秩序、保护私有财产、维护经济自由。这与早期资本主义市场经济崇尚自由放任,且市场的自发作用可以实现社会总供求平衡,达到资源最优配置,反对政府干预经济活动即政府对市场监管有关。继亚当·斯密《国富论》之后,阿尔弗雷德·马歇尔的《经济学原理》(1890)被誉为是当时最伟大的经济学著作,属于新古典学派的代表作。阿尔弗雷德·马歇尔自由市场经济学说的核心是均衡价格论,在《经济学原理》中详细论证和引申了均衡价格论,认为市场价格取决于供、需双方的力量均衡,犹如剪刀的两翼,是同时起作用的,而任何政府对经济的干预都会造成价格信号的扭曲,从而影响对社会资源的有效配置。但随着市场经济的发展和实践证明均衡价格论存在重大缺陷,当市场配置资源出现低效或无效率时,就出现了市场失灵即市场失灵论(The Market Failure Model)。如1929—1933年的经济危机使得人们看到市场并非万能,并非永远有效,市场也有失灵的时候,这时英国学者凯恩斯针对这一问题,提出政府可以而且必须干预社会经济,以弥补市场失灵。在这一理论的指导下,政府不断加大对市场干预程度,直到20世纪80年代由于经济自由化浪潮导致金融风险不断,给凯恩斯理论的产生和新凯恩斯理论发展提出了无法解决的难题,从而使得国家干预经济的理论不断发展。该理论认为在强调市场作用的同时不能排斥政府干预,并要在政府与市场两者之间寻找一种平衡关系,以提高政府对市场监管的有效性[9]。

可见,市场失灵论起源于传统的经济学理论,是建立在"自由市场、自由经营、自由竞争、自动调节、自动均衡"的基础上,其核心是"自动均衡"理论。相反,市场失灵论是政府市场监管的理论渊源之一,为政府对自由市场经济的干预提供了合法性的理论基础,也就是说政府只需在市场失灵的时候,如市场上有垄断行为、有欺骗、有假冒伪劣、有掺杂掺假、有信息不对称、有违法行为、有交易成本妨碍有效生产问题、有公共产品供给不足的问题时,就需要对市场进行干预。在市场没有失灵的情况则不用监管,且政府对市场监管越少,政府自主运营就越好。假设市场需要的合理条件都存在，也没有市场失灵现象，政府就可以不干预。但实际上在市场经济的发展过程中，政府总是要发挥其作用，但有时政府干预市场经济也会出现一些失误，称为"公共失灵"。公共失灵是政府在克服市场失灵或是市场缺陷的过程中所产生的，之后经过不断发展便形成了公共失灵论。公共失灵论认为，现代的市场经济是一种混合经济，用查尔斯·沃尔夫的话说，"不是纯粹在市场与政府之间的选择，而是经常在两者的不同结合之间的选择，以及资源配置的各种方式的不同程度上选择"，或者用韦默和维宁的话说，"每个社会都通过个人选择与集体选择的某种组合来生产和分配物品"[10]。

用公共失灵论替代市场失灵论，是对国外市场监管理论的借鉴与创新。市场失灵论从诞生那一天就有先天的缺陷。它假设的市场只在真空中存在。它假定市场可以有不失灵的状态，但所有市场都经常性存在失灵的现象。没有管理的竞争，结果必然有信息保密和不对称、垄断、外部负效应等现象的出现。另外，市场论认为市场可以自动达到平衡。但如果经济的体量大，市场大而复杂，竞争就不容易充分，需要很长的时间达到平衡。而这个时间是大多数人等不起且心理上承受不了，社会稳定也承受不了，例如食品安全、环境问题等等。公共失灵论是美国著名公共管理学者波茨曼教授提出的，公共失灵论（又称公共价值失灵论）认为政府干预市场的理由不仅仅局限于市场效率问题，而且还关注经济效益，特别是整体社会目标的效益[11]。

要确保市场有序竞争和发展，就需要政府参与到市场监管之中，维护市场公平合理的秩序。但政府科学合理的市场监管必须遵循有法可依的原则，因此，市场监管也主要涉及立法和执法两个环节。通过制定法律法规，调节社会利益关系，维护社会公平正义，维持社会秩序，保持社会稳定，并赋予市场监管部门法律责任。例如在18世纪与19世纪之交的英国，工业化给自由市场经济带来了一系列消极后果，食品掺假是其中最严重的一个问题，到19世纪中叶已经发展到极其严重的程度。英国从1860年开始，先后9次修订有关食品药品法律法规，直到1990年制定了新的《食品安全法》，且在2002年又进行修订，形成了严密的法律，但食品企业的经营自主权并没有受到妨碍，而食品市场失灵的问题却得到有效缓解，这是政府采用法律对食品市场主体进行监管的最好例证[8]。又如我国《食品安全法》的立法目的就是为了保证食品安全，保障公众身体健康和生命安全，但也涉及与食品市场主体经济利益及监管的协调问题。我国《食品安全法》也经历了4次修订，从最初的《食品卫生法》（1995年）的57条，到《食品安全法》（2009年）增加到104条，到《食品安全法》（2018年修正）最终增加到154条，食品法律监管不断深化，且越来越严，越来越细，为有效遏制食品市场失灵和公共失灵提供法律支撑。

二、真实票据论与索证索票论

真实票据论（Real bill theory）起源于17世纪和18世纪的银行发展时期，银行放款必须以真实票据为凭证，所谓"真实票据"是由实际债权人对实际债务人开出的汇票。真实票据理论认为，银行资金来源主要是吸收流动性很强的活期存款，银行经营的宗旨是要满足客户兑现的需要。因此，商业银行只有保持资产的高流动性，才能确保不会因为流动性不足给银行带来经营风险。这在当时金融市场很不完善、融资渠道和资产负债业务比较单一的历史条件下，银行在经营实践中找到了保持资产流动的理论依据，即真实票据理论[12]。

真实票据论是早期商业银行进行合理的资金配置与稳健经营的理论基础。它提出银行资金的运用受制于其资金来源的性质和结构，并强调银行应保持其资金来源的高度流动性，以确保银行经营与金融市场的安全性。亚当·斯密对真实票据论进行了首次的权威阐述，后来中央银行之父亨利·桑顿，在其著作《大不列颠票据信用的性质和作用的探讨》中，以及英国古典政治经济学的代表大卫·李嘉图在著名的金块主义之争中均予以否定。在19世纪中叶，英国著名的资产阶级经济学家、自由贸易运动的杰出代表、李嘉图货币理论的批判者、英国银行学派的创始人和主要代表人物之一托马斯·图克在其著作《通货原理研究》中和富拉顿关于通货与银行之争时，以"回笼法则"一词最终恢复了这一概念和理论。可见，真实票据论对现代货币理论也产生了一定的影响。

真实票据论形成于资本主义的自由竞争阶段，因为当时还没有中央银行作为银行的银行和最后贷款人，也没有任何机构给商业银行或整个银行体系提供流动性保证，流动性差的放款就有可能给银行经营带来市场风险，甚至发生"挤提"现象。后来虽然有了中央银行，但真实票据论，在相当长时期内，一直支配或指导着商业银行的业务经营，确保了金融市场的发展与繁荣，减少了金融风险。

虽然真实票据论产生于银行业，在不同国家对金融市场监管中发挥了重要的指导作用，但对其他市场监管也有一定的借鉴意义，特别是食品市场和食品安全监管。我国2009年6月1日实施的《食品安全法》第三十六条规定：食品生产者采购食品原料、食品添加剂、食品相关产品，应当查验供货者的许可证和产品合格证明文件。食品生产企业应当建立食品原料、食品添加剂、食品相关产品进货查验记录制度，如实记录食品原料、食品添加剂、食品相关产品的名称、规格、数量、供货者名称及联系方式、进货日期等内容。食品原料、食品添加剂、食品相关产品进货查验记录应当真实，保存期限不得少于二年。《食品安全法》第三十九条规定：食品经营者采购食品，应当查验供货者的许可证和食品合格的证明文件。食品经营企业应当建立食品进货查验记录制度，如实记录食品的名称、规格、数量、生产批号、保质期、供货者名称及联系方式、进货日期等内容。食品进货查验记录应当真实，保存期限不得少于二年。实行统一配送经营方式的食品经营企业，可以由企业总部统一查验供货者的许可证和食品合格的证明文件，进行食品进货查验记录。其中"进货查验记录"在食品安全法中首次提出，它与真实票据论的含义是一脉相承的，对食品市场监管具有重要的意义。我国2009年6月1日实施的《食品安全法》，已经经过2015年和2018年两次修改，但对"进货查验记录"的具体要求没有改变，对食品生产经营和食用农产品销售及其法律责任，分别在该法第五十条、第五十三条、第六十五条、第一百二十六条和第一百三十六条做了详细的规定。这是我国食品监管实施索票索证的法律依据，也是真实票据论在食品市场监管领域的应用。

在食品流通领域，国家工商行政管理总局在关于印发《食品市场主体准入登记管理制度》等流通环节食品安全监管八项制度的通知（工商食字〔2009〕176号）中明确提出了严格监督食品商场、超市等企业加强自律管理，确保入市食品质量合格，在巩固"索证索票、进货台账"两项制度成果的基础上，切实履行进货查验和查验记录义务。这是我国将索证索票应用到食品市场监管的开始。但要充分发挥索证索票的监管作用，对证件和票据的管理是根本，特别是要加强证件和票据的法律管制，因此，强化票据规范化管理，确保票据的真实性是关键。

三、信息不对称理论与溯源追溯理论

信息不对称理论（Asymmetric Information Theory）是美国经济学家阿克洛夫、斯蒂格利茨和斯彭斯在1970年首次提出的，它为市场经济监管提供了一个新的视角，也为信息经济学的产生与发展奠定了基础。该理论认为在市场交易活动中,由于各类人员对商品有关信息的了解是有差异的,掌握信息比较充分的一方,在商品交易过程中往往处于比较有利的地位,而信息贫乏的一方,则处于比较不利的地位,由此造成了市场上信息不对称问题。信息不对称是市场经济的弊病,一是柠檬市场效应(Lemon Effect),是指在信息不对称的情况下,往往好的商品遭受淘汰,而劣等品会逐渐占领市场,从而取代好的商品,导致市场中都是劣等品。如劣币驱逐良币(Bad Money Drives Out Good)就是柠檬市场效应的一个重要例证。劣币驱逐良币是经济学中的一个著名定律,该定律认为,在铸币时代,当那些低于法定重量或者成色的铸币"劣币"进入流通领域之后,人们就倾向于将那些足值货币"良币"收藏起来,最后,良币大都被驱逐,市场上流通的就只剩下劣币了。柠檬市场就是次品市场,而信息不对称是劣币驱逐良币现象存在的基础。二是不对称信息导致逆向选择(Adverse Selection),逆向选择在经济学中是一个含义丰富的词汇,它是指由交易双方信息不对称和市场价格下降产生的劣质品驱逐优质品,进而出现市场交易产品平均质量下降的现象。逆向选择理论也说明如果不能建立一个有效的机制遏止假冒产品,会使假冒伪劣泛滥,形成"劣币驱逐良币"的后果,甚至导致市场瘫痪。乔治·阿克尔罗夫、迈克尔·斯宾塞和约瑟夫·斯蒂格利茨三位经济学家在充满不对称信息市场分析理论领域做出了重要贡献,2001年荣获诺贝尔经济学奖,其中乔治·阿克尔罗夫的贡献在于阐述了这样一个市场现实,即卖方能向买方推销低质量商品等现象的存在,是因为市场双方各自所掌握的信息不对称所造成的。迈克尔·斯宾塞的贡献在于揭示了人们应如何利用其所掌握的更多信息来谋取更大收益方面的有关理论。约瑟夫·斯蒂格利则阐述了有关掌握信息较少的市场一方如何进行市场调整的有关理论。乔治·阿克尔罗夫、迈克尔·斯宾塞和约瑟夫·斯蒂格利茨三位经济学家的分析理论用途广泛,既适用于对传统的农业市场的分析研究,也适用于对现代金融市场的分析研究。同时,他们的理论还构成了信息经济学的核心和基础[13]。

  信息作为一种资源,一直参与并发挥着社会财富的分配作用,且贯穿着整个人类社会历史的始终。信息经济学的价值不仅揭示了信息不对称,还表明信息与资本、土地相同,也是一种需要进行经济核算的生产要素。在现实经济活动中,信息不对称的情况普遍存在,其影响面广,甚至可以影响到市场机制配置资源的效率,造成占有信息优势的一方在交易中获取巨大的效益。如果市场上信息力量对比过于悬殊,必然导致利益分配结构严重失衡。可见,信息也是一种新的"生产力"。

  1923年,由现代市场研究行业的奠基人阿瑟·查尔斯·尼尔森等学者按消费者获取商品质量信息的不同途径,把商品分成三类:搜寻品、经验品和信誉品。搜寻品是指消费者在消费前就知道其特性的产品;经验品是指只在使用后才能确认其特征的产品;信誉品是指产品的质量即使在消费之后仍然不能确定[14]。然而,食品兼具搜寻品、经验品和信誉品三重属性。由于食用农产品的生物学特性,消费者在食用之后对其口感、味道、鲜嫩程度才能做出准确的评价,因此源于农产品的食品是一种典型的经验品。而随着时代的变迁,现代食品工业采用更多更先进的加工和包装技术,当今食品与传统意义上的食品在各方面都有很大差别,消费者即使食用后也难以判断食品的优劣,即食品的经验性增强;甚至有些特性是消费者根本无法判断的,如是否使用了抗生素、激素、农药残留和兽药残留及转基因技术等,这方面的信息不对称给消费者带来的风险是最大的。可见,食品既是一种经验品又是一种信任品。食品的这两种特性,使得消费者无法从市场上获取信息,而同一种食品的生产者,由于他们之间掌握的信息也不对称,因此食品市场上就会出现逆向选择,劣质驱逐良质的"柠檬食品市场"由此产生,仅靠市场难以获得安全、优质、放心的食品。

在食品市场交易及其监管过程中，因信息不对称导致"市场失灵"的现象非常突出，甚至可以说在从农田到餐桌整个食品供应链的每一个环节都可能存在。例如，生产者清楚其在种植和养殖过程中农药、兽药等使用情况，而对食品加工企业和消费者隐藏信息；食品加工企业清楚食品加工过程中的各种添加剂的使用情况和质量控制过程，却对食品零售商和消费者隐藏信息；食品批发零售商清楚食品在贮运和销售过程中的质量保障情况，而消费者却不知道这些信息。可见，随着食品供应链的延长，消费者承担的风险也越来越大，由于消费者位于链条末端，始终处于绝对被动的地位[14,15]。

要想减少信息不对称对消费者产生的危害和对食品经济产生的影响，从市场监管理论和市场监管方法技术来看，对食品市场监管是一个严峻的挑战。为了提高食品和食用农产品信息的透明度，世界上不同国家政府市场监管部门以及相关企业对农产品和食品实施了溯源追溯管理，从而促进了溯源追溯理论产生和发展，在市场监管中发挥重要的作用，缓解了信息不对称对市场带来的压力并保护了消费者的知情权和选择权。

由于全球食品安全如食物中毒、疯牛病、口蹄疫、禽流感等畜禽疾病和农产品食品农药残留、兽药残留、人为的非法添加等食品安全事件频繁发生，严重影响了人们的身体健康，引起了全世界的广泛关注，对农产品食品供应链的有效溯源追溯成为全球性的热点。20世纪是信息技术发展最快的时期，特别是一维条码技术、PDF417堆叠式二维条码技术（PDF是英文Portable Data File的缩写，中文意思是便携数据文件，417是组成条码的每一个条码字符由4个条和4个空共17个模块构成，简称417）、商品条码编制系统、条码的识读、条码符号的制作、条码标识的检验、条码应用系统设计等在图书管理、门禁和安全管理、信息传递、畜牧业管理、智能货架、产品溯源、车辆管理、物料管理、生产管理，尤其是在智能手机上的广泛使用，为溯源追溯管理理论的发展提供了技术支撑。如1991年4月9日，中国物品编码中心正式加入了国际物品编码协会，国际物品编码协会分配给中国的前缀码为"690、691、692"。进入21世纪，新型通信技术如射频识别技术RFID（Radio Frequency Identification），又称无线射频识别，它是构建物联网的关键技术，其发展也趋于成熟，尤其是移动式的和固定式的RFID读写器成功开发，极大地促进了RFID技术应用领域。如2010年，欧盟有3%的公司应用RFID技术，应用分布在身份证件和门禁控制、供应链和库存跟踪、汽车收费、防盗、生产控制和资产管理等领域。目前能够实现物与互联网"连接"功能的技术，包括红外技术、地磁感应技术、RFID、条码识别技术、视频识别技术、无线通信技术等，均可将物以信息形式连接到互联网中，其中RFID技术相较于其他识别技术，在准确率、感应距离、信息量等方面具有非常明显的优势，如二维条形码数据容量最大的PDF417，最多也只能存储2725个数字，若包含字母，存储量则会更少；而RFID则可根据用户的需要扩充到数10K，优势明显[16]。

利用条码技术和RFID先进的技术并依托网络技术和数据库技术，实现信息融合、查询、监控，为每一个生产阶段以及分销到最终消费领域的过程提供针对每件货品安全性、食品成分来源及库存的控制，为食品市场监管过程信息管理提供重要的技术手段。

2015年4月24日第十二届全国人民代表大会常务委员会第十四次会议修订的《食品安全法》第四十二条规定："国家建立食品安全全程追溯制度。食品生产经营者应当依照本法的规定，建立食品安全追溯体系，保证食品可追溯。"国家鼓励食品生产经营者采用信息化手段采集、留存生产经营信息，建立食品安全追溯体系。国务院食品安全监督管理部门会同国务院农业行政等有关部门建立食品安全全程追溯协作机制。这是我国首次以法律形式确定了食品安全全程追溯制度。2018年12月29日第十三届全国人民代表大会常务委员会第七次会议修订的《食品安全法》第四十二条规定，"国家建立食品安全全程追溯制度。食品生产经营者应当依照本法的规定，建立食品安全追溯体系，保证食品可追溯。国家鼓励食品生产经营者采用信息化手段采集、留存生产经营信息，建立食品安全追溯体系。国务院食品安全监督管理部门会同国务院农业行政等有关部门建立食品安全全程追溯协作机制。"食品安全全程追溯制度依然保持，仅是调整了监管部门。

2015年12月30日国务院办公厅发布《关于加快推进重要产品追溯体系建设的意见》（国办发〔2015〕95号），要求针对食用农产品、食品、药品、稀土产品等重要产品，积极推动应用物联网、云计算等现代信息技术建设追溯体系。国家相关部门和省市相继出台了有关追溯条件建设的规定要求，如原国家食品药品监管总局关于白酒生产企业建立质量安全追溯体系的指导意见（食药监食监一〔2015〕194号）；财政部办公厅、商务部办公厅关于开展肉类蔬菜及中药材流通追溯体系建设有关问题的通知（财办建〔2014〕63号）；商务部办公厅关于印发《肉类蔬菜流通追溯体系专用标识使用规定（试行）》的通知；商务部关于印发《肉类蔬菜流通批发自助交易终端技术要求》《肉类蔬菜流通追溯零售电子秤技术要求》等技术规范的通知（商秩发〔2012〕414号）；商务部关于印发《肉类流通追溯体系基本要求》《蔬菜流通追溯体系基本要求》等技术规范的通知；商务部、工业和信息化部、公安部、原农业部、原国家质量监督检验检疫总局、国家安全监督管理总局、原国家食品药品监督管理总局关于推进重要产品信息化追溯体系建设的指导意见（商秩发〔2017〕53号）以及北京市人民政府办公厅关于印发《北京市加快推进重要产品追溯体系建设实施方案》的通知（京政办字〔2016〕60号）；广东省人民政府办公厅关于印发广东省加快推进重要产品追溯体系建设实施方案的通知（粤府办〔2016〕60号）；陕西省人民政府办公厅关于印发《陕西省加快推进重要产品追溯体系建设实施方案》的通知（陕政办发〔2016〕69号）和山东省人民政府办公厅关于加快推进重要产品追溯体系建设的实施意见（2017）等，这都加快了食品溯源追溯理论的应用，取得显著成效。如山东省济宁市2016年共公示企业登记及变更信息、流通领域商品质量抽检结果等信息52.3万条（次），企业即时信息公示18.6万条（次），信息公示平台点击量达到33.7万条（次），极大方便了社会各界对市场主体信息的动态掌控[17]。2018年11月农业农村部《关于农产品质量安全追溯与农业农村重大创建认定、农产品优质品牌推选、农产品认证、农业展会等工作挂钩的意见》要求，在首批与国家农产品质量安全县认定及国家现代农业示范区、国家农业可持续发展试验示范区（农业绿色发展先行区）、国家现代农业产业园"二区一园"创建工作与农产品质量安全追溯挂钩，并从2019年1月1日开始实施。具体规定一是认定国家农产品质量安全县时，将区域内80%以上的生产经营主体（指在工商注册登记的农业企业、农民专业合作社，下同）及其产品实行追溯管理作为前置条件。二是批准国家现代农业示范区、国家农业可持续发展试验示范区（农业绿色发展先行区）、国家现代农业产业园时，将区域内80%以上的生产经营主体及其产品实行追溯管理作为前置条件。三是认证绿色食品、有机农产品、地理标志农产品时，将相关生产经营主体及产品纳入国家农产品质量安全追溯管理信息平台作为新申报审批和产品续展的前置条件。四是推选部级农产品区域公用品牌时，将生产经营主体及其产品实行追溯管理作为前置条件。五是农业农村部主办或部省共同主办的全国农业展会的农产品，必须以实行追溯管理作为参展的前置条件等。这对农产品质量安全信息化建设具有重要示范意义和带动作用。但农产品和食品全国统一的溯源追溯体系还没有实现全覆盖，在大市场监管的体制下应大力推进，通过溯源追溯体系的建立，解决食品安全问题，提高我国农产品在国际市场上的竞争力，有效化解信息不对称是极其重要的。

四、全程质量控制与事前事中事后监管论

国际质量管理是20世纪60年代初由美国的著名专家菲根堡姆提出的。它是在传统的质量管理基础上，随着科学技术的发展和经营管理上的需要发展起来的现代化质量管理，现已成为一门系统性很强的学科。其发展依次经历质量检验阶段、统计质量控制阶段和全面质量管理（Total Quality Management，TGM）阶段[18]。所谓全面管理，由全过程管理、全企业管理和全员管理三个部分构成。①全过程管理，要求对产品生产过程进行全面控制；②全企业管理，强调质量管理工作不局限于质量管理部门，要求企业所属各单位、各部门都要参与质量管理工作，共同对产品质量负责；③全员管理，要求把质量控制工作落实到每一名员工，让每一名员工都关心产品质量。实施全面质量管理必须坚持以预防为主和用数据说话的原则；以预防为主，就是对产品质量安全进行事前控制，把事故消灭在发生之前，使每一道工序都处于控制状态；用数据说话，就是要依据正确的数据资料进行加工、分析和处理并找出规律，再结合专业技术和生产实际，对存在的问题做出正确判断并采取相应的正确措施。PDCA循环是全面质量管理最基本的工作程序，即计划—执行—检查—处理（Plan，Do，Check，Action）。这是美国统计学家戴明（W. E. Deming）发明的，因此也称为"戴明循环"[18]。这四个阶段大体可分为的实施步骤如图3-1所示。

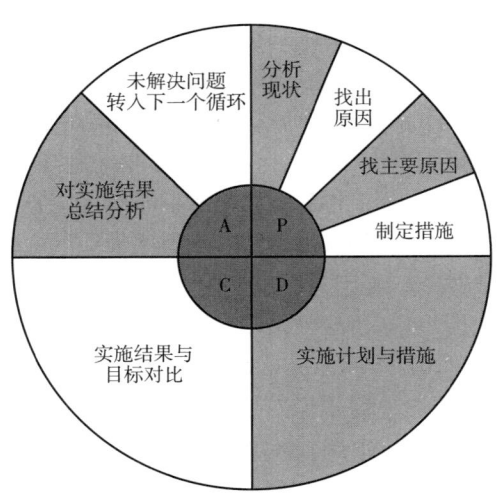

图3-1　PDCA循环及实施步骤

1986年美国摩托罗拉公司比尔·史密斯提出了一种新型管理方式——六西格玛管理（Six Sigma Management），并首先在摩托罗拉公司实施。该管理就是通过设计和监控过程，将可能的失误减少到最低限度，从而使企业可以做到质量与效率最高，成本最低，过程的周期最短，利润最大，全方位地使顾客满意。六西格玛是一个目标管理，质量水平要求达到99.99966%，是无缺陷的，也就是说，做100万件产品，仅允许3.4件产品是有缺陷的，这几乎趋近到人类能

够达到的最为完美的境界。因此，六西格玛管理是一种近乎完美的管理策略[19]。

1979 年英国制定颁布了国家质量管理标准 BS5750——将军方合同环境下使用的质量保证方法引入社会经济市场环境。这标志着质量保证标准不仅对军用物资装备的生产，而且对整个工业界产生影响。20 世纪 80 年代菲利浦·克劳士比提出"零缺陷"的概念认为"质量是免费的"，突破了传统上认为高质量是以高成本为代价的观念。他提出高质量将给企业带来高的经济回报。基于英国 BS5750 质量管理标准，国际标准化组织（ISO）1987 年发布实施了 ISO9000 质量管理和质量保证标准，之后经过多次修订为 ISO9000 质量管理体系标准。该标准"以顾客为中心"的管理模式受到企业的高度重视，其指导思想就是"顾客的满意和认同是长期赢得市场、创造价值的关键"，并把以顾客为中心的思想贯穿到企业管理的每一个环节之中，即从市场调查、产品设计、试制、生产、检验、仓储、销售，直到售后服务的各个环节都要坚持"顾客第一"的思想，不但要生产物美价廉的产品，而且要为顾客做好服务，最终达到顾客放心满意。ISO 质量管理体系标准的实施，在世界范围内对经济和贸易活动产生了影响，也大大提高了全球企业质量管理水平。目前，该标准已经在世界上 150 多个国家和地区被广泛采用，使产品和服务质量得到日益提高。

中国从 1987 年以来，在各个行业全面推进全程质量控制管理，等同采用了 ISO9000 国际标准，并在 1993 年 9 月 1 日开始实施的《产品质量法》第十四条规定，国家根据国际通用的质量管理标准，推行企业质量体系认证制度。从法律层面确定了推行质量管理标准的权威性。该标准在提高我国产品质量、企业竞争力和员工素质等方面取得了显著成效。

全程质量控制是由美国曼德·费根堡姆——全面质量控制之父、质量大师、《全面质量控制》的作者在 1992 年首次提出，是以组织全员参与为基础的质量管理形式，代表了质量管理发展的最新阶段。其精髓来源于产业的全面质量管理，充分利用了系统性、综合性和一致性的理念。根据不同产品、过程和服务，提出了质量控制（Quality Control，QC）七大方法：检查表、排列图、散布图、数据分层法、休哈特控制图、鱼骨图、直方图。之后全面质量控制在全球的应用不断拓展，发挥了重要作用[18]。

针对环境污染现状引起的食品安全问题，我国农产品和食品加工业采用全程质量控制最早始于 20 世纪 90 年代的绿色食品，明确提出了"从农田到餐桌"全过程质量控制的理念和绿色食品标准体系。现行的《绿色食品标志管理办法》（2012）所说的绿色食品，是指产自优良生态环境、按照绿色食品标准生产、实行全程质量控制并获得绿色食品标志使用权的安全、优质食用农产品及相关产品。截至 2015 年底，全国绿色食品企业总数达到 9500 多家，产品总数达到 23000 多个。原农业部已发布绿色食品各类行业标准 126 项，标准水平达到发达国家先进水平，地方配套颁布实施的绿色食品生产技术规程已达 400 多项，按照"一控两减三基本"（"一控"是指控制农业用水总量和农业水环境污染，确保农业灌溉用水总量保持在 3720 亿立方米，农田灌溉用水水质达标；"两减"是指化肥、农药减量使用；"三基本"是指畜禽的粪便、农膜、农作物秸秆基本得到资源化利用和无害化处理）的要求控制污染，绿色食品抽检合格率一直保持在 99% 以上。可见实施"从农田到餐桌"全过程质量控制对提高产品质量安全意义重大。因此，在农产品和食品市场监管中，应该借鉴"从农田到餐桌"全过程质量控制的思路，建立"从农田到餐桌"全过程的质量安全监管，针对农业投入品、生产过程、企业监管等关键环节，提出全程质量监管理论，并与事前事中事后监管方式相结合，为确保食品安全发挥重要的理论指导。

关于事前事中事后监管是我国政府商事改革、简政放权的重要内容之一。2015年6月24日国务院办公厅印发了《关于运用大数据加强对市场主体服务和监管的若干意见》，该意见要求要将政府监管和社会监督有机结合，构建全方位的市场监管体系。通过政府信息公开和数据开放、社会信息资源开放共享，提高市场主体生产经营活动的透明度。有效调动社会力量监督市场主体的积极性，形成全社会广泛参与的市场监管格局。创新市场经营交易行为监管方式，在企业监管、环境治理、食品药品安全、消费安全、安全生产、信用体系建设等领域，推动汇总整合并及时向社会公开有关市场监管数据、法定检验监测数据、违法失信数据、投诉举报数据和企业依法依规应公开的数据，鼓励和引导企业自愿公示更多生产经营数据、销售物流数据等，构建大数据监管模型，进行关联分析，及时掌握市场主体经营行为、规律与特征，主动发现违法违规现象，提高政府科学决策和风险预判能力，加强对市场主体的事中事后监管。全面建立市场主体准入前信用承诺制度，要求市场主体以规范格式向社会做出公开承诺，违法失信经营后将自愿接受约束和惩戒。信用承诺纳入市场主体信用记录，接受社会监督，并作为事中事后监管的参考，这些都为事前事中事后监管提出了明确的要求。2015年8月国务院办公厅发布了《关于推广随机抽查规范事中事后监管的通知》中要求在全国全面推行"双随机一公开"监管模式。2016年9月14日国家工商行政管理总局推出《关于新形势下推进监管方式改革创新的意见》，开始综合施行"双随机，一公开"的监管，这可视为我国政府事中事后监管方式的重大革新。在"双随机，一公开"（随机抽取检查对象，随机选派执法检查人员，抽查情况及查处结果及时向社会公开）监管结果的基础之上，建立起"高风险产品重点监管、重点行业市场监管、企业生产日常监管、网上舆情全面监管"的监管模式，同时，将监管的重心从产品监管向企业监管转变，帮助企业内部建立起行之有效的质量安全监管机制，真正做到"产出来"就是安全的工作新局面，减轻政府市场监管工作压力。2019年2月15日国务院发布了《关于在市场监管领域全面推行部门联合"双随机，一公开"监管的意见》，要求在市场监管领域全面推行"双随机，一公开"监管，深化"放管服"等。

我国在不同行业就事前、事中、事后监管进行了许多实践性探索，如1993年开始实施的产品质量监督抽查制度，原国家质量监督检验检疫总局发布的《产品质量国家监督抽查管理办法》2002年3月1日起施行（1986年原国家经济委员会发布的《国家监督抽查产品质量的若干规定》和1991年原国家技术监督局发布的《产品质量国家监督抽查补充规定》同时废止），该办法把国家监督抽查分为定期实施的国家监督抽查和不定期实施的国家监督专项抽查两种。定期实施的国家监督抽查每季度开展一次，国家监督专项抽查根据产品质量状况不定期组织开展。实际上定期实施的国家监督抽查和不定期实施的国家抽查都属于事中或者事后监管。2010年11月23日，原国家质量监督检验检疫总局又对《产品质量国家监督抽查管理办法》进行了修订，发布了《产品质量监督抽查管理办法》，并于2011年2月1日起施行。该办法中的监督抽查是指质量技术监督部门为监督产品质量，依法组织对在中华人民共和国境内生产、销售的产品进行有计划地随机抽样、检验，并对抽查结果公布和处理的活动。实际上是典型的事后监管方式。2006年，原国家食品药品监督管理局发布《药品GMP飞行检查暂行规定》，建立了飞行检查制度，即事先不通知被检查企业而对其实施快速的现场检查，这是典型的事中监管方式，与"双随机，一公开"的监管方式有许多相似之处。但就其要上升到监管理论而言，还需要进一步探索，只有结合实践和形势的发展，才能真正形成全面质量控制与事前事中事后监管有机结合的理论体系，这对指导食品市场实践是非常有意义的。

五、回应性监管理论与社会共治理论

关于市场监管理论，国内外学者的研究工作一直没有停歇，且各种观点层出不穷[20]。但理论界和实务界普遍持有政府监管的思维定式或完全依靠市场调节的监管方式，国家拥有颁布具有强制性法律的绝对权力，市场监管需要政府的强制性法律来保证监管措施的实施，在民众的心里也把政府视为监管的唯一主体。

就市场监管范围而言，市场监管分为市场主体准入监管和市场主体行为监管两个部分。市场主体准入监管属于市场经济性监管，是基于经济学、行政法学和政治学理论产生的命令控制型监管，依照法律法规，依靠行政许可等手段，对市场主体准入包括进入和退出进行干预的监管，关注市场资源配置的高效率和确保市场公平竞争；而市场主体行为监管属于市场社会性监管，是基于经济学、博弈论和法社会学以及犯罪学理论产生的，关注质量安全、安全生产、人身健康和环境保护等方面的监管，以实现人的全面发展和社会公平正义为目标[21]。

在市场监管中，特别是面对全球食品安全突发事件和互联网超常规发展态势，政府食品安全监管部门大多采取的是一种被动的回应性监管方式，在某类食品发生了问题，特别是食品引起中毒死亡事件，甚至媒体报道的食品安全问题引起社会各界的关注的情况下，政府食品安全监管及相关部门才会介入监管，以回应社会各级的关切。如2004年安徽阜阳"大头娃娃"奶粉事件、2005年河北"苏丹红"鸭蛋事件、2008年河北三鹿"三聚氰胺"奶粉事件、2011年上海"彩色馒头"事件、2017年温州"红糖馒头"中甜蜜素事件等就是被动的回应性监管。这些问题的出现都暴露了现行监管方式的弊端，更不能适应新形势下国家治理体系所提出的监管主体多元性和监管方法手段上的社会共治要求，存在极大的局限性。

为了克服市场监管面临的突出问题，仅仅依靠政府实施市场监管是不够的，还应该充分发挥非政府的力量，以确保市场监管的有效性。1992年美国和澳大利亚的两位学者伊恩·艾尔斯和约翰·布雷斯维特出版的《回应性监管——超越放松监管的争论》一书中首次提出了回应性监管理论。该理论起源于博弈论、法社会学以及犯罪学，并与政治学领域的治理理论相结合，以构建政府与非政府合作型监管模式为宗旨，提出了混合政府监管和非政府干预手段的第三条道路。这种协作监管新模式要求政府把市场监管权合理分配给其他社会主体，以减轻政府监管机构的负担，使政府更好地应对简政放权的新要求。回应性监管理论自提出起经过近30年的发展，已经成为在国际上监管治理领域有重要影响的理论之一[22-27]。

回应性监管理论基础主要包括三个方面。第一，治理术理论，由米歇尔·福柯提出。该理论认为：在社会治理中，治理具有多样性和无中心性，治理从国家权力机构扩展到普遍的社会关系中；治理的关键是处理与人有关的事务，且治理要求具备一系列治理"机器"，一整套知识的发展；第二，法律的自创生理论，主要由尼克拉斯·卢曼和贡托·图依布纳提出。该理论认为：世界由相异相独立的子系统构成，这些系统具有封闭性和调整社会的局限性，但法律应通过"反身法"来实现对社会的调控；第三，回应性法理论，由菲利佩·诺内特和菲利普·塞兹尼克提出。该理论把法律秩序看成是多维的，且认为每个维度中都由可以影响法律模式的若干变量组成，根据这些变量，法律形成压制性法、自治性法和回应性法。回应性法以开放性来解决压制性法、自治性法的局限，主张以公民性——维护和发展公民参与和公民意识，构建尊重、包容个体和多样性的治理体系[23]。

回应性监管理论倡导建立政府和非政府部门之间互动的混合型监管体系，主要涉及两个方面的内容（即"金字塔理论"模型）：一是被监管对象为微观个体时所采用强制手段的策略模型——强制手段金字塔（图3-2）；二是被监管对象为中观全行业时所采用监管政策的策略模型——监管策略金字塔（图3-3）[23,24]。

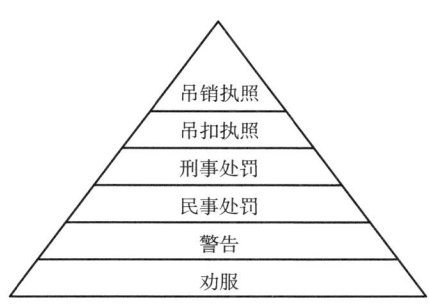

图3-2　强制手段金字塔

强制手段金字塔认为：政府要综合检视产业结构、被监管者动机、自我监管能力等方面的差异性来决定监管的时机和手段。把劝服作为政府监管最基本和最常用的监管措施，现行的《食品安全法》第一百一十四条（食品生产经营过程中存在食品安全隐患，未及时采取措施消除的，县级以上人民政府食品安全监督管理部门可以对食品生产经营者的法定代表人或者主要负责人进行责任约谈。食品生产经营者应当立即采取措施，进行整改，消除隐患。责任约谈情况和整改情况应当纳入食品生产经营者食品安全信用档案）和第一百一十七条（县级以上人民政府食品安全监督管理等部门未及时发现食品安全系统性风险，未及时消除监督管理区域内的食品安全隐患的，本级人民政府可以对其主要负责人进行责任约谈。地方人民政府未履行食品安全职责，未及时消除区域性重大食品安全隐患的，上级人民政府可以对其主要负责人进行责任约谈。被约谈的食品安全监督管理等部门、地方人民政府应当立即采取措施，对食品安全监督管理工作进行整改。责任约谈情况和整改情况应当纳入地方人民政府和有关部门食品安全监督管理工作评议、考核记录）规定的责任约谈，就是劝服的最好例证。如果不能达到目的，政府应依据效果情况，再提高强制措施的严厉程度，即从警告到民事处罚、刑事处罚、吊扣执照直至吊销执照，主要适用于对市场主体准入的监管（图3-2）。

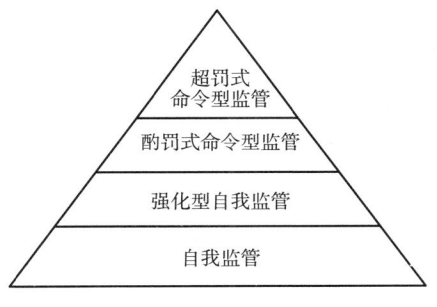

图3-3　监管策略金字塔

监管策略金字塔认为：政府倡导鼓励对特定行业首先采用自我监管，如果不能达到目的，再依据监管效果情况，政府进而可施行强化型自我监管、酌罚式命令型监管乃至超罚式命令型监管，逐步收紧该行业的监管自主权。主要适用于对市场主体行为的监管（图3-3）。

之后一些学者从各种角度对回应性监管的金字塔理论进行了深化和衍生，丰富和创新了回应性监管理论。在监管金字塔模型基础上，1998年甘宁汉姆和格拉博斯基提出了"聪明监管"（也有学者称智慧监管），强化了对被监管企业和第三方监管机构作用的重视。这一理论把原有的单面监管金字塔发展为立体的三面金字塔，第一面是政府监管，第二面是企业自我监管，第三面是第三方监管（包括商业性和公益性机构）。在面临问题时，政府监管机构不但可以选择增加直接监管的强度，还可以考虑加强企业自我监管和第三方监管的强度。2002年克里斯汀·帕克提出了"后设监管"理论，该理论强调监管客体是企业的监管机制，如何发挥被监管企业的作用，鼓励企业通过建立内部管理体系、风险管理制度等来实现自我监管。政府不再是直接监管者，而是站在企业后面，首先给企业足够的空间，让企业进行自我监管，然后政府再通过抽查或要求企业公开内部评估报告等手段对企业内部管理体系的运行情况进行监管，也就是对企业自我监管的监管。而1999年尼尔·甘宁汉姆和理查德·约翰斯通提出的"基于管理体系监管"理论是后设监管的一种特殊形式。政府可以依据企业内部监管体系的状况进行分级监管，对已建立有效监管制度的企业，减少直接监管而加强对其内部管理体系的监管。对未建立有效监管制度的企业，保持传统命令型监管，以促使其建立内部有效的监管体系。

2007年约翰·布雷斯维特在对其创立的回应性监管理论进一步研究的基础上，发现该理论有一个主要缺陷，就是过于强调负面的处罚，而对正面的鼓励和支持行为不够重视，所以又提出"基于优势监管"的理论。实际上政府监管行为中只有很少一部分是和强制措施有关，更多的监管活动是正面的鼓励引导和支持。许多市场主体未能履行法律法规责任，并不是因为没有守法的意愿，而是缺少这方面的能力，且从积极的方面去解决问题可能比从负面处罚会更加有效。这实际上就是笔者在市场监管的概念中增加"服务"的原因，这与我国市场监管部门提出的"放管服"一脉相承。

因此，提出用支持性金字塔来补充原有强制手段金字塔，这样就形成了一个双重金字塔模型（图3-4）[23]。实际上这个理论对食品市场监管而言，可以理解为一手抓打击假冒伪劣和非法食品，加大违法犯罪的威慑力，另一手抓食品安全示范和典型，发挥示范典型的带动和辐射作用。

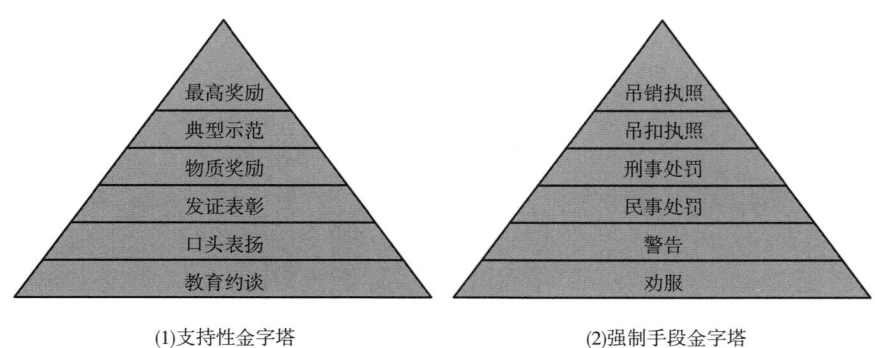

(1)支持性金字塔　　　　　　(2)强制手段金字塔

图3-4　双重金字塔

2008年德拉霍思和约翰·布雷斯维特在对回应性监管理论深入研究的基础上提出了结点治理理论。该理论把强制手段金字塔和监管策略金字塔发展成为"网络监管金字塔",强调当政府面临监管问题时,不但可以垂直提升政府监管强度,还可以通过平行地扩大合作伙伴来增强监管能力,合作伙伴可以是其他政府机构,也可以是非政府组织,即把市场监管权授权给政府相关事业单位或者协会。如食品市场监管可以授权给与食品相关的事业单位、食品行业协会、第三方监管机构等其他组织,由于这些机构与食品市场有着广泛的内在联系,就会成为网络治理结点。理论上任何组织都可以成为结点,但现实中政府机构事业单位因为具有法定职权且是该领域专业机构,是承担结点的最佳角色。2012年约翰·布雷斯维特在结点治理、支持性金字塔和监管能力建设等思想的基础上,把回应性监管发展成一种民主治理理论,也就是说任何社会群体,即使是违法者,都应该得到陈述意见和抗辩的机会,这样不但可以培养社会个体的主体意识,还能增强政府处罚的合法性,进而提高全民守法的自愿程度。与此同时,还可将这一理论应用到解决社会矛盾、国际维和等领域。可见,回应性监管理论应用是十分广泛的。

纵观回应性监管理论的产生与发展,刘洋洋在"回应性监管:一种食品安全应急管理新途径"一文中[25],总结了回应性监管所遵循的4项原则:一是以"软"为主,软硬结合。以"软"为主的目的是要激发社会个体的公民精神和主体意识,使他们能够积极主动地履行社会责任,即采取"胡萝卜加大棒"或者"温和的大炮"模式,正如强制手段金字塔所体现的从低到高的手段策略,劝服、警告、民事处罚、刑事处罚、吊扣执照、吊销执照。这种分级分层的策略是政府理性的体现,因为市场主体的违法行为总是少数,应视不同主体对象区别对待,"软"不是不作为,而是给予其信任激励。当然,一旦激励被忽视或者滥用,金字塔最顶端的"硬"手段便会被激活;二是以"客"为主,主客互助。政府作为市场监管主体,而非政府组织包括行业协会、企业自身在内等作为市场监管客体也需要进行自我监管和第三方监管,政府给予企业监管自主性,以提高其自律精神,同时赋予第三方监管力量相关监管权的认可,这实质就是分配监管权,以市场主体为主要监管力量,政府提供指导和补充支持;三是以"内"为主,内外结合。回应性监管理论的核心是强调企业的自我监管意识,所谓"后设监管"就是鼓励企业通过建立内部监管管理体系,既提高企业规范化水平,又分担政府监管压力;四是以正面鼓励为主,以负面惩罚为辅。既然给予了市场主体的自我监管权,相应的就要给予其自主环境和制度空间,有利于调动市场主体的主动性。在迫不得已的情况下,才实施惩罚,但惩罚不可能解决一切问题,还会加剧冲突。改变传统监管方式,采用正面鼓励政策和激励机制,如同"支持性金字塔"结构一样,从表扬到资助最高的奖励等,人性化的主客关系一定会为监管的有效性添加润滑剂。

回应性监管理论是目前市场监管理论发展最快、最新的理论之一。西方发达国家在该理论指导下监管改革和实践均取得了一定的成效。但由于国家制度、经济发展程度、法治环境、社会文化等因素的差异,我国市场监管法律体系、执法体系、市场监管体制机制、市场监管体系等方面与西方发达国家特点不同,采用回应性监管理论提出的市场监管模式,如对食品市场监管而言,就需要调整食品市场监管法律及体制机制和思路。第一,要明确食品质量安全不是仅仅依靠监管才能确保质量安全的,也不是用检查力度和严厉处罚程度来衡量监管的好坏,食品质量安全主要依靠食品从业人员自身的意识和食品生产经营主体的安全管理水平的共同提升而得来的;第二,政府食品安全监管部门的行政执法、食品行业协会规范管理、食品企业的自律、消费者和社会舆论监督的共同参与,即实施市场监管的社会共治,是回应性监管理论实施的必备条件。

2014年6月国务院发布了《关于促进市场公平竞争维护市场正常秩序的若干意见》，提出应当依据简政放权、依法监管、公正透明、权责一致和社会共治的原则，建设统一开放、竞争有序、诚信守法、监管有力的现代市场体系，这被视为新形势下中国市场监管建设的新纲领，其中的主要原则与西方回应性监管理论有着类似性，已经成为国家大市场监管的改革方向。

2015年10月1日实施的《食品安全法》第三条规定，食品安全工作实行预防为主、风险管理、全程控制、社会共治，建立科学、严格的监督管理制度。首次以法律的形式，提出了食品安全社会共治的思想。2017年1月12日国务院发布了《"十三五"市场监管规划》（国发〔2017〕6号），提出到2020年，按照全面建成小康社会和完善社会主义市场经济体制的要求，围绕建设统一开放、竞争有序、诚信守法、监管有力的现代市场体系，完善商事制度框架，健全竞争政策体系，初步形成科学高效的市场监管体系，构建以法治为基础，企业自律和社会共治为支撑的市场一体化监管新格局，形成有利于创业创新、诚信守法、公平竞争的市场环境，形成便利化、国际化、法治化的营商环境。这种多主体共同参与的监管体系即大监管体系，也就是社会共治的具体体现，实际上是回应性监管理论的应用。2018年3月国务院出台机构改革方案，新组建的国家市场监督管理总局是我国大市场一体化和社会共治监管的开端。但一定程度上讲，大市场一体化监管模式的创新和变革是政府与市场博弈、妥协和合作的结果，也是基层市场监管面对在市场经济发展和政府机构改革的过程中，适应市场监管实践的挑战和压力所催生的结果。但在大市场监管的环境下，食品安全监管部门等专业性监管还有其特殊性，这就需要处理好一般性和特殊性的关系，顾此失彼就会影响大市场监管效能。

在大市场监管条件下，要充分研究回应性监管理论应用的可能性，但要把大市场监管改革的优势资源发挥好，还需要解决好、处理好四个重要问题[28,29]。①第一个问题是在市场经济体制下我们监管什么，是市场主体准入，还是市场主体行为，是市场经济性监管，还是社会监督性监管；监管对象是什么，是食品规模以上的企业、食品流通销售、餐饮服务，还是小作坊、小餐饮和食品摊贩，还是学校周边的小食档；监管内容是什么，是食品原料来源，还是违法添加，还是添加剂。这都需要市场监管基础理论的指导，因而需要加大对基础理论的研究，要加快建立具有中国特色的市场监管理论体系。②第二个问题是怎么监管，监管的主要目的是什么？是抽检，风险监测，还是风险评估，采用什么方式方法，利用什么技术。这是市场监管工具问题，要用创新思维构建市场监管方法技术（工具）体系。在监管工具的选择上还要注重"古为今用，洋为中用"。③第三个问题是监管得怎么样，评价指标体系是什么，是以合格率排名，发现问题的多少，还是违法处罚数量多少来进行评判。这是市场监管绩效评估问题，要建立科学的市场监管绩效评估体系，要用绩效评估的结果来指导市场监管工作，形成良性循环。④第四个问题是监管标准是什么，不同预包装食品、不同食品流通销售和餐饮服务以及食品相关产品都应该建立相应的监管标准，与此同时与食品市场监管相关的食品广告业、质量和安全认证产品、网络销售、养生馆等食品新业态都应该有相应的监管标准。

近几年来，我国市场主体发展迅猛，总量巨大，特别是我国市场环境"放管服"改革加快，大众创业、万众创新热情更高，市场主体发展更快。截至2018年11月底，全国共有国有企业535.18万家，登记的个体工商户达到7237.45万户，私营企业3105.37万户，分别比40年前增长了516倍和342倍（不含国有企业）。同时，随着互联网、云计算和物联网等的兴起，网上交易和虚拟交易成为新常态，新商业模式层出不穷，使得市场监管变得越来越复杂。加之公众对市场监管的要求也在不断提高,因而未来的市场监管任务是越来越重,作用越来越大。如此巨大的市场主体,如果没有市场监管理论的指导,必然就会出现"头痛医头、脚痛医脚"的被动局面,强化"以问题为导向",借鉴回应性监管理论,总结社会共治的典型经验,加快建立和完善具有中国特色的食品市场监管理论体系、食品市场监管标准体系、市场主体信息信用监管等新体系,为大市场一体化监管,特别是食品市场监管提供理论和技术支撑。

第二节 食品市场监管规律

一、市场规律概述

马克思关于物质运动的规律性与人的主观能动性辩论关系原理的研究认为:规律是事物运动过程中固有的本质的必然的联系,规律是客观的,它的存在与发展不以人的意志为转移,既不能被创造,也不能被消灭,是不可违抗的。运动是世界中一切事物的变化和过程,静止是事物间的空间位置保持不变或事物某方面性质在一定时期内基本不变,静止是一种不显著的运动,是运动的特殊状态。一切事物都是运动的,运动是物质的根本属性。物质是运动的物质,运动是物质的根本属性和存在方式;运动是物质的运动,物质是运动的主体;离开物质谈运动或离开运动谈物质都是错误的。运动是无条件的、绝对的,静止是有条件的、相对的;动中有静、静中有动。任何事物都是绝对运动和相对静止的统一[30]。

客观规律性和主观能动性的关系是辩证统一的关系。认识和利用规律,按规律办事,必须以发挥主观能动性为前提。因为规律是隐藏在现象之中的本质的东西,不同的运动形式有不同的规律,只有发挥主观能动性,才能把握规律。人们要按规律办事,需要有一定的物质条件,或创造条件,改变条件,这都需要人发挥主观能动性。发挥人的主观能动性,必须以尊重客观规律为基础。因为人的主观能动性是以客观规律、客观物质条件为前提的,它在任何时候都不能脱离客观实际,超越客观规律。可以说主观能动性发挥的程度、大小,归根到底取决于人们对客观规律的掌握程度。当然主观能动性的发挥必须通过实践来实现,也依赖于一定的物质条件和物质手段,还要受世界观、人生观、价值观等主观因素的制约[31]。

总而言之,世界上的事物、现象千差万别,它们都有各自的互不相同的规律,其根本内容可分为自然规律、社会规律和思维规律。自然规律和社会规律都是客观的物质世界的规律,它们的表现形式有所不同:自然规律是在自然界各种不自觉的、盲目的动力相互作用中表现出来的;社会规律则必须通过人们的自觉活动表现出来;思维规律是人的主观的思维形式对物质世界的客观规律的反映。

只有坚持马克思主义的观点,深入研究食品实际生产经营问题及市场监管问题,发现食品市场监管的客观规律、寻求对策,才能做到合理施策、科学监管、"对症下药",实现食品市场的繁荣和发展,满足人民对美好生活的期盼。马克思主义哲学原理告诉我们,开展食品市场监管工作,一是要尊重食品市场监管的客观规律,按客观规律办事,解放思想,实事求是。反对不讲科学,不顾客观规律的主观主义;二是要用运动、变化的眼光看食品市场问题及监管,承认物质是运动的,反对割裂物质和运动二者联系的错误观点;三是在食品市场监管中把尊重食品市场监管的客观规律和发挥主观能动性结合起来。对监管机构和监管人员来讲，发挥主观能动性是做好食品市场监管的关键，一定要树立正确的价值观、人生观和世界观，这是对监管工作者的基本要求。问题是创新的起点，也是创新的动力源。只有聆听时代的声音，回应时代的呼唤，认真研究解决重大而紧迫的问题，才能真正把握住历史脉络、找到发展规律、推动理论创新。要坚持用联系的、发展的眼光看问题，增强战略性、系统性思维，分清本质和现象、主流和支流，既看存在的问题又看其发展趋势，既看局部又看全局，提出的观点、做出的结论要客观准确，经得起检验，在全面客观分析的基础上，努力揭示我国社会发展、人类社会发展的大逻辑、大趋势。理论思维的起点决定着理论创新的结果。理论创新只能从问题开始。从某种意义上说，理论创新的过程就是发现问题、筛选问题、研究问题、解决问题的过程。

开展食品市场监管工作，一是要坚持问题导向，食品市场监管及食品安全的问题是什么，其发展的规律是什么，本质和现象、主流和支流又是什么，人民群众对食品市场监管和食品安全的要求是什么，这对于解决食品市场监管及食品安全问题是极其重要的，是有效解决食品市场监管及食品安全问题的最基础的问题；二是对食品市场监管及食品安全问题而言，重要的不是答案，而是问题。针对食品市场监管和食品安全问题，研究食品市场监管规律，就必须深刻思考和研究当今社会食品市场监管的突出问题和主要矛盾。只有食品市场监管理论创新，发现食品安全问题，找出食品市场监管客观规律，并按照食品市场客观规律监管，才能实现食品市场有序稳定发展，保证食品安全，保障公众身体健康和生命安全。

因此，有效开展食品市场监管工作，要始终坚持问题导向、理论创新，要按照食品市场监管的客观规律，并把按食品市场的客观规律和发挥监管机构及人员主观能动性有效地结合起来，这是实施市场监管必须遵循市场规律的客观要求。

二、市场监管客观规律

要把握食品市场监管的客观规律，首先要了解市场经济特征及其规律，其次要了解社会主义市场经济特征及其规律。在此基础上才能发现食品市场监管的客观规律。

市场经济是高度社会化和市场化的商品经济，市场经济是法治经济，是市场在资源配置中起决定性作用的经济。市场经济的基本特征是平等性、法制性、竞争性和开放性。市场经济是经济分工与协作的产物，作为一种经济活动，是生产社会化与现代化不可逾越的阶段。

社会主义市场经济是指通过市场的供求、价格、竞争等机制对社会资源配置起基础作用的体制。社会主义市场经济具有平等性、法制性、竞争性和开放性的基本特征。市场决定资源配置是市场经济的一般规律，市场经济本质上就是市场决定资源配置的经济，使市场在资源配置中起决定性作用和更好发挥政府作用，二者是有机统一的，不是相互否定的，不能把二者割裂开来、对立起来，而是要学会正确运用"看不见的手"和"看得见的手"。社会主义市场经济是开放型经济，但在社会主义市场经济中，"看得见的手"就是要更好地发挥政府作用，它是国家调节市场和供应的重要手段之一。市场经济和社会主义市场经济运行的一般规律包括价值规律、供求规律和竞争规律。

（一）价值规律

价值规律是市场经济的基本规律。按照马克思的劳动价值理论，价格是商品价值的货币表现。在现实经济生活中，价格是在市场供求中形成的。由于市场供求的变化，商品的价格总是围绕其价值上下波动，需求大于供给，价格就趋于上升；需求小于供给，价格则趋于下降。也就是说，商品生产经营者在市场上经常以高于或低于成本的价格出售商品，这正是价值规律作用的体现。

（二）供求规律

供求规律是指商品的供求状况与价格变动之间的内在的必然联系。在市场上，由于各种因素的影响，商品的供给和需求都在不断变化，从来不会完全一致。即使实现了暂时的供求平衡，也会很快形成新的不平衡。供求关系的变动和不平衡，不但影响商品的市场价值和价格，也通过价格的传导影响社会生产和消费。在供不应求的条件下，可以促使企业扩大生产规模和增加数量；在供过于求的条件下，促使企业改进技术和管理，调整产业结构，提高劳动生产率。在供不应求的条件下，价格上涨，需求者可能减少购买；在供过于求的条件下，价格下跌，需求者会增加购买。购买的增加或减少又会反过来影响供给。

（三）竞争规律

竞争是商品经济发展的必然产物，竞争规律是指商品经济中各个不同的利益主体，为了获得最佳的经济效益，互相争取有利的投资场所和销售条件的客观必然性，它和价值规律一样，都是商品经济固有的规律。在市场经济中，竞争规律具有普遍性，竞争是价值规律、供求规律起作用的条件。不论是商品市场、劳务市场、资金市场、还是劳动力市场、技术市场，凡是参与市场竞争就会受到它的约束；不论大型竞争实体、中型竞争实体还是小型竞争实体，凡是参与市场竞争就要遵循市场竞争规律。市场竞争既可以促使平均利润和生产价格的形成，又可促使资源的流动和配置方面的效率更加提高。市场竞争因为目的、范围、手段不同，竞争的结果也不同。市场竞争可分为直接竞争和间接竞争，直接竞争是基础，间接竞争是手段，只有二者各有侧重，互为条件，相互配合，才能在竞争中达到共同的目标。

三、食品市场监管客观规律

笔者结合市场经济特征及其规律和社会主义市场经济特征及其规律，以及我国食品市场监管现状与实践的相关研究[36-40]提出食品市场监管客观规律，包括一般规律和特殊规律。

（一）一般规律

食品市场是社会主义市场经济的重要组成部分，其发展也必须遵循市场经济运行的一般规律，包括价值规律、供求规律和竞争规律。因此，食品市场监管的一般规律也应该来源于社会主义市场经济的一般规律，包括食品市场监管的价值规律、食品市场监管的供求规律和食品市场监管的竞争规律。

（1）食品市场监管的价值规律　价值规律是市场经济的基本规律，也是食品市场监管的基本规律。在食品市场中，价格是在市场供求中形成的。由于市场供求的变化，食品的价格总是围绕其价值上下波动，需求大于供给，价格就趋于上升；需求小于供给，价格则趋于下降。就价值规律本身而言，对食品市场中的每一种食品，无论是需求大于供给，还是需求小于供给，其价格也是应该在一定的价值范围内上下波动（合理的范围内），且在市场的预期或者消费者可以接受的程度之内，说明价值规律仍然发挥作用。也就是说，每一种食品都有一个最基本的生产成本价格和市场销售价格，有波动是正常的。如果这种食品市场价格出现异常变化，一般有两种情况，一是价格过高，如食品市场中的保健食品、婴幼儿配方乳粉、特殊膳食食品、通过认证的有机食品等，其产品价格已经远远超出了正常食品的价格；食品市场上畜产品和水产品（海鲜）比普通蔬菜和水果等食用农产品价格要高得多，通常价格高的食品营养价值确实较高，但其发生食品安全的风险也相对较大；二是价格过低，如"五毛钱"食品，即单价为"五毛"左右的调味面制品（辣条）、豆制品、肉制品、水产制品、膨化食品、糖果、饮料、牛板筋和笨牛肉等小食品，甚至有的食品价格已经远远低于正常同类食品的价格，如一些菜籽油、橄榄油等，其价格远远低于正常的水平，通常会出现假冒伪劣、掺杂掺假等问题。

按照价值规律，食品市场监管就要把这些食品价格远远高于正常食品价格和食品价格已经远远低于正常食品价格作为监管的对象，这就是食品市场监管的价值规律。

（2）食品市场监管的供求规律　食品的供求关系与价格变动之间具有相互制约的必然性，在食品市场上，由于各种因素的影响，不同食品的供给和需求都在不断变化，供求关系的变动和不平衡不但影响商品的市场价值和价格，也通过价格的传导影响社会生产和消费。在供过于求的条件下，食品市场监管要把重点放到供过于求的食品种类上；在供不应求的条件下，食品市场监管要把重点放到供不应求的食品种类上。就食品市场供求关系监管规律而言，就是要抓两头，一头是供过于求的食品种类；一头是供不应求的食品种类。在这两种情况下，市场风险相对比较大，极易发生食品安全问题。

按照供求规律，食品市场监管就要把供过于求和供不应求的食品作为监管对象，这就是食品市场监管的供求规律。

（3）食品市场监管的竞争规律　竞争也是食品经济发展的必然产物，竞争的目的都是为了获得最佳的经济效益，并采用不同的竞争手段来实现其效益的最大化。竞争能够推动社会技术进步，推动企业创新。企业的创新是社会发展的根本动力，而其中技术创新又是企业创新的根本，先进的技术，可以帮助企业在竞争中处于领先地位。市场经济鼓励正当的、有序的质量竞争、公平竞争以及平等竞争，反对不正当竞争；反对采用财物或者其他手段贿赂，谋取交易机会或者竞争优势；反对对其食品的性能、功能、质量、销售状况、用户评价、曾获荣誉等做虚假或者引人误解的商业广告宣传，欺骗、误导消费者；反对侵犯商业秘密的行为；反对编造、传播虚假信息或者误导性信息，损害竞争对手的商业信誉、商品声誉；反对利用技术手段，通过影响用户选择或者其他方式，实施妨碍、破坏其他经营者合法提供的网络产品或者服务正常运行的行为等。在食品市场竞争中，常见方式主要包括食品企业在媒体的广告、参加各种展会、在大街小巷发食品消费宣传单、在街道路灯杆、马路、人行道及沿街墙壁上张贴"野广告"、发行"小报"、举办"专家学者讲座"、会议促销、在食品包装上的运用不正确的文字图形误导消费者，假借"养生馆"招牌，通过给消费者免费体检推销食品等，这些行为是食品市场不正当竞争发生的高发区，也极易引发食品安全风险。如"权健事件""华林事件"和国家市场监督管理总局"约谈央视国家品牌广告问题"等。

按照竞争规律，食品市场监管就要把食品违法广告宣传、食品标签虚假标注和不正当竞争作为食品市场监管的对象，这就是食品市场监管的竞争规律。

（二）特殊规律

改革开放40多年来，我国社会经济发展取得举世瞩目的成就，国内生产总值由1978年的3679亿元提高至2017年的82.7万亿元，按不变价计算年均增长9.5%。中国经济总量占世界经济的比重由1978年的1.8%上升到2017年的15%左右，仅次于美国，成为世界第二大经济体。2018年国内生产总值900309亿元人民币，首次迈过90万亿元门槛，同比增长6.6%。2016年41623家规模以上食品工业企业主营业务收入11.97万亿元，同比增长5.4%，高出全部工业0.4个百分点，在制造业中占比居全国第一，达到10.4%。食品工业已经成为国民经济的第一大支柱产业和基础产业,在国民经济、食品安全、国民营养健康、推动供给侧结构性改革、促进第一、二、三产业融合发展等方面扮演着举足轻重的角色。随着人们的经济收入和生活水平的显著提高,对绿色有机食品、低糖、低盐、低脂的"三低"食品、方便食品、营养补充食品等营养健康食品需求增长迅速。[36]

我国慢性病以"三高"即高血脂、高血糖和高血压以及肥胖、高尿酸等为主,此类人群为代表的大健康数据状况不容乐观。目前,在我国14亿多人口中,高血压人口有1.6~1.7亿人,高血脂人口约有3亿人,高血糖人口约有3亿人,糖尿病患者达到1亿人,超重人口约2亿人,肥胖人口约1亿人,血脂异常人口约2.6亿人,脂肪肝患者约1.2亿人。另外,肥胖人群增加也十分迅速。如1985年至2005年,我国主要大城市0~7岁儿童肥胖人数由141万人增至404万人;1985年至2014年,我国7岁以上学龄儿童超重肥胖人数由615万人增至3496万人;2015年全国18岁及以上成人超重率为30.1%,肥胖率为11.9%,比2002年上升了7.3和4.8个百分点;6~17岁儿童青少年超重率为9.6%,肥胖率为6.4%,比2002年上升了5.1和4.3个百分点。从2012年开始,中国的肥胖人口已稳居世界榜首,有研究数据显示:肥胖儿童发生高血压的风险是正常体重儿童的3.9倍,发生高血脂的风险是正常体重儿童的4.4倍,中国22%的中年人死于心脑血管疾病,七成人有过劳死的危险,白领亚健康比例高达76%,这些几乎都与饮食相关。另外,我国大健康产业涉及"医、养、健、管、游、食"全产业链,在大健康食品市场监管中,健康养生业态如绿色有机健康养生食品、药膳健康养生产品、中医、民族医保健、人体滋补养生等不断涌现,增加了食品监管的难度,要防止药食混淆,做到防患于未然,就需要遵循食品市场监管的特殊规律。

基于中国经济社会的发展和大健康数据现状,与改革开放之前相比,人们对健康饮食的观念发生了巨大的变化,对健康食品的需要不断增加。但从食品市场来看,食品种类繁多,形态五花八门,加之在现实生活中,许多消费者喜欢以较低的价格购买到较好的食品,这就给掺伪食品提供了发展空间。还有的高收入消费者,追求保健食品、绿色食品和有机食品,甚至天然已经成为当今食品消费的主流,为了迎合消费者的这种心理诉求,一些食品生产经营者,打着满足消费者需求旗号,把"鸡蛋变红"、"蔬菜变绿、莲藕变白"、"木耳变黑"、"温州红糖馒头"等所谓的"技术"随之应用到食品生产中,虽满足了部分消费者的心理需求,但损害了身心健康。因此健康食品市场监管不可掉以轻心。

从2005年以来,我国食品安全抽检合格率不断提高,总体可控,但问题也不少。如2016年我国食品抽检合格率为96.8%,不合格食品的主要风险情况是:①超范围、超限量使用食品添加剂,占抽检发现不合格样品的比例为33.6%,较2015年上升8.8个百分点;②微生物污染,占不合格样品的比例为30.7%;③质量指标不符合标准,占不合格样品的比例为17.5%;④重金属等元素污染,占不合格样品的比例为8.2%;⑤农药兽药残留不符合标准,占不合格样品的比例为5.5%,比2015年提高1.7个百分点;⑥生物毒素污染,占不合格样品的比例为1.1%。因此,食品掺伪、超范围、超限量使用食品添加剂甚至违法添加等问题依然是我国食品安全事件高发的主要因素,食品市场监管绝对不能放松。

任何食品安全问题的发生都具有特殊性,正如马克思主义哲学关于内因与外因相互关系的论述,食品市场监管及食品安全问题也不例外。马克思认为,事物的发展是内因和外因共同起作用的结果,内因是事物变化发展的根据,外因是条件,外因通过内因起作用。因此在观察食品安全、分析问题时既要看到内因即消费者需求,又要看到外因即满足食品安全产品的市场空间范围的外部因素，坚持内外因相结合的观点，提出食品市场监管对策。一方面食品市场监管要把食品掺伪、超范围、超限量使用食品添加剂和违法添加食品的监管及打击力度提高；另一方面要强化对健康养生等食品新业态监管，还要注重消费者食品营养及健康知识教育培训，提高消费者防范能力。

食品市场监管的特殊规律要求在实施食品市场监管中，一是有效打击食品掺伪，超范围、超限量使用食品添加剂甚至违法添加食品的行为，保证公平、平等的市场秩序；二是将健康养生业态如绿色有机健康养生食品、药膳健康养生产品、中医民族医保健、人体滋补养生等与食品市场相关的业态列入食品监管范围，防止食品与中药材混淆现象；三是要有效开展食品营养及健康知识的宣传培训，提高消费者防范意识；四是实施健康食品品牌战略，通过食品健康品牌建设，树立健康食品品牌标杆，引导食品市场健康发展，发挥以正压邪功能。

总之，一般规律是指在一切社会形态或一类社会形态中发生作用的规律。特殊规律则是在社会形态一定发展阶段上或在某一个别社会形态中发生作用的规律。一般规律和特殊规律的区分不是绝对的而是相对的。在一定条件、一定范围内是一般规律，在另外的条件、更大的范围内则是特殊规律。任何一个社会形态，是一般规律和特殊规律的统一。一切社会的发展，都是一般规律和特殊规律交织作用的结果。所以，既不能用特殊规律去代替一般规律，也不能用一般规律去代替特殊规律，更不能把一般规律和特殊规律完全隔离开来[37]。因此，食品市场监管规律也是如此，把握好一般规律和特殊规律的关系，并遵循食品市场监管的客观规律，是做好食品市场监管的关键。

第四章 食品市场监管的体制与发展方向

内容要点

- 中国市场监管历史
- 中国市场监管体制
- 国外市场监管历史
- 国外市场监管体制
- 食品市场监管分析
- 食品市场监管发展方向分析

第一节 食品市场监管历史与体制

中华人民共和国成立后，就食品市场监管而言，我国食品市场监管历史与体制经历了食品卫生监管、食品安全监管和农产品质量安全监管三次大变迁。对食品市场监管历史与体制阶段的划分，不同学者有不同的划分[38,39]，笔者在综合相关研究历史、国家食品相关法律法规和国家市场监管体制变化的基础上，把食品市场监管历史与体制分为五个阶段。

一、以食品卫生为主线的阶段（1949—2002年）

依据1965年国务院《食品卫生管理试行条例》、1983年《食品卫生法（试行）》和1995年《食品卫生法》的要求，以"单一部门"即卫生行政部门负责的监管体制，主要由卫生防疫和食品卫生监督两个部门负责实施，这个体制从建国初期一直延续到2002年。市场监管方式主要以行政管理为主。监管的主要内容：①许可登记活动。凡从事食品生产经营活动必须取得食品卫生机关的许可，通过许可登记活动，保证食品生产经营者具备条件、符合资格。②食品卫生检查监督。对食品生产经营的场所、设施和活动进行日常的检查，保证食品生产经营活动按照国家卫生标准进行，防止生产出售有损人身健康的食品，保证正常的生产、工作和生活秩序。③及时发现和处理问题，对违法者给予行政处罚。如调查和处理食品中毒和污染事故，对出售有害食品者给予罚款。实际上在这一阶段，我国1993年就颁布实施了《产品质量法》，加之1996年世界卫生组织（WHO）对食品卫生和食品安全也进行了重新定义。从1978年开始我国逐步进行改革开放，从体制变迁的历史与国务院各部门"三定方案"的规定，以及对食品市场监管等体制开始进行调整。主要原因是，20世纪80年代中期，随着改革开放的深入，我国经济体制由计划经济向商品经济过渡，特别是在1985年国民经济呈现快速发展，产品供不应求矛盾凸显，"重产出、轻质量"的现象有所抬头，一些基础工业产品质量出现严重下滑。面对这种形势，过去的食品卫生监管及其产品的质量管理方式已经不适应当时的情况，原国家经济委员会向国务院和全国人民代表大会作了《关于扭转部分工业产品质量下降状况的报告》，提出了遏制产品质量滑坡的9项措施，其中最重要的举措之一就是实行产品质量国家监督抽查制度。国家监督抽查是由国务院产品质量监督部门依法组织有关省级质量技术监督部门和产品质量检验机构对生产、销售的产品，依据有关规定进行抽样、检验，并对抽查结果依法公告和处理的活动。国务院决定从1985年第3季度开始实施。也就是说，我国食品卫生监管体制在1985年由国务院对其进行了一定的调整，食品卫生与食品安全监管初步进入了"多部门"监管，食品相关监管制度也在不断改革之中。1988年4月新成立的国家技术监督机构开始把食品加工产品纳入国家监督抽查范围；1992年中共十四大提出我国经济改革的目标是建立社会主义市场经济；1993年国务院机构改革方案规定打破政企合一模式，政府不要干预食品生产经营企业的经济行为，但要对其生产的产品质量和安全进行监管；1998年3月把原国家技术监督局改为国家质量技术监督局，依据《产品质量法》提出了对产品质量实施国家监督抽查制度的要求，之后国家质量监督管理部门为了落实国家监督抽查制度，制定了监督抽查规范及监督抽查计划方案等，监督抽查产品类型主要有食品、日用消费品、建筑和装修材料以及农业生产资料四个大类，为促进我国重要产品质量的提高起到积极作用。随后各地质量技术监督局相继成立，以便更好地履行产品质量安全技术监管职责，并对省级以下质量技术监督部门实行垂直管理。垂直管理有利于提高产品市场监督管理政策的实施，避免了地区政府管理部门对市场监管的干预，保证了公平、公正。

二、食品卫生和食品安全并重的阶段（2003—2007年）

这一阶段，国内外食品安全事件频发，仅以食品卫生监管来遏制食品安全问题的发生已经不适应这一阶段人民群众对食品安全的需要，2003年5月在国家药品监督管理局的基础上，组建国家食品药品监督管理局（SFDA），仍然为国务院直属机构。2004年安徽阜阳发生"大头娃娃"事件，2004年5月四川省彭州市一家泡菜小作坊在生产加工泡菜的过程中用工业盐和99%以上的敌敌畏生产"毒泡菜"；2006年河北白洋淀发生"红心鸭蛋"事件；2007年2月广东中山市发现用碱性橙Ⅱ浸染豆腐皮事件，这些食品安全事件引起了社会各界的普遍关注。为了遏制食品安全事件的发生，2004年《国务院关于进一步加强食品安全工作的决定（国发〔2004〕23号）》出台。文件认为，食品安全关系到广大人民群众的身体健康和生命安全，关系到经济健康发展和社会稳定，关系到政府和国家的形象。文件指出，应进一步理顺有关监管部门的职责，按照一个监管环节由一个部门监管的原则，采取"分段监管为主、品种监管为辅"的方式，进一步理顺食品安全监管职能，明确责任。农业部门负责初级农产品生产环节的监管，质检部门负责食品生产加工环节的监管，将由卫生部门承担的食品生产加工环节的卫生监管职责划归质检部门；工商行政管理部门负责食品流通环节的监管；卫生部门负责餐饮业和食堂等消费环节的监管；食品药品监管部门负责对食品安全的综合监督、组织协调和依法组织查处重大事故。按照责权一致的原则，建立食品安全监管责任制和责任追究制。具体由中央编办会同有关部门组织落实，于2005年1月1日实施。这也是"食品安全"概念第一次出现在国家级规范性文件里，也是中华人民共和国建立以来，我国对食品安全监管工作最大的一次调整，形成了以食品药品监督管理局、质量技术监督局、工商行政管理局等各负其责的"多部门、分段式"监管体制。原国家质量监督检验检疫总局（以下简称国家质检总局）按照工业产品许可证条例的要求，于2002年7月在全国范围内率先对米、面、油、酱油、醋五类食品实施食品质量安全市场准入制度，并要求从2004年1月1日开始，未获得市场准入资格的米、面、油、酱油、醋不得生产、销售。2003年1月14日首批带有QS标志的食品进入市场，同年开始对肉制品、乳制品、饮料、调味品、方便面、饼干、罐头、冷冻饮品、速冻面米食品、膨化食品等10类食品，之后扩大到28类食品全部实施市场准入，另外还对食品包装材料和容器等7类产品实施市场准入。食品市场准入包括三个方面内容：①食品生产许可证制度：生产食品的企业必须获得国家颁发的食品生产许可证，否则不得生产食品。②强制检验制度：生产食品的企业对其产品必须自检，检验合格方可出厂，质监部门对获证企业产品实行定期监督检验，对检验不合格的产品实行加严检验。③QS标志制度：获得食品生产许可证的企业，在产品包装上使用QS标志。由此初步形成了全程监管的理念，坚持预防为主、源头治理的工作思路，形成了"全国统一领导，地方政府负责，部门指导协调，各方联合行动"的监管工作格局。

三、以食品安全为主线的阶段（2008—2012年）

2008年，三聚氰胺乳粉事件涉及国内包括三鹿集团股份有限公司等22家乳制品生产厂商。这次重大食品安全事故共致使全国29万婴幼儿因食用含有化工原料三聚氰胺的乳粉而出现泌尿系统异常，其中6人死亡。2012年4月山东省青岛市城阳区查获了无证食品窝点，发现了1.6吨使用福尔马林浸泡的小银鱼和100千克福尔马林。此类事件屡禁不止，是对我国食品安全"采取分段监管为主、品种监管为辅"的监管方式前所未有的挑战。国务院决定，2008年3月原国家食品药品监督管理局（SFDA）改由卫生部归口管理。为了有效控制食品安全事件，确保公众人身健康，对《食品卫生法》进行了全面修订。2009年2月28日第十一届全国人民代表大会常务委员会第七次会议通过了《中华人民共和国食品安全法》，并于2009年6月1日开始施行，《食品卫生法》同时废止。《食品安全法》第四条规定：国务院设立食品安全委员会，其工作职责由国务院规定。国务院卫生行政部门承担食品安全综合协调职责，负责食品安全风险评估、食品安全标准制定、食品安全信息公布、食品检验机构的资质认定条件和检验规范的制定，以及组织查处食品安全重大事故。国务院质量监督、工商行政管理和国家食品药品监督管理部门依照本法和国务院规定的职责，分别对食品生产、食品流通、餐饮服务活动实施监督管理。从法律层面首次确定成立了国家食品安全委员会，国务院于2010年2月6日印发《关于设立国务院食品安全委员会的通知》（国发〔2010〕6号），成立了由国务院领导担任正副主任，由卫生、发展改革、工业和信息化、财政、农业、工商、质检、食品药品监管等15个部门负责同志作为成员组成的食品安全委员会，作为国务院食品安全工作的高层次议事协调机构。对食品安全监管实施以"分段为主、品种为辅"的监管体制。分段是指按照食品生产加工的环节，由原农业部、原卫生部、原国家质量监督检验检疫总局、原国家工商行政管理总局、海关、商务部、原食品药品监督管理局（SFDA）等部门分段监管，如流通领域由工商行政管理部门监管，食品加工生产由质监部门监管，餐饮服务由食品药品部门监管，食用农产品由农业部门监管，卫生部负责食品安全标准制定发布和食品风险评估等；品种监管，具体产品是乳品、转基因食品，由农业部负责垂直监管；生猪屠宰由商务部负责监管；食盐由盐务局专营并监管等。2012年11月8日党的十八大召开以后，党中央、国务院发布一系列文件，将食品安全的协调部门集中为原农业部和食品药品监督管理局，形成农业部负责农畜产品的安全问题，国家食品药品监督管理局负责食品加工、流通、消费等环节的两段式管理格局，并由国家食品安全委员会对两个部门进行协调，由原卫生部负责食品安全国家标准的制定及食品风险评估，避免过去多部门监管职责界定不明确的局面。

为了适应食品安全新情况和新变化，在这一阶段各级政府对食品市场监管机制和体制也进行大胆探索和改革。2005年初，新修订的《国务院工作规则》提出，政府要全面履行经济调节、市场监管、社会管理和公共服务职能，这是第一次提出市场监管概念。2009年深圳市结合《食品安全法》开始探索将食品生产、流通和餐饮三个环节实施统一监管，成立了国内首个市场监管局。2012年在深圳市市场监管局内又成立了副局级单位——深圳市食品安全监管局，承担食用农产品和食品安全综合协调职能。依据市场监管体制改革的问题和经验，2014年深圳市机构改革成立了"一委两局"即市场和质量监督管理委员会，下设深圳市市场监管局和深圳市食品药品监管局，实际上食品药品监管在市场监管中还是处于单列的局面，改革的亮点是把稽查办案职能实行了统一管理，由新成立的深圳市市场稽查局（副局级）负责。

四、以食品安全和打击犯罪为主线的阶段（2013—2017年）

这一阶段食品安全形势依然严峻，特别是假冒伪劣食品、保健食品违法添加等问题在社会上引起了大众的焦虑和不安。2013年3月，组建国家食品药品监督管理总局（CFDA），从卫生部管理划出，成为国务院的直属机构。保留国务院食品安全委员会，具体工作由国家食品药品监督管理总局（CFDA）承担，并把质监部门负责食品生产监管和工商行政部门负责流通领域食品安全监管的职责转交国家食品药品监督管理总局（CFDA）监管，强化了食品药品监管体制在食品药品监管中的突出地位。为了遏制食品安全犯罪，依法惩治危害食品安全犯罪，保障人民群众身体健康、生命安全，2013年4月28日由最高人民法院审判委员会第1576次会议、2013年4月28日由最高人民检察院第十二届检察委员会第5次会议通过《最高人民法院、最高人民检察院关于办理危害食品安全刑事案件适用法律若干问题的解释》，从2013年5月4日起施行。该解释明确了生产、销售不符合食品安全标准的食品和生产、销售有毒、有害食品以及违反食品安全监督管理职责的国家机关工作人员渎职罪的量刑标准，同时明确国家禁用物质即属有毒、有害物质，凡是在食品中添加禁用物质的行为均应以生产、销售有毒、有害食品罪定罪处罚；基于当前保健食品中非法添加禁用药物易发多发的特点，如在减肥保健食品中添加副作用危害严重的"西布曲明"等药物成分等，明确规定对此类行为应以生产、销售有毒、有害食品罪定罪处罚。针对实际生产中存在的使用有毒、有害的非食品原料加工食品的行为，如利用"地沟油"加工食用油等，明确此类"违法添加"行为同样属于刑法规定的在"生产、销售的食品中掺入有毒、有害的非食品原料"。从此，公安系统介入打击食品安全犯罪，这是我国食品市场监管的最后一道防线,各级公安机关在遏制食品安全事件发生方面,发挥了重要作用,实现了食品安全形势的好转。

在这一阶段,我国十分重视食品安全工作,2013年12月中央农业工作会议强调指出:关于农产品质量和食品安全,能不能在食品安全上给老百姓一个满意的交代,是对我们执政能力的重大考验。食品安全源头在农产品,基础在农业,必须正本清源,首先把农产品质量抓好。要把农产品质量安全作为转变农业发展方式、加快现代农业建设的关键环节,用最严谨的标准、最严格的监管、最严厉的处罚、最严肃的问责即"四个最严",确保广大人民群众"舌尖上的安全"。食品安全,首先是"产"出来的,要严格把控生产环境安全,治地治水,净化农产品产地环境,切断污染物进入农田的链条,对受污染严重的耕地、水等,要划定食用农产品生产禁止区域,进行集中修复,控肥、控药、控添加剂,严格管制乱用、滥用农业投入品。食品安全,也是"管"出来的,要形成覆盖从田间到餐桌全过程的监管制度,建立更为严格的食品安全监管责任制和责任追究制度,使权力和责任紧密挂钩,抓紧建立健全农产品质量和食品安全追溯体系,尽快建立全国统一的农产品和食品安全信息追溯平台,严厉打击食品安全犯罪绝不姑息,充分发挥群众监督、舆论监督的重要作用。要大力培育食品品牌,用品牌保证人们对产品质量的信心。在这次会议上首次提出要用"四个最严"做好农产品质量安全和食品安全监管工作。

2015年5月29日下午中共中央政治局就健全公共安全体系进行第二十三次集体学习,学习时强调,公共安全连着千家万户,确保公共安全事关人民群众生命财产安全,事关改革发展稳定大局。要牢固树立安全发展理念,自觉把维护公共安全放在维护最广大人民根本利益中来认识,扎实做好公共安全工作,努力为人民安居乐业、社会安定有序、国家长治久安编织全方位、立体化的公共安全网。要切实抓好社会治安综合治理,坚持系统治理、依法治理、综合治理、源头治理的总体思路,一手抓专项打击整治,一手抓源头性、基础性工作,创新社会治安防控体系,优化公共安全治理社会环境,着力解决影响社会安定的深层次问题。要切实提高农产品质量安全水平,以更大力度抓好农产品质量安全,完善农产品质量安全监管体系,把确保质量安全作为农业转方式、调结构的关键环节,让人民群众吃得安全放心。要切实增强抵御和应对自然灾害能力,坚持以防为主、防抗救相结合的方针,坚持常态减灾和非常态救灾相统一,全面提高全社会抵御自然灾害的综合防范能力。要切实抓好安全生产,坚持以人为本、生命至上,全面抓好安全生产责任制和管理、防范、监督、检查、奖惩措施的落实,细化落实各级党委和政府的领导责任、相关部门的监管责任、企业的主体责任,深入开展专项整治,切实消除隐患。要切实加强食品药品安全监管,用最严谨的标准、最严格的监管、最严厉的处罚、最严肃的问责,加快建立科学完善的食品药品安全治理体系,坚持产管并重,严把从农田到餐桌、从实验室到医院的每一道防线。这是第二次强调用"四个最严"做好农产品质量安全和食品安全监管工作。

2016年12月21日下午中央财经领导小组第十四次会议召开,研究"十三五"规划纲要确定的165项重大工程项目进展和解决好人民群众普遍关心的突出问题等工作。此次会议强调,准确把握全面建成小康社会内涵,对实现第一个百年奋斗目标至关重要。全面建成小康社会,在保持经济增长的同时,更重要的是落实以人民为中心的发展思想,想群众之所想、急群众之所急、解群众之所困,在学有所教、劳有所得、病有所医、老有所养、住有所居上持续取得新进展。加强食品安全监管,关系全国14亿多人"舌尖上的安全",关系广大人民群众身体健康和生命安全。要严字当头,严谨标准、严格监管、严厉处罚、严肃问责,各级党委和政府要作为一项重大政治任务来抓。要坚持源头严防、过程严管、风险严控,完善食品药品安全监管体制,加强统一性、权威性。要从满足普遍需求出发,促进餐饮业提高安全质量。这是第三次强调用"四个最严"做好农产品质量安全和食品安全监管工作。

这都为我国农产品和食品安全监管提出了目标和方向。为适应食品安全监管形势发展的需要,按照"四个最严"的要求,国家有关部门提出了对《食品安全法》进行了两次修改,减少监管部门,食品安全监管主要由食品安全监管部门(2018年之前是食品药品监督管理部门,2018年之后是市场监督管理部门)负责,农产品质量安全监管由农业部门负责,并用法律的形式固定下来,减少了食品安全监督管理链条上的空白点,并有效整合了监管资源。

在这一阶段食品市场监管的改革力度不断加大,特别是从2013年开始,针对食品市场监管实际,各级政府对食品药品监管部门、工商行政管理部门和质量技术监督部门进行了食品安全监管体制改革探索和实践。各地的改革模式复杂多样,组建了"三合一""二合一"的市场监督管理局,如广东深圳模式、广东顺德模式和陕西渭南模式等在食品药品监管领域引起极大的共鸣。浙江省在2013年对县区实施了"三合一"的市场监管局,上海市在2014年在区县实施了"三合一"的市场监管局,如上海浦东新区把工商行政管理、质监、食品药品监管、物价等部门合并组建浦东新区市场监管局等。2014年天津市工商行政管理局、食品药品监督管理局、质量技术监督局"三局合一",整合形成天津市市场和质量监督管理委员会。食品生产、经营、消费等环节的多部门管理变为统一管理,不存在职能交叉等"错位"问题。监管环节不再分段监管,而是统一为全过程监管,再加上检验检测技术资源、执法队伍等实现统筹整合,有望填补监管空白,改变"缺位"问题。截至2017年8月,全国1个直辖市、1/3的副省级城市、24.1%的地级市、70.4%的区县组建了市场监管局,其中"三合一"占66%,"二合一"占24%[40]。

2017年10月18日中国共产党第十九次全国代表大会上的报告指出:中国特色社会主义进入新时代,我国社会主要矛盾是人民日益增长的美好生活需要和不平衡不充分的发展之间的矛盾。转变政府职能,深化简政放权,创新监管方式,增强政府公信力和执行力,建设人民满意的服务型政府。实施食品安全战略,让人民吃得放心。也就是主要矛盾从"物质文化需要"到"美好生活需要",从解决"落后的社会生产"问题到解决"不平衡不充分的发展"问题,反映了我国发展的阶段性特征和相应的发展新要求,人民美好生活需要日益广泛,不仅对物质文化生活提出了更高要求,而且在民主、法治、公平、正义、安全、环境等方面的要求日益增长。同时,要实施食品安全战略,这就对食品市场监管,特别是食品安全提出更高的要求,为今后市场监管指明方向。

五、以大市场一体化监管为主线的阶段(2018年至今)

中国特色社会主义进入新时代,按照十九大报告的要求和部署,2018年3月根据第十三届全国人民代表大会第一次会议批准的国务院机构改革方案,将国家工商行政管理总局的职责、国家质量监督检验检疫总局的职责、国家食品药品监督管理总局的职责、国家发展和改革委员会的价格监督检查与反垄断执法职责、商务部的经营者集中反垄断执法以及国务院反垄断委员会办公室等职责整合,组建国家市场监督管理总局,作为国务院直属机构。总局下设国家药品监督管理局。国家市场监督管理总局负责市场综合监督管理,统一登记市场主体并建立信息公示和共享机制,组织市场监管综合执法工作,承担反垄断统一执法,规范和维护市场秩序,组织实施质量强国战略,负责工业产品质量安全、食品安全、特种设备安全监管,统一管理计量标准、检验检测、认证认可工作等。2018年4月10日国家市场监督管理总局正式挂牌,大市场一体化监管格局开始起步。2018年4月12日国务院印发关于落实《政府工作报告》重点工作部门分工的意见,就2018年政府工作提出的12个方面57项重点任务,确定了具体分工和责任单位,其中国家市场监督管理总局牵头负责的工作重点任务有3项,包括:①全面开展质量提升行动,推进与国际先进水平对标达标,弘扬劳模精神和工匠精神,建设知识型、技能型、创新型劳动者大军,开展"中国制造"的品质革命;②对各类侵害消费者权益的行为,要依法惩处、绝不姑息;③创新食品药品监管方式,注重用互联网、大数据等提升监管效能,加快实现全程留痕、信息可追溯,让问题产品无处藏身、不法制售者难逃法网,让消费者买得放心、吃得安全。国家市场监督管理总局的成立是大市场、大健康监管的体制支撑,也有利于系统内资源的协调整合。

针对当前农产品质量安全领域存在的问题,如农产品追溯水平不高、基层农产品质量安全监管力量薄弱、《农产品质量安全法》与《食品安全法》衔接不畅、农产品生产经营主体责任落实不到位、农业绿色生产投入少、机制不健全等问题,新组建的农业农村部在大量调研和统筹协调的基础上,2018年11月23日印发《农业农村部关于农产品质量安全追溯与农业农村重大创建认定、农业品牌推选、农产品认证、农业展会等工作挂钩的意见》(农质发〔2018〕10号)。该意见要求从2019年1月1日开始,农业农村重大创建认定、农业品牌推选、农产品认证和农业展会,全面执行追溯挂钩工作机制。追溯挂钩是实现农产品质量安全监管体系和监管能力现代化的体制机制创新,是扩大我国农产品追溯覆盖面、快速提升农产品消费安全感、满足人民美好生活要求的重要举措。农业农村部将与市场监管部门将进一步制定完善农产品监管协作机制,农产品的批发、零售和加工环节各主体将按要求查验农产品追溯码或索要追溯凭证。

总而言之,中华人民共和国成立以来,中国食品工业由小变大,由弱变强,随着经济社会发展和民众消费水平提高,在全面解决温饱问题的基础上,实现了人民群众对吃得饱、吃得好,到吃得营养、吃得健康的需求,特别是改革开放40多年来,农产品加工和食品工业已经成为国民经济支柱行业之一,国民生产总值占全国GDP的25%以上。食品安全已经成为社会治理和公共安全的重要内容,食品市场监管任务繁重,近十几年来,为提升食品安全保障水平,政府在食品法律法规、监管体制机制、监管政策、手段、方法等方面进行了一系列改革和变动。从发展阶段的划分来看,经历稳定期如第一阶段,到不稳定期如第二阶段,再到转轨期如第三阶段和第四阶段,最后到大市场一体化如第五阶段。客观上每个阶段都有一定成效,但从各个阶段的食品市场监管主体都是政府为主,对多元治理主体参与缺乏硬约束,且相关的监管制度框架和治理措施均建立在政府规制的基础之上,以有效提升政府单一治理体系监管能力和治理措施[41]。但由于食品市场监管,特别是食品安全和农产品质量安全受生态环境污染、食品产业基础、农产品生产规模化程度低、相关市场监管能力建设等因素影响,中国食品市场监管问题要按照"四个最严"要求制定食品市场监管措施,实现保障人民群众"舌尖上的安全"目标,仍然需要不断地探索"中国式"食品市场监管公共治理模式[42]。

第二节 我国食品市场监管体制发展方向分析及措施

一、食品市场监管体制发展方向分析

食品安全已经成为高度关注的公共安全问题，在社会经济发展的不同阶段采取不同的监管体制。就食品市场监管体制来看，以政府监管为主一直处于主导地位。从中华人民共和国成立开始由国家卫生行政部门负责食品市场监管包括食品卫生和食品安全工作。2003年组建了国家食品药品监督管理局（SFDA），属于国务院直属机构，对食品市场监管采取"分段监管为主、品种监管为辅"的方式，由国家工商行政管理部门负责流通监管，由国家质监部门负责食品生产加工监管，由国家食品药品监督管理部门负责餐饮服务监管。由于2008年发生了震惊全国的"三聚氰胺事件"，之后启动修改《中华人民共和国食品卫生法》，并在2009年颁布实施了《食品安全法》，法律规定县级以上人民对食品市场监管负总责，不同市场监管部门分段分工负责，并把分段监管为主、品种监管为辅的监管体制以法律的形式固定下来，但新食品安全法在实施后，分段分工负责也存在职权不明、实施体制不顺和协调难度大等客观问题，2009年的《食品安全法》实施了6年就进行了修改，与其他法律使用时间相比这部法律的实施时间比较短，同时也反映出2009年实施的《食品安全法》对食品安全监管的规定存在不足，根据该法第一百零三条规定，国务院根据实际需要，可以对食品安全监督管理体制做出调整。因此，2013年3月国务院在机构改革中，组建国家食品药品监督管理总局（CFDA），将质量技术监管部门的食品生产监管、工商行政管理部门的食品流通监管职能整合，形成由食品药品监管部门实施统一管理的体制，同时有关方面也启动了对食品安全法的修改工作，在2015年又发布了新修订的《食品安全法》，该法把食品市场监管体制调整到新成立的国务院直属机构——国家食品药品监督管理总局（CFDA），以法律的形式把这种新体制固定下来，在此期间，全国各地对市场监管体制进行了许多不同形式的改革，主要采取质监、工商和食品药品监管履行的所有市场监管职能全部整合到市场监管部门，即"三合一"改革，如深圳模式（纺锤体、垂直管理）、上海模式（倒三角、分级管理）和北京模式（三条线、垂直模式）等[40,43-45]，这些模式的建立和实施，对食品市场监管体制的变革均发挥了重要作用。但实际各地就食品市场监管体制改革还没有停止，从2013年开始到2017年，绝大多数省、直辖市、自治区政府对市场监管体制进行了改革，首先是对县级几乎全面实施了质监、工商和食品药品监管部门"三合一"改革，组成县级市场监督管理局，这种改革的目的都是要确保食品生产经营过程的安全，在确保消费者舌尖上安全过程中，减少部门之间协调等问题，这种大市场监管的做法使国家对以食品药品监管部门为中心的体制进行了调整，2018年国务院机构改革方案，新组建了国家市场监管管理总局，并负责国家食品安全监督管理等其他市场监管工作，2018年12月29日第十三届全国人民代表大会常务委员会第七次会议对《对中华人民共和国食品安全法》等五部法律的进行第三次修正，修改之后的《食品安全法》（2018年新食品安全法）确定了食品安全监督管理体制的法律地位，实现了大市场监管的体制格局。

关于食品生产加工小作坊和食品摊贩监管体制，2009年颁布的食品安全法第二十九条第

三款规定：食品生产加工小作坊和食品摊贩从事食品生产经营活动，应当符合本法规定的与其生产经营规模、条件相适应的食品安全要求，保证所生产经营的食品卫生、无毒、无害，有关部门应当对其加强监督管理，具体管理办法由省、自治区、直辖市人民代表大会常务委员会依照本法制定。2015年和2018年两次修订的《食品安全法》均在第三十六条第三款规定：食品生产加工小作坊和食品摊贩等的具体管理办法由省、自治区、直辖市制定。目前，我国食品和食用农产品政府监管主要由国家市场监督管理总局和农业农村部负责，另外也存在部分职能归于卫生行政管理部门和食品卫生监管机构，这些机构与国家市场监督管理总局在食品安全监管相关交叉还需要进一步细化。

虽然，2009年2月28日第十一届全国人民代表大会常务委员会第七次会议通过的《食品安全法》（2009年6月1日开始施行）规定，要求省、自治区、直辖市制定食品生产加工小作坊和食品摊贩管理条例（省级人民代表大会）和管理办法（省级人民政府），但从各地人民代表大会的立法情况来看，最早完成立法的是福建省、河南省、吉林省和山西省，于2012年完成，如《福建省食品生产加工小作坊监督管理办法》（福建省人民政府令第117号），2012年6月27日发布，2012年8月1日施行；《河南省食品生产加工小作坊和食品摊贩管理办法》（河南省十一届人民代表大会常务委员会公告第62号），2012年7月27日发布，2012年9月1日施行；《吉林省食品生产加工小作坊和食品摊贩管理条例》（省十一届人大常委会公告第66号），2012年9月28日发布，2013年1月1日施行；《山西省食品生产加工小作坊和食品摊贩监督管理办法》由山西省第十一届人民代表大会常务委员会第三十一次会议于2012年9月28日通过，现予公布，自2013年1月1日起施行；到2017年地方法规全部完成，实现了食品市场监管的全覆盖，为食品加工小作坊和食品摊贩监管提供法律依据。

总体而言，近十年来我国食品市场监管体制中政府监管体制调整过快，相对稳定性较差，究其原因，一方面可能是这一时期，人民群众对食品安全的期望值很高，与当时多发食品安全事件及问题形成了鲜明对比，且政府在协调处理食品安全问题、提高食品安全满意度方面遭遇不同部门推诿现象，表现为监管能力难以顺应人民群众的呼声，导致食品安全满意度相对偏低。在这种情况下催生了质监的食品生产监管、工商的食品流通监管全部整合到由食品药品监管部门实施统一管理的体制，无论是食品生产加工、食品流通销售，还是餐饮服务都由食品药品监管部门负责，大大减少了政府的协调工作，一旦发生问题，就不会出现之前的部门职能交叉的现象，以提高政府食品市场监管效率。另一方面，说明对食品市场监管体制优劣的认识还不够深入，不论是"分段监管为主，品种监管为辅"的体制，还是食品药品一体化监管体制都难以消除食品安全的问题，因为食品安全问题的十分复杂，存在有食品生产经营企业人员素质不高、监管方法和监管能力不足、政府相关部门之间的协调不通畅和基层监管职能不清晰以及食品安全问题实际处置不力等问题。

我国把食品安全当作重大的社会问题、重大的民生问题、重大的政治问题、重大的经济问题、重大的公共安全问题来抓，并提出很高的要求。党的十九大报告指出，必须坚持和完善中国特色社会主义制度，不断推进国家治理体系和治理能力现代化，坚决破除一切不合时宜的思想观念和体制机制弊端，突破利益固化的藩篱，吸收人类文明有益成果，构建系统完备、科学规范、运行有效的制度体系，充分发挥我国社会主义制度优越性。党的十九大报告提出了十四条新时代坚持和发展中国特色社会主义的基本方略，其中第一条方略就是坚持党对一切工作的领导。党政军民学，东西南北中，党是领导一切的。必须增强政治意识、大局意识、核心意识、看齐意识，自觉维护党中央权威和集中统一领导，自觉在思想上政治上行动上同党中央保持高度一致，完善坚持党的领导的体制机制，坚持稳中求进工作总基调，统筹推进"五位一体"总体布局，协调推进"四个全面"战略布局，提高党把方向、谋大局、定政策、促改革的能力和定力，确保党始终总揽全局、协调各方。

依据十九大报告和全国人大九届四次会议精神，一是要把食品市场监管作为推进国家治理体系和治理能力现代化的组成部分来抓，破除一切不合时宜的思想观念和体制机制弊端，突破利益固化的藩篱，吸收人类文明有益成果，构建系统完备、科学规范、运行有效的食品市场监管制度体系是重中之重。二是坚持党对食品市场监管工作的领导，按照中共中央办公厅、国务院办公厅印发《地方党政领导干部食品安全责任制规定》（2019年2月5日起施行），落实食品安全党政同责要求，强化食品安全属地管理责任，健全食品安全工作责任制，保障人民群众"舌尖上的安全"。此规定所称食品安全包括食用农产品质量安全。此规定所称分管食品安全工作是指分管食用农产品质量安全监管、食品安全监管等工作。此规定所称食品安全相关工作是指卫生健康、生态环境、粮食、教育、政法、宣传、民政、建设、文化、旅游、交通运输等行业或者领域与食品安全紧密相关的工作，以及为食品安全提供支持的发展改革、科技、工信、财政、商务等领域工作。

据此，走大市场监管体制是今后一个时期发展方向，也只有按照这个方向，在大市场监管的体制下，特别要统筹食品市场监管问题，再通过食品安全监管绩效评价，优化监管标准、监管方法等，结合中国国情，坚持扬长避短，才能确保食品市场监管体制建设的科学性和有效性，进而实现食品市场监管体制的稳定性和持续性，形成具有中国特色的食品市场监管机制和体制。

二、食品市场监管措施分析

纵观我国食品市场监管体制的变化及其特点，研究人员们提出不少监管方面的新想法和新做法，但大多数仅仅涉及市场监管的某一个侧面，全局性、系统性研究思考相对较少。从发表的相关论文数量来看，对政府监管体制方面的研究较多，而在社会共治监管方面的研究较少，这也说明政府监管是我国食品市场监管的主要职责，同时也体现了政府对监管食品市场的可靠性和权威性，以及消费者对政府监管食品市场的依赖性。从现行的《食品安全法》和《农产品质量安全法》等食品相关法律法规确定的食品市场监管体制来看，我国目前食品和农产品监管体制由三个部分构成，一是农产品质量安全监管主要由农业农村部负责，二是食品包括食用农产品主要由国家市场监督管理总局负责，三是食品和食用农产品进出口主要由海关总署负责的体制。另外国务院食品安全委员会、卫生行政管理部门、环境保护部门、工业和信息化部、商务部门、粮食部门、林业和草原部门、供销合作社系统、公安部门以及县级以上人民政府等也涉及部分相关的食品安全监管工作。也就是说我国现行的食品市场监管体制属于国家市场监督管理部门、农业农村部和海关总署监管分工负责，县级以上人民政府及其相关部门参与的混合监管体制。

在市场监管体制改革中，尤其是食品市场监管改革是重中之重，不能将食品安全监管的目标仅仅定位于维护和规范市场秩序，最核心的是要保障和促进公众健康[45]。党中央和国务院非常重视食品安全监管工作，2008年修正《食品卫生法》，2009年发布实施了《食品安全法》，2011年10月13日成立了国家食品安全风险评估中心，在基层建立了食品安全监管"一专三员"，即安全监管专责、联络员、协管员、信息员，实施了多项改革举措，取得巨大的成效。因此，要做好食品市场监管、保证食品安全，对食品市场问题分析、市场主体的市场行为、监管理论、监管规律和监管理念及监管方法和手段的研究是极其重要的，监管体制应重点针对食品市场问题及市场主体行为特点来确定，并系统分析现有监管理论、监管理念和监管方法的优缺点，吸收食品市场监管实践中获得的典型经验来完善政府的食品市场监管体制，确定食品安全监管机构、监管权利和义务，监管职责，以满足食品市场监管特殊性和食品安全问题复杂性、多样性和社会性的要求。

在宏观监管上坚持实施从农田到餐桌的全程监管理念，在微观监管上注重以食品产业链系统内外相互叠加为纽带来构建食品市场监管体制，并与食品市场监管相关的检验检测、质量安全认证、食品安全国家标准、风险评估与监测等有效链接，同时还要考虑在实际监管工作中是否存在盲区和死角，掌握监管方法、机制的弊端、优势，食品市场监管事项是否全覆盖。建立相对稳定的、符合国情的、适应中国特色社会主义市场经济的食品市场监管体制是非常重要的，这关系到能否实现让人民吃得放心和营养健康长寿的目标。

就我国食品市场监管而言，按照2009年6月1日实施的《食品安全法》规定的食品市场监管由主要质量技术监督部门、工商行政管理部门和食品药品监督管理部门负责，按照国务院确定的职能，实施了以分段监管为主，品种监管为辅的体制；按照2015年10月1日实施的《食品安全法》的规定，国家机构改革把质量技术监督部门和工商行政管理部门的食品市场监管职能划归于食品药品监督管理部门，实施了食品市场一体化统一监管体制；2018年新修正的《食品安全法》规定，把食品药品监督管理部门、质量技术监督部门和工商行政管理部门等职能整合组建市场监督管理部门，实施了全产业链大市场监管体制。通过食品市场监管的不断改革，集中政府食品市场监管的部门，强化了社会共治，形成政府市场监管为主导，全社会共同参与的食品市场监管格局，解决了许多体制障碍和缺陷，一定程度上提高了食品市场监管效率。笔者认为无论采取何种市场监管体制，食品市场监管范围都应覆盖影响食品市场秩序和食品安全的所有因素，包括客观因素和主观因素，并在全国范围内对食品市场监管机构实行垂直管理体制，最终实现对食品市场的独立监管、统一监管和专业监管。从适应未来的健康中国发展需要来看，食品市场监管是确保食品安全战略实现的关键，在监管措施上需要考虑重建食品市场监管体系，包括法律法规体系、监管标准体系、社会共治体系、监测检验体系、宣传教育体系、风险评估体系、认证认可体系、执法监督体系等，理顺国家政府各部门之间和国家与地方之间在食品市场监管中关系，提高具体化和消除模糊性，为我国食品市场监管体制的具体实施提供支撑和后盾。

第五章

食品市场监管方法与技术

内容要点

- 食品安全风险评估
- 产品质量监督抽查
- 食品安全监督抽检和风险监测
- 食品质量安全溯源追溯
- 食品质量安全认证
- 食品生产经营许可

第一节 食品安全风险评估

一、概述

世界贸易组织（WTO）的卫生与植物卫生措施应用协定（SPS）第 5 条中规定，在"确定各国适当的卫生和植物卫生措施的保护水平"时，应以危险性评估的结果为主要依据，因此危险性评估的重要性日益突出。食品安全风险评估理论是国际上针对食品安全问题应运而生的一种食品质量安全管理方法学理论，并为有效解决食品安全问题提供了一整套科学有效的宏观管理模式和风险评价体系，对保证公平的食品贸易和消费者健康具有重要的意义[39,46]。

1991 年联合国粮农组织（FAO）、世界卫生组织（WHO）和关税及贸易总协定（GATT）联合召开的食品标准、食品中的化学物质与食品贸易会议，建议相关国际法典委员会及所属技术咨询委员会在制定决定时应基于适当的科学原则，开展食品安全风险评估的工作。经过几十年的发展和应用，形成了食品安全风险评估原理的基本理论框架，食品安全风险分析评估在食品安全领域得到公认和应用，为食品安全监管者提供了制定有效决策所需的大量信息和主要依据,不同国家也先后组建了食品安全风险评估机构,如我国在2011年10月13日成立了国家食品安全风险评估中心,是直属于国家卫生健康委员会的公共卫生事业单位。该中心以为保障食品安全和公众健康提供食品安全风险管理技术支撑为宗旨,以"食品安全风险监测-评估-标准制定修订"技术支撑主线,承担国家食品安全风险评估专家委员会、食品安全国家标准审评委员会等机构秘书处工作,并承担食品安全风险评估、食品安全标准等信息的风险交流工作等。该中心成立以来不断提升依法履职能力,以及在决策咨询、科技研发、标准制定、示范指导、信息交流等方面的能力,对提高国家食品安全水平,改善公众健康状况发挥了重要作用。

二、食品安全风险评估与市场监管

食品安全风险分析框架基于危害和风险的控制而建立的,是食品安全评估的基础。根据国际食品法典委员会（CAC）的定义,危害（Hazard）是指食品中含有的,潜在的将对健康造成副作用的生物、化学和物理的致病因子,风险（Risk）是指由于食品中的某种危害而导致的有害于人群健康的可能性和副作用的严重性。食品风险分析包含风险评估、风险管理和风险信息交流3个组成部分。风险分析三要素之间的关系如图5-1所示。

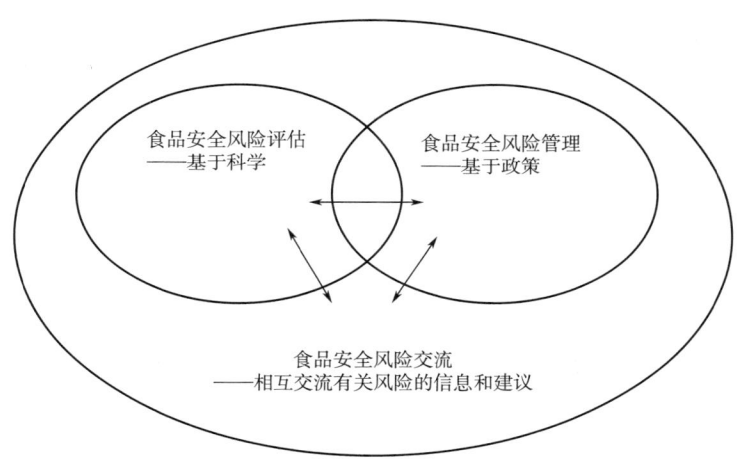

图5-1 风险分析三要素关系框架

风险评估——基于科学,风险管理——基于政策,是在选取最优风险管理措施时对科学信息与其他因素（如经济、社会、文化与伦理等）进行整合和权衡的过程,风险交流——相互交流有关风险的信息和建议的过程。

食品安全风险评估,是指对食品、食品原料、食品添加剂以及与食品生产相关的饲料、农药兽药残留量等中生物性、化学性和物理性危害对人体健康可能造成的不良影响所进行的科学评估,包括危害识别、危害特征描述、暴露评估、风险特征描述等。现行的《食品安全法》第十七条规定,国家建立食品安全风险评估制度,运用科学方法,根据食品安全风险监测信息、科学数据以及有关信息,对食品、食品添加剂、食品相关产品中生物性、化学性和物理性危害因素进行风险评估。国务院卫生行政部门负责组织食品安全风险评估工作,成立由医学、农业、食品、营养、生物、环境等方面的专家组成的食品安全风险评估专家委员会进行食品安全风险评估。食品安全风险评估结果由国务院卫生行政部门公布。对农药、肥料、兽药、饲料和饲料添加剂等的安全性评估,应当有食品安全风险评估专家委员会的专家参加。食品安全风险评估不得向生产经营者收取费用,采集样品应当按照市场价格支付费用。第十八条规定,食品安全风险评估内容主要包括:①通过食品安全风险监测或者接到举报发现食品、食品添加剂、食品相关产品可能存在安全隐患的;②为制定或者修订食品安全国家标准提供科学依据需要进行风险评估的;③为确定监督管理的重点领域、重点品种需要进行风险评估的;④发现新的可能危害食品安全因素的;⑤需要判断某一因素是否构成食品安全隐患的;⑥国务院卫生行政部门认为需要进行风险评估的其他情形。

食品安全风险评估结果是制定、修订食品安全标准(包括生产规范和指南)的基础和实施食品安全监督管理的科学依据。无论是食品法典(CAC)标准或是我国食品安全国家标准的制定都必须基于危险性评估的结果[46]。

食品安全风险评估的应用还涉及食品市场、进出口食品的监督检验的依据,评价食品安全政策、法规和标准出台后的效果等方面,涉及食品市场监管的各个方面。目前,在食品安全风险评估中,化学物质的风险分析技术已经比较成熟,应用也较为广阔,但生物性危害目前还未有一套较为统一的科学的风险评估方法,特别是对于生物性危害如真菌毒素等进行定量评估是非常困难的。因此,生物性因素的风险评估理论有待发展。

可见,强化食品安全风险评估科学研究,是做好食品市场监管的基础,特别是在制定具有可操作性的食品市场监管标准的方面要有新突破。如市场上的鸡蛋产品有散养鸡蛋、笼养鸡蛋、土鸡蛋、粮食鸡蛋、生态鸡蛋、绿色食品鸡蛋、有机鸡蛋等,并与动物福利相关,就需要不同类型的鸡蛋标准。因此,食品安全风险评估应紧密结合食品市场开展相关食品安全评估,尤其是应加大对掺杂掺假食品的风险评估,以适应对不同类型鸡蛋市场监管的需要。

第二节 产品质量监督抽查

一、概述

随着我国经济改革的深入,实现了从计划经济向商品经济的转变,产品出现了多元化发展格局,我国国民经济呈现快速发展,到 1985 年国内产品供不应求矛盾凸显,出现"重产出、轻质量"的现象,一些基础工业产品质量严重下滑,党中央、国务院、全国人民代表大会对此高度重视。国家经济贸易委员会向国务院和全国人大作了《关于扭转部分工业产品质量下降状况的报告》,提出了遏制产品滑坡的 9 项措施,其中之一就是实行产品质量国家监督抽查制度。之后,国务院决定从 1985 年第 3 季度开始实施产品质量国家监督抽查制度。1985 年 3 月 15 日,原国家标准局发布了《产品质量监督试行办法》(国标发〔1985〕38 号),同年 9 月,国家经济贸易委员会下发了《关于实行国家监督性的产品质量抽查制度的通知》(经质〔1985〕556 号)。1985 年第 3 季度,原国家标准局组织对几百家企业的 33 类数百种产品实施了首次国家监督抽查。第一批 17 类产品质量抽查结果在《国家监督抽查产品质量公报(第一号)》上公布。随后,《加强监督抽查,狠抓产品质量》一文还对第一次监督抽查情况进行了介绍和分析,阐述了产品质量国家监督抽查的意义,要求各级经委对抽查中发现的问题不能手软、徇情、不了了之。自此，产品质量国家监督抽查制度作为国家对工业企业进行产品质量监督管理的一项重要制度被确立下来。

1986年，国家经济委员会发布《国家监督抽查产品质量的若干规定》。1991年原国家技术监督局发布了《产品质量国家监督抽查补充规定》。1993年《中华人民共和国产品质量法》颁布实施，从法律层次上确立了国家产品质量监督抽查制度。2001年国家质检总局发布了《产品质量国家监督抽查管理办法》，并从2002年3月1日施行（1986年原国家经济委员会发布的《国家监督抽查产品质量的若干规定》和1991年原国家技术监督局发布的《产品质量国家监督抽查补充规定》同时废止）。2010年12月29日原国家质量监督检验检疫总局令第133号公布的《产品质量监督抽查管理办法》、2014年2月14日原国家工商行政管理总局令第61号公布的《流通领域商品质量抽查检验办法》、2016年3月17日原国家工商行政管理总局令第85号公布的《流通领域商品质量监督管理办法》对处理问题产品和提高工业产品的质量起到了积极作用，满足了当时市场监管的需要。

为了适应大市场监管的需要，2019年11月8日，经国家市场监督管理总局2019年第14次局务会议审议通过颁布了《产品质量监督抽查管理暂行办法》，该办法所称监督抽查是指市场监督管理部门为监督产品质量，依法组织对在中华人民共和国境内生产、销售的产品进行抽样、检验，并进行处理的活动。

二、产品质量监督抽查与市场监管

现行《产品质量法》第十五条规定：国家对产品质量实行以抽查为主要方式的监督检查制度，对可能危及人体健康和人身、财产安全的产品，影响国计民生的重要工业产品以及消费者、有关组织反映有质量问题的产品进行抽查。抽查的样品应当在市场上或者企业成品仓库内的待销产品中随机抽取。监督抽查工作由国务院市场监督管理部门规划和组织。县级以上地方市场监督管理部门在本行政区域内也可以组织监督抽查。法律对产品质量的监督检查另有规定的，依照有关法律的规定执行。国家监督抽查的产品，地方不得另行重复抽查；上级监督抽查的产品，下级不得另行重复抽查。根据监督抽查的需要，可以对相关企业的产品进行检验，但检验抽取样品的数量不得超过检验的合理需要，并不得向被检查人收取检验费用。监督抽查所需检验费用按照国务院规定列支。生产者、销售者对抽查检验的结果有异议的，可以自收到检验结果之日起十五日内向实施监督抽查的市场监督管理部门或者其上级市场监督管理部门申请复检，由受理复检的市场监督管理部门作出复检结论。

产品质量监督抽查包括国家监督抽查和地方监督抽查。国家监督抽查是指由国家产品质量监督部门规划和组织的对产品质量进行定期或专项监督抽查，并发布国家监督抽查公报的制度。地方监督抽查是指县级以上地方产品质量监督部门在本行政区域内进行的监督抽查活动。地方抽查不得以"国家监督抽查"的名义进行，发布其质量公报不得冠以"国家监督抽查"字样。国家监督抽查和地方监督抽查均可分为定期监督抽查和不定期监督专项抽查两种。

产品质量监督抽查的产品范围包括三个方面：一是可能危及人体健康、人身、财产安全的产品，如食品、药品、医疗器械和医用卫生材料、化妆品、压力容器、易燃易爆产品等；二是影响国计民生的重要工业产品，如农药、化肥、种子、计量器具、烟草，以及有安全要求的建筑用钢筋、水泥等；三是消费者、有关社会组织反映有质量问题的产品，包括群众投诉、举报的假冒伪劣产品，掺杂掺假、以假充真、以次充好、以不合格产品冒充合格产品、造成重大质量事故的产品等。

国家产品质量监督抽查制度从 1985 年建立以来，几经修改与完善，形成了从监督抽查的组织、监督抽查的实施（抽样、检验、异议复检、结果处理、产品召回）、法律责任到国家监督抽查工作纪律等详细的规定要求，同时还形成了国家产品质量监督抽查实施规范（如 2015 年版）。2020 年 3 月 17 日国家市场监管总局发布了《全国重点工业产品质量安全监管目录（2020 年版）》，其中涉及食品和农产品质量安全的有两类，一是食品相关产品类，包括工业和商用电热食品加工设备、工业和商用电动食品加工设备、食品接触用塑料制品、食品接触用纸制品、食品接触用玻璃制品、食品接触用金属制品、餐具洗涤剂、压力锅、一次性竹木筷等；二是农业生产资料类，包括农用薄膜（厚度小于 0.01 毫米的聚乙烯农用地膜）、机动脱粒机、滴灌带、有机肥料、复混肥料、磷肥、联合收割机械、潜水电泵等。

国家产品质量监督抽查的监管体系比较完备，在社会上具有极大的影响力，深受广大消费者青睐，如我国从 1997 年开始每年举行的国际消费者权益日"3·15"主题活动，中央电视台通过"3·15"晚会发布相关抽查结果，为保护消费者发出强烈呼声，对制售假冒伪劣产品具有极大威慑力。

产品质量监督抽查制度实施 30 多年来，国务院产品质量监督部门直接组织对 26 万家企业的 30 多万种产品质量进行了国家监督抽查。目前每年国家产品质量监督抽查企业数量达万家，共计 20 多万批次产品。同时，地方产品质量监督部门也有计划有步骤地开展了地方监督抽查，为促进我国工业产品质量的改进和提高起到了积极作用。

随着我国社会经济的发展和科技的进步、规模以上工业企业数量的增加和管理水平的提高，企业产品质量安全水平也在不断提高。近十年来国家产品质量监督抽查的合格率均在 96% 以上，不合格率仅有 3% 左右。但从国家和地方抽查样品的检验费等开支来看，每年至少要花费数千亿，如何做到花小钱发现大问题，是对国家产品质量监督抽查制度的新要求。坚持问题导向、分类重点监管、加大生产过程监管应该是比较科学合理且经济有效的市场监管方法，对此还需要深入思考，而国家产品质量监督抽查制度的创新也应提上日程。

第三节　食品安全监督抽检和风险监测

一、概述

食品安全监督抽检是指食品监督管理部门在日常监督检查、专项整治、案件稽查、事故调查、应急处置等工作中依法对食品（含食品添加剂、保健食品等）组织的抽样、检验、复检、处理等活动。食品安全监督抽检是食品市场监管最常使用的手段之一，实际上在《食品安全法》没有出台之前，我国对产品包括食品采取就是按照《产品质量法》规定，实行了国家产品质量监督抽查制度。

监督抽检方法在 2006 年颁布实施的《农产品质量安全法》中，称为例行监测（风险监测），在 2009 年颁布实施的《食品安全法》中，称为食品安全监督抽检，之后进一步完善出台了食品安全监督抽检和风险监测工作规范，其实质内容上与 1993 年颁布实施的《产品质量法》

第十五条规定的国家产品质量监督抽查制度是完全一致的,只不过名称不一样,前者称其为监督抽查,后者称为例行监测或者检验抽样,也就是说对食品和食用农产品这一特殊的产品采取了相同的方法。如 2015 年国家食品药品监督管理总局在《食品安全抽样检验管理办法》第十三条给出了食品安全抽样检验工作计划的重点:①风险程度高以及污染水平呈上升趋势的食品;②流通范围广、消费量大、消费者投诉举报多的食品;③风险监测、监督检查、专项整治、案件稽查、事故调查、应急处置等工作表明存在较大隐患的食品;④专供婴幼儿、孕妇、老年人等特定人群食用的主辅食品;⑤学校和托幼机构食堂以及旅游景区餐饮服务单位、中央厨房、集体用餐配送单位经营的食品;⑥有关部门公布的可能违法添加非食用物质的食品;⑦已在境外造成健康危害并有证据表明可能在国内产生危害的食品;⑧其他应当作为抽样检验工作重点的食品。抽样范围涵盖食品生产和食品经营(流通和餐饮服务)。针对食品生产经营者状况,2015 年国家食品药品监督管理总局制定了《食品安全监督抽检和风险监测工作规范》和年度《国家食品安全监督抽检实施细则》(如 2018 年版),对实施工作提出了具体的要求,与前述的国家食品质量监督抽查规范内容基本上一致,同时把食品安全监督抽检和风险监测工作一并纳入国家计划,保证程序合法、科学、公正、统一,并每年发布国家食品安全监督抽检计划,计划涵盖食品安全监督抽检和风险监测工作两个方面。

食品安全风险监测是指通过系统地、持续地对食品污染、食品中有害因素以及影响食品安全的其他因素进行样品采集、检验、结果分析,及早发现食品安全问题,为食品安全风险研判和处置提供依据的活动。食品安全风险监测是 2009 年颁布实施的《食品安全法》确立的一项重要法律制度,是通过系统和持续地收集食源性疾病、食品污染以及食品中有害因素的监测数据及相关信息,并进行综合分析和及时通报的活动。了解食源性疾病、食品中主要污染物及有害因素的污染水平和趋势,为开展食品安全风险评估、风险交流和预警、标准制(修)订、采取针对性监管措施,以及制定相关法规、政策等提供科学依据。监测中发现的食品安全风险或隐患应当及时采取措施,消除隐患或降低风险,以防范人体健康风险,这也是世界卫生组织向成员国推荐的、解决食品安全的有效措施之一。目前,许多发达国家和地区都建立了食品安全风险监测制度。

食品安全风险监测与食品市场监管中开展的监督抽检,其目的性有所不同。风险监测主要目的是通过抽取代表食品总体状况的样本进行检测,以反映食品安全的状况,不属于执法行为。监督抽检的目的是通过抽检发现薄弱环节和问题隐患,对问题单位和问题产品采取针对性监管措施,以减少人体健康危害,属于执法行为。

我国政府在食品市场监管中非常重视食品安全监督抽检和风险监测工作,已经成为食品市场监管工作的重中之重,每年花费巨大的人力、财力。国家、省、市、县抽检要合理分工,做到生产经营全覆盖。国家市场监督管理总局和省市场监督管理局抽检的重点是获得食品生产许可证企业的产品。国家市场监督管理总局主要对各省规模以上占市场份额较大的食品生产企业的产品进行抽检。省抽与国抽计划互为补充,实现全国食品生产企业全覆盖。市抽负责对本辖区批发市场、大型农贸市场、商场超市销售的蔬菜、水果、畜禽肉、水产品等食用农产品,大型餐饮服务单位、中央厨房、学校食堂、幼托机构、小作坊等生产经营的食品进行抽检。县抽负责餐饮单位自制食品、农贸市场、零售单位销售的食用农产品、流动摊贩的食品进行抽检。蔬菜、畜禽肉类、水产品等高风险品种每月抽检,较高风险的产品每季度抽检。市抽重点抽检对象名单报省局,由省局汇总上报总局。如 2018 年全国食品安全抽检涵盖 33 个食品大类,总量为135.05万批次地，其中国家组织抽检25.55万批次、省级组织抽检26.5万批次、市县两级组织食用农产品抽检83万批次。2019年食品安全抽检计划涵盖34个食品大类、150个食品品种、259个食品细类，共抽检133.96万批次，其中国家市场监督管理总局本级计划抽检2.06万批次，省（区、市）局抽检48.9万批次。其中总局专项转移支付22.6万批次，各省（区、市）局匹配26.3万批次。全国各市、县局的食用农产品抽检总量83万批次。各市县具体任务分配由各省（区、市）局根据当地常住人口数量、日常监管情况等进行确定（通常按照4~7批次/1000人确定）。

就监督抽检而言，如果一个样品从抽样到检测结果及出具检验报告的整个过程的费用按照1000元计算，2018年总费用为135050万元，2019年总费用为133960万元，其中不含风险监测和市县的快速检测费用。

关于食品抽检近年来各地也在不断创新，如深圳市市场监督管理局在2016年提出了食品抽检由网友投票选定，通过"食品抽检你话事"网上调查，征集网友的意见，每一期调查得票最高的食品将成为食品安全抽检的目标，参与调查投票的网友还有机会获得话费奖励。2016年深圳市食品和食用农产品安全抽检累计达到7批次/千人的目标（食品抽检覆盖率指标，按当地人口为基数，每1000人抽样食品7个批次，比如当地1000万人抽样7万批次食品），使食品抽检工作更贴近民心、更符合民意。

"双随机，一公开"抽查监管，是指随机抽取检查对象、随机选派执法检查人员的一种监管方式，是规范事中事后监管的一项重要举措，是深化简政放权、放管结合、优化服务改革的重要内容。如国务院批转国家发改委关于《2017年深化经济体制改革重点工作的意见》（国发〔2017〕27号）中规定，由原国家工商行政管理总局牵头、海关总署、质检总局、食品药品监管总局等分工负责，实施"双随机，一公开"监管全覆盖改革。这项改革是建立在监督抽检工作的基础上，最关键是打破了监督抽检的检查对象和执法检查人员固化的单一模式以及地方保护的弊端，而"双随机，一公开"监管可有效提高廉洁廉政执法，通过抽查事项公开、程序公开、结果公开、防止权力寻租，保障市场主体权利机会，规则平等[47]。又如杭州市在推行"三合一"部门整合后，将原工商、食药领域的企业年报抽查、食品速检、药品飞行检查等整合，建立统一的市场主体库、执法人员库、抽查事项清单、信息公示系统，实施"双随机，一公开"抽查监管，极大地推动了整个政府监管理念和监管方式的变革。

飞行检查（Unannounced Inspection）最早应用在体育竞赛中对兴奋剂的检查，是指在非比赛期间进行的不事先通知的突击性兴奋剂抽查。1991年国际奥委会特别通过了一项议案，率先在其医学委员会下成立了赛外检查委员会。为适应药品安全监管新形势，保证药品生产质量，提高监管效果，2006年国家食品药品监管局发布《药品GMP飞行检查暂行规定》，提出根据监管需要随时对药品生产企业所实施的现场检查，建立了飞行检查制度，即事先不通知被检查企业而对其实施快速的现场检查。后来这一方法也运用到食品等其他产品监管，其实质上还是对产品的全项检验，与产品质量监督抽查制度和食品抽检的内容是一致的，最关键的是克服被检查对象的知晓性，增加了随机性，更易发现实际问题。"双随机，一公开"抽查监管与飞行检查高度融合，增强震慑力度。飞行检查是在被检查单位不知晓的情况下进行的，启动慎重，行动快，因此可以及时掌握真实情况，做到心中有数。

二、食品安全监督抽检和风险监测

近 20 年来,我国在产品质量监督抽查制度的基础上,建立起来的食品安全监督抽检、食品安全风险监测、飞行检查与"双随机,一公开"抽查监管等方法,虽然不同方法的名称有所不同,但其实质都是对最终产品进行型式检验,在食品市场监管方面取得了显著的成效,促进了食品安全及质量的不断提高。从 2005 年到 2018 年我国食品抽检合格率见图 5-2。

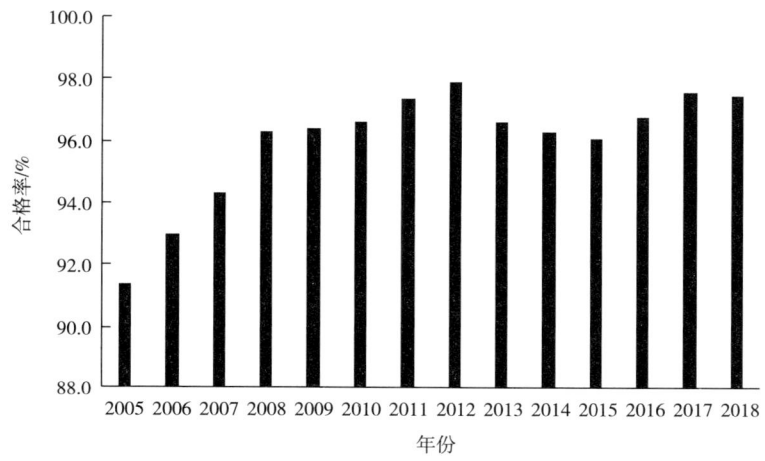

图 5-2　2005—2018 年食品抽检结果情况

如图 5-2 所示,2016 年全国食品安全抽检合格率 96.8%,但通过食品安全抽检发现的风险情况有以下几点。①超范围、超限量使用食品添加剂(非法添加),占抽检发现不合格样品的比例为 33.6%,较 2015 年上升 8.8 个百分点。②微生物污染,占不合格样品的比例为 30.7%。③质量指标不符合标准,占不合格样品的比例为 17.5%。④重金属等元素污染,占不合格样品的比例为 8.2%。⑤农药兽药残留不符合标准,占不合格样品的比例为 5.5%,比 2015 年提高 1.7 个百分点。⑥生物毒素污染,占不合格样品的比例为 1.1%。

对 2018 年全国食品安全抽检情况按照季度进行比较分析,可以看出不同季度食品安全抽检出现的主要问题存在一定差异。如 2018 年第一季度全国共完成并公布 432709 批次食品(含保健食品和食品添加剂)样品的监督抽检结果,检验项目合格的样品为 421558 批次,不合格样品为 11151 批次,总体合格率为 97.4%,与 2017 年同期基本持平。其中,粮、油、肉、蛋、乳等大宗日常消费品的样品合格率均高于平均水平(表 5-1)。监督抽检过程中发现的主要问题如下:①食品中超范围、超限量使用食品添加剂问题占不合格总数的 30.0%,比去年同期低 0.1%;②食品中微生物污染问题占不合格总数的 25.3%,比去年同期低 1.3%;③食品中农兽药残留指标不合格问题占不合格总数的 21.6%,比去年同期高 6.6%;④食品中质量指标不符合标准问题占不合格总数的 10.1%,比去年同期低 3.9%;⑤食品中重金属等元素污染问题占不合格总数的 3.6%,比去年同期高 0.6%;⑥食品中检出非食用物质问题占不合格总数的 1.4%,比去年同期低 0.2%;⑦食品中生物毒素污染问题占不合格总数的 1.3%,比去年同期高 1.0%。

表5-1　2018年第一季度全国各类食品监督抽检情况

序号	食品种类	样品抽检数量/批次	合格样品数量/批次	不合格样品数量/批次	样品合格率/%
1	婴幼儿配方食品	2675	2673	2	99.9
2	乳制品	9912	9881	31	99.7
3	可可及焙烤咖啡产品	367	366	1	99.7
4	食品添加剂	2150	2141	9	99.6
5	茶叶及相关产品	7728	7692	36	99.5
6	速冻食品	8461	8411	50	99.4
7	糖果制品	7552	7509	43	99.4
8	罐头	3423	3394	29	99.2
9	蛋制品	2244	2227	17	99.2
10	粮食加工品	26625	26396	229	99.1
11	其他	338	335	3	99.1
12	饼干	3851	3805	46	98.8
13	调味品	18973	18730	243	98.7
14	保健食品	5464	5392	72	98.7
15	特殊医学用途配方食品	154	152	2	98.7
16	食糖	1999	1967	32	98.4
17	豆制品	7091	6969	122	98.3
18	薯类和膨化食品	4143	4073	70	98.3
19	食用油、油脂及其制品	15750	15445	305	98.1
20	肉制品	24406	23993	493	98.0
21	蜂产品	2568	2517	51	98.0
22	水产制品	7450	7300	150	98.0
23	特殊膳食食品	1209	1184	25	97.9
24	食用农产品	115493	112996	2497	97.8
25	冷冻饮品	1907	1862	45	97.6
26	炒货食品及坚果制品	8687	8478	209	97.6
27	酒类	24123	23435	688	97.1
28	水果制品	8100	7841	259	96.8
29	糕点	18268	17641	627	96.6
30	饮料	19195	18525	668	96.5
31	方便食品	5227	5033	194	96.6

续表

序号	食品种类	样品抽检数量/批次	合格样品数量/批次	不合格样品数量/批次	样品合格率/%
32	淀粉及淀粉制品	5773	5476	297	94.9
33	餐饮食品	50602	47828	2774	94.5
34	蔬菜制品	10723	9891	832	92.2
合计		432709	421558	111511	97.4

2018年第二季度全国共完成并公布525258批次食品（含保健食品和食品添加剂）样品监督抽检结果检验项目全部合格的样品为512159批次，不合格样品13099批次，样品总体结果不合格率为2.5%，与2017年同期基本持平。大宗日常消费品的样品合格率保持基本稳定，其中粮食加工品、肉制品、蛋制品、乳制品的样品合格率分别为98.6%、98.1%、99.4%、99.8%，高于样品总体合格率；食用油、油脂及其制品的样品合格率为97.3%，略低于样品总体合格率（表5-2）。

表5-2　　　　2018年第二季度全国各类食品监督抽检结果

序号	食品种类	样品抽检数量/批次	合格样品数量/批次	不合格样品数量/批次	样品合格率/%
1	婴幼儿配方食品	2452	2444	8	99.7
2	乳制品	10344	10309	25	99.8
3	可可及焙烤咖啡产品	242	242	0	100.0
4	食品添加剂	1533	1526	7	99.5
5	茶叶及相关产品	5550	5514	36	99.4
6	速冻食品	5478	5457	21	99.6
7	糖果制品	5070	5033	37	99.3
8	罐头	2806	2796	10	99.0
9	蛋制品	2496	2482	14	99.4
10	粮食加工品	20322	25942	380	98.6
11	其他	681	670	11	98.4
12	饼干	3417	3386	31	99.1
13	调味品	18714	18408	306	98.4
14	保健食品	2611	2548	63	97.6
15	特殊医学用途配方食品	170	168	2	98.8
16	食糖	1859	1836	23	98.8
17	豆制品	8716	8572	144	98.3
18	薯类和膨化食品	4534	4436	98	97.8

续表

序号	食品种类	样品抽检数量/批次	合格样品数量/批次	不合格样品数量/批次	样品合格率/%
19	食用油、油脂及其制品	10702	10249	453	97.3
20	肉制品	22913	22480	433	98.1
21	蜂产品	2523	2478	45	98.2
22	水产制品	5286	5178	99	98.1
23	特殊膳食食品	690	678	12	98.3
24	食用农产品	210540	207372	3168	98.5
25	冷冻饮品	1431	1405	26	98.2
26	炒货食品及坚果制品	6266	6079	187	97.0
27	酒类	20241	19320	921	95.4
28	水果制品	6305	5994	311	95.1
29	糕点	25095	24499	596	97.6
30	饮料	19761	18999	762	96.1
31	方便食品	5099	4787	312	93.9
32	淀粉及淀粉制品	7009	6666	343	95.1
33	餐饮食品	61419	57991	3428	94.4
34	蔬菜制品	10993	10206	787	92.8
合计		525258	512159	13099	97.5

主要问题是：从样品的不合格项目看，仍以超范围、超限量使用食品添加剂、微生物污染、农兽药残留超标三类问题为主，分别占不合格总数的30.3%、25.3%、22.3%。同时，质量指标不符合标准、检出非食用物质问题占不合格总数的比率，较2017年同期有所下降。

2018年第三季度全国共完成并公布965727批次食品（含保健食品和食品添加剂）样品监督抽检结果，检验项目全部合格的942908批次，不合格的22819批次，总体合格率为97.6%，不合格率为2.4%，与2017年同期持平（表5-3）。大宗日常消费品的合格率保持基本稳定，其中粮食加工品、肉制品、蛋制品、乳制品的合格率分别为98.8%、97.8%、99.6%、99.8%，高于总体合格率；食用油、油脂及其制品的合格率为97.3%，略低于总体合格率。

表5-3　　　　　　　　2018年三季度各类食品监督抽检结果汇总

序号	食品种类	样品抽检数量/批次	合格样品数量/批次	不合格样品数量/批次	样品合格率/%
1	粮食加工品	49481	48873	608	98.8
2	食用油、油脂及其制品	25514	24819	695	97.3
3	调味品	33904	33387	517	98.5

续表

序号	食品种类	样品抽检数量/批次	合格样品数量/批次	不合格样品数量/批次	样品合格率/%
4	肉制品	29974	29324	650	97.8
5	乳制品	14058	14023	35	99.8
6	饮料	34334	33578	756	97.8
7	方便食品	9498	8771	727	92.3
8	饼干	7255	7179	76	99.0
9	罐头	4782	4742	40	99.2
10	冷冻饮品	4641	4494	147	96.8
11	速冻食品	9291	9250	41	99.6
12	薯类和膨化食品	7391	7231	160	97.8
13	糖果制品	8884	8799	85	99.0
14	茶叶及相关制品	12010	11909	101	99.2
15	酒类	30292	29320	972	96.8
16	蔬菜制品	20899	19587	1312	93.7
17	水果制品	11218	10889	329	97.1
18	炒货食品及坚果制品	8756	8443	313	96.4
19	蛋制品	3895	3881	14	99.6
20	可可及焙烤咖啡产品	471	467	4	99.2
21	食糖	3401	3362	39	98.9
22	水产制品	8114	7908	206	97.5
23	淀粉及淀粉制品	11636	11032	604	94.8
24	糕点	49499	48396	1103	97.8
25	豆制品	16144	15762	382	97.6
26	蜂产品	3971	3899	72	98.2
27	保健食品	3737	3697	40	98.9
28	特殊膳食食品	1462	1449	13	99.1
29	特殊医学用途配方食品	188	186	2	98.9
30	婴幼儿配方食品	2319	2313	6	99.7
31	餐饮食品	109636	102966	6670	93.9
32	食品添加剂	2480	2428	52	97.9
33	食用农产品	424810	418795	6015	98.6
34	其他	1782	1749	33	98.1
合计		965727	942908	22819	97.6

从2018年第三季度检验不合格的项目看，仍以超范围超限量使用食品添加剂、微生物污

染和农兽药残留超标等三类问题为主,分别占不合格总数的 26.8%、24.7%、24.4%。同时,质量指标不达标、重金属等元素污染物超标占不合格总数的比率,较 2017 年同期低 3.2 和 0.4 个百分点;检出非食用物质、生物毒素污染问题占不合格总数的比率,较 2017 年同期高 2.8 和 0.7 个百分点。

2018 年第四季度全国共完成并公布 1432188 批次食品(含保健食品和食品添加剂)样品监督抽检结果,检验项目全部合格的 1398054 批次,不合格的 34134 批次,总体合格率为 97.6%,不合格率为 2.4%,比 2017 年同期下降 0.2 个百分点(表 5-4)。大宗食品的合格率保持基本稳定,其中粮食加工品,肉制品,蛋制品,乳制品,食用油、油脂及其制品的合格率分别为 98.7%、98.1%、99.5%、99.8%、97.8%,均高于总体合格率。

表 5-4 2018 年四季度各类食品监督抽检结果汇总表

序号	食品种类	样品抽检数量/批次	合格样品数量/批次	不合格样品数量/批次	样品合格率/%
1	粮食加工品	71062	70169	893	98.7
2	食用油、油脂及其制品	38868	38004	864	97.8
3	调味品	47377	46694	683	98.6
4	肉制品	50943	49960	983	98.1
5	乳制品	20822	20790	32	99.8
6	饮料	43721	42413	1308	97.0
7	方便食品	15101	14269	832	94.5
8	饼干	10454	10328	126	98.8
9	罐头	8669	8601	68	99.2
10	冷冻饮品	5115	4952	163	96.8
11	速冻食品	16811	16705	106	99.4
12	薯类和膨化食品	10128	9998	130	98.7
13	糖果制品	12801	12647	154	98.8
14	茶叶及相关制品	17607	17496	111	99.4
15	酒类	45855	44231	1624	96.5
16	蔬菜制品	33800	31732	2068	93.9
17	水果制品	17617	17087	530	97.0
18	炒货食品及坚果制品	15716	15180	536	96.6
19	蛋制品	6155	6124	31	99.5
20	可可及焙烤咖啡产品	906	904	2	99.8
21	食糖	5332	5246	86	98.4
22	水产制品	13792	13456	336	97.6
23	淀粉及淀粉制品	20015	19111	904	95.5

续表

序号	食品种类	样品抽检数量/批次	合格样品数量/批次	不合格样品数量/批次	样品合格率/%
24	糕点	66089	64260	1829	97.2
25	豆制品	26181	25611	570	97.8
26	蜂产品	6172	6090	82	98.7
27	保健食品	7290	7137	153	97.9
28	特殊膳食食品	2322	2308	14	99.4
29	特殊医学用途配方食品	166	166	0	100.0
30	婴幼儿配方食品	3618	3612	6	99.8
31	餐饮食品	173941	164403	9538	94.5
32	食品添加剂	3281	3270	11	99.7
33	食用农产品	611225	601884	9341	98.5
34	其他	3236	3216	20	99.4
合计		1432188	1398054	34134	97.6

从 2018 年第四季度检验不合格的项目看，仍以超范围超限量使用食品添加剂、农兽药残留超标和微生物污染等三类问题为主，分别占不合格总数的 27.1%、25.2%、24.1%。同时，质量指标不达标占不合格总数的比率，较 2017 年同期低 1.2 个百分点；检出非食用物质、重金属等元素污染问题、生物毒素污染问题占不合格总数的比率，较 2017 年同期高 0.6、0.3 和 0.2 个百分点。

关于食用农产品的抽检情况，如 2005—2018 年食用农产品抽检结果合格率与食品抽检一样，也是逐年提高的，但也有一定波动，如图 5-3 所示。

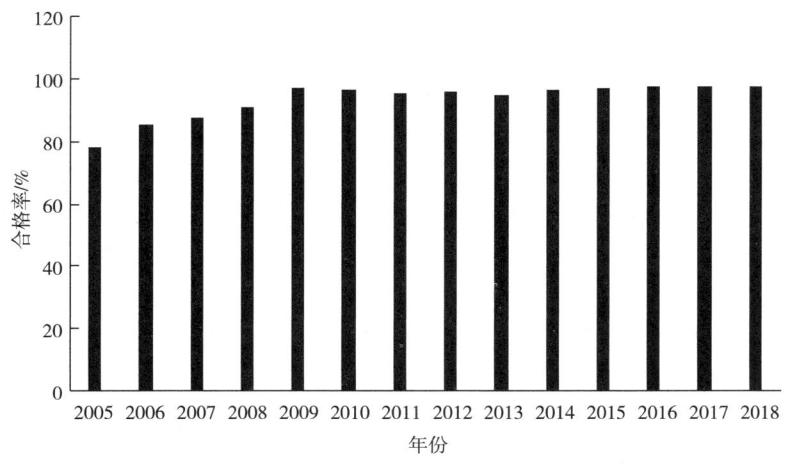

图 5-3　2005—2018 年食用农产品抽检结果情况

如 2016 年农业部在全国 31 个省（自治区、直辖市）152 个大中城市，总体抽检合格率为 97.5%，比 2015 年上升 0.4 个百分点。其中蔬菜、水果、茶叶和水产品抽检合格率分别为 96.8%、96.2%、99.4% 和 95.9%。影响食用农产品质量安全风险的因素最主要是土壤污染和农药、兽药等化学投入品过量施用。

2018 年，农业部按季度组织开展了 4 次国家农产品质量安全例行监测（风险监测），监测范围进一步扩大，重点增加了农药和兽用抗生素等影响农产品质量安全水平的监测指标，监测参数由 2017 年的 94 项增加到 2018 年的 122 项，增幅 29.8%，抽检总体合格率为 97.5%（按照 2017 年同口径统计，抽检总体合格率为 98.2%，同比上升 0.3 个百分点）。其中蔬菜、水果、茶叶、畜禽产品和水产品抽检合格率分别为 97.2%、96.0%、97.2%、98.6% 和 97.1%，畜产品"瘦肉精"抽检合格率为 99.7%，农产品质量安全水平持续向好。从监测品种看，全年抽检的 76 种蔬菜中甘蓝类、瓜类、食用菌和茄果类蔬菜监测合格率较高，分别为 99.8%、99.4%、99.0% 和 98.7%。抽检的 6 种畜禽产品中，猪肉、牛肉、羊肉、禽肉和禽蛋的抽检合格率分别为 99.7%、98.6%、99.8%、98.8% 和 96.1%。抽检的 13 种大宗养殖水产品中鳙鱼全部合格，鲢鱼、对虾、草鱼和大黄鱼抽检合格率相对较高，分别为 99.4%、98.5%、97.9% 和 97.9%。

由图 5-2 和图 5-3 所示，我国食品抽检合格率从 2005 年的 91.4% 提高到 2018 年的 97.5%，食用农产品抽检合格率从 2005 年的 77.9% 提高到 2018 年的 97.5%，说明我国食品和食用农产品的质量安全水平相当不错，但与人民群众的满意度评价相比还要很多的差距。据中国全面小康研究中心的调查显示，在 2010—2012 年约 80% 的受访民众缺乏食品安全感。江南大学国家社科重大招标课题组在 2012—2014 年连续对全国 10 个省（自治区）相对固定的调查点进行的大样本调查显示，公众食品安全满意度由 2012 年的最高点的 71.32% 下降到 2014 年的 56.12%。满意度偏低最根本的原因是受频发的重大食品事件、社会舆论环境与公众非理性心理及行为等多方面的综合因素影响。

2016 年和 2018 年全国食品和食用农产品抽检结果的合格率均在 97% 以上，对不合格食品原因分析可知，主要是超范围、超限量使用食品添加剂、农兽药残留超标和微生物污染三类问题，占问题产品的 75% 以上。对不合格食用农产品原因分析可知，土壤污染、农药和兽用抗生素引起的食用农产品安全问题，占问题产品的 75% 以上。

2019 年 5 月 6 日国家市场监管总局网站发布《市场监管总局关于 2019 年第一季度食品安全监督抽检情况分析的通告》〔2019 年第 13 号〕，2019 年第一季度食品监督抽检全国共完成并公布 428043 批次食品（含保健食品和食品添加剂）样品监督抽检结果，检验项目全部合格的 418474 批次，不合格的 9569 批次，总体合格率为 97.8%，不合格率为 2.2%。从检验不合格项目看仍以农兽药残留超标、超范围超限量使用食品添加剂、微生物污染等 3 类问题为主，分别占不合格总数的 30.7%、23.7%、22.9%。不合格项目与 2016 年和 2018 年基本一致。

2019 年 10 月 11 日北京市市场监督管理局网站发布《北京市市场监督管理局关于 2019 年第三季度食品安全监督抽检情况分析的公告》。公告称，2019 年第三季度，北京市市场监管局共完成并公布 34 大类 9750 批次食品样品监督抽检结果，检验项目全部合格的样品 9660 批次，不合格样品 90 批次，合格率为 99.1%，大宗食品合格率保持基本稳定。本季度抽检发现的主要问题，从检验不合格的项目看，以农兽药残留超标、微生物污染、超范围、超限量使用食品添加剂三类问题为主。不合格项目与 2019 年第一季度国家市场监管总局公布结果基本一致。

从食品抽检和食用农产品抽检实施多年来的情况看，在发现食品和食用农产品问题上发挥了重要的作用，但与人力、物力和财力的投入不对等，每年花费数千亿，仅发现了3%左右的不合格产品，应该反思其有效性。除此之外食品安全问题依然严峻，特别是食品和保健食品欺诈和虚假广告问题。2017年7月国务院食品安全办、工业和信息化部、公安部、商务部、国家国家工商行政管理总局、国家质量监督检验检疫总局、国家新闻出版广电总局、国家食品药品监督管理总局和国家互联网信息办公室9个部门部署在全国开展食品保健食品欺诈和虚假宣传整治行动，印发了《食品、保健食品欺诈和虚假宣传整治方案》。该方案是参与部门最多的一次，说明食品和保健食品的安全涉及方面很广，综合施策是关键。截至2017年底全国共检查食品保健食品生产经营单位87万家，查处违法案件1.2万余件。截至2018年6月底，全国共查处食品保健食品欺诈和虚假宣传违法违规案件2.4万余件，涉案金额14.7亿元，罚没金额3.3亿元，抓获犯罪嫌疑人7800余名。

笔者认为这种方法适用于食品市场产品质量及安全性状况的普查，而不一定是食品市场监管的最佳方法，这种方法发现的问题大多数属于事后管理，不符合预防为主、防患于未然的思路，应该考虑该方法的进一步创新问题。建议把这些财力投入到食品原料生产与加工过程，并重点针对超范围、超限量使用食品添加剂，农兽药残留超标和微生物污染等三类问题开展相关监管。一是从源头抓好农药、兽药和食品添加剂生产经营管理及其市场监管，特别是非法添加物生产销售市场流通行为的监管，把好食品和保健食品生产源头关。二是以标准化为手段，推行企业标准化生产加工管理，强化生产过程监管，把问题消灭在生产加工环节。三是就大多数食用农产品质量安全而言，要把水、土、气等生态环境要素和农业生产及再生产必需的投入品如种子、种苗、化学肥料与微生物肥料、农药、农膜、兽药、饲料、保鲜剂等要素纳入生产过程监管范围，对农业新技术投入农业生产过程之前，要对新技术、新成果使用进行质量安全影响评价，评价合格后方可进行推广应用，这是食用农产品质量安全源头监管的关键，没有好的生态环境和安全合格的农业投入品，就不会有高质量安全优质的食用产品[48]。

第四节　食品质量安全溯源追溯

一、概述

食品质量安全溯源追溯是食品信息化管理的主要内容之一，也是有效解决食品信息不对称的重要手段[49]。食品安全信息化管理是指在食品安全法律、法规以及管理体制基础上，利用先进的管理体系和信息技术、设备，建立相关企业、政府机构、大众媒体以及相关中介机构发布的与食品质量安全相关信息的管理系统。食品安全信息化管理是一个庞大的系统工程，不仅仅是一个技术问题，还涉及管理学、社会学和经济学等重要内容。食品安全信息化管理既具有政务信息化管理属性，又具有社会公共事业信息化管理属性，同时包含满足"管理"和"服务"双重内容。管理是指为实现预定目标或者达到预定目的采用科学方法进行的有序组织活动，管理职能一般是指管理机构的职责、职权和功能。服务是指为他人做事，并使他人从中受益的一种有偿或无偿的活动。或者是不以实物形式，而以提供劳动的形式满足他人某种特殊需要。

食品安全信息化管理主要包括：①食品安全信息收集与交流系统；②溯源追溯系统；③风险预警系统；④信息发布系统；⑤信息咨询服务系统；⑥安全教育与培训系统等。在食品市场上，由于消费者与食品生产经营者之间的信息不对称，甚至存在安全标准不统一的问题，因此"劣币驱逐良币"现象普遍存在。而造成信息不对称的根源在于缺乏有效的质量安全溯源追溯体系。

建立食品质量安全溯源追溯体系，标准化是关键，应从技术标准、管理标准和工作标准三个方面入手。技术标准中应涵盖产品质量安全标准、产品设计和开发标准、生态环境标准、设备设施标准、产品生产标准、产品物流配送标准、产品销售标准、产品信息标准、产品标志包装标准等。管理标准应该涵盖人力资源标准、产品质量安全管理标准、职业健康管理标准、生态环境标准管理标准等。工作标准应包含决策层工作标准、管理层工作标准和操作人员工作标准等。这些标准有助于从根本上让消费者了解整个食品供应链的食品安全状况，增强消费者的知晓度。

我国从2000年正式开始建立产品质量安全溯源追溯体系，并把保障食品安全作为溯源追溯体系实施监管的重点内容之一[50]。目前，我国在食品质量安全溯源追溯体系建设方面取得重要进展，也发挥重要作用，但也存在以下主要问题：①食品溯源追溯标准不统一，查询方式多样，消费者无所适从；②食品溯源追溯标准不统一，食品生产过程复杂多变，物流销售及分销方式多样，管理成本增加；③食品属于一次性消费品，流通消费生命周期短，问题产品的有效快速管控、召回、处置难度较大；④溯源追溯技术平台多，标准不一，缺乏全国缺乏统一规范，各平台的数据难以互通互融，信息信用评价缺失。

二、产品质量溯源追溯与市场监管

现行的《食品安全法》对食品安全全程追溯也就是溯源追溯和召回做出了明确的规定要求，如第四十二条规定，国家应建立食品安全全程追溯制度。食品生产经营者应当依照本法的规定，建立食品安全追溯体系，保证食品可追溯。国家鼓励食品生产经营者采用信息化手段采集、留存生产经营信息，建立食品安全追溯体系。国务院食品安全监督管理部门会同国务院农业行政等有关部门建立食品安全全程追溯协作机制。第六十三条规定，国家建立食品召回制度。食品生产者发现其生产的食品不符合食品安全标准或者有证据证明可能危害人体健康的，应当立即停止生产，召回已经上市销售的食品，通知相关生产经营者和消费者，并记录召回和通知情况。

追溯和召回是一对孪生要求，没有追溯就难以实施召回。在法律的要求之下，各地相关部门和食品生产经营者相继建立了各自的溯源追溯体系，追溯对解决食品市场信息不对称确实是一种不错的方法，但对消费者而言，虽然了解了食品与生产过程有关信息，但追溯也不能完全证明其安全性。这也是市场监管的一个难题。

笔者认为按照溯源追溯理论和食品信息化管理的手段，借鉴我国烟草专卖系统市场监管的先进经验，构建全国统一标准的食品食用农产品产地、加工与流通和餐饮服务信息化大平台是食品安全监管关键措施之一。该平台应达到以下目标要求：第一，全国食品和食用农产品生产经营企业包括"三小食品"的基本状况分4类，即食品和食用农产品加工产品、食用农产品、食品和食用农产品销售企业、餐饮服务企业全部进入平台，没有进入平台的食品和食用农产品和餐饮服务全部视为非法生产经营；第二，国家市场监管部门，通过该平台能够了解全国食品情况，不同省、直辖市、自治区以及相应市、区、县及乡镇能够通过该平台及时了解在该地区的食品和食用农产品生产经营企业数量及具体产品的数量及分布，为食品市场监管提供最基础的数据；第三，该平台设定不同用户的权限，可以留给消费者一定的查询空间，也就是说该平台的部分数据消费者可以查询，以了解食品相关信息，解决食品信息不对称问题；第四，食品生产经营企业通过在该平台注册，获得进入平台输入平台规定的企业信息，输入的信息不完整的平台就会不通过，并可以根据需要及时更新企业信息。

各种类型的食品生产经营企业进入全国统一标准的食品食用农产品产地、加工与流通和餐饮服务信息化大平台可以视为"第二次市场准入"，当然生产许可证和经营许可证的获得是"首次市场准入"。通过建立"第二次市场准入"，市场监管局领导及相关人员就会明确该地区食品数量及分布，否则可以限制食品产品流通销售。该平台建设至少由以下4个部分组成，并提供规定的相应信息，该平台缺乏信息的食品企业，其产品不得进入食品市场销售等。

（1）食品和食用农产品产地信息模块　各省、直辖市、自治区、地级市、县级、乡镇的食品企业生产产品的产地信息：原料生产、辅料清单及来源、生产加工工艺及添加剂使用、原料及辅料检验报告等证明。

（2）食品加工信息模块　各省、直辖市、自治区、地级市、县级、乡镇的食品企业所有生产产品的信息：产品类别、产品名称、产品数量、生产企业名称、地址及社会信用统一代码证书、生产许可证（经营许可证号）、执行标准代号、包装标签、产品检验报告，必要的产品说明等。

（3）食品流通信息模块　企业要将自己的产品流通各省、直辖市、自治区、地级市、县级、乡镇情况填入该模块，这样在各省、直辖市、自治区、地级市、县级、乡镇监管部门就会了解不同企业产品在相关地区的流通基本情况，如产品类别、产品名称、数量等，作为市场监督抽查提供抽样基数的依据。无生产许可证食品的流通问题也就自然进入不了平台，食品市场上如果发现非平台产品，其流通自然而然就是非法产品。该平台设定"三小食品"禁止跨"地区"流通，如果发现视为非法产品。另外，新食品业态，如网络食品同样要进入该平台，否则视为"第二次市场准入"不通过，禁止销售。

（4）食品餐饮信息模块　餐饮服务企业包括中央厨房和小餐饮，各省、直辖市、自治区、地级市、县级、乡镇的餐饮服务企业所有生产产品的信息：产品类别、产品名称、产品数量、生产企业名称、地址及社会信用统一代码证书、生产许可证（经营许可证号）、执行标准代号、包装标签、产品检验报告，必要的产品说明等，如果有进入流通的，还应增加食品流通信息模块的相应信息。无经营（餐饮）许可证食品的流通问题也就自然进入不了平台，食品市场上如果发现非平台产品，其流通自然而然就是非法产品。该平台设定小餐饮禁止跨"地区"流通，如果发现视为非法产品。

这样各省、直辖市、自治区、地级市、县级、乡镇的食品市场监管部门就可以通过该平台了解该地区或者辖区的食品市场企业数量、产品数量，实施监管就会有的放矢，真正实现溯源追溯与市场监管有机结合。当然，这个平台建设是一个巨大的食品监管的基础工程，建设的经费投入巨大，但运用起来是一种有效的、创新监管方式。因此，该平台的建设可以在现有"互联网+"的基础上，通过相关平台扩展来逐步实现。

第五节　食品质量安全认证

一、概述

产品质量安全认证是在产品质量管理标准的基础上发展起来，也是对产品质量管理方法的认可及确认。关于质量管理，从世界范围来看，大致经历了三个发展阶段。第一阶段，从20世纪20年代到40年代，称为产品质量检验阶段，也就是检验级水平——按照产品质量标准进行检验，是一种对产品事后把关管理，虽然能够防止不合格品流出厂外，但不能预先发现并有效地防止不合格造成的损失。第二阶段，从第二次世界大战开始到20世纪50年代末，称为统计质量控制阶段，也就是预防与保证级水平——把数理统计方法应用于质量管理，并对生产过程实施管理。如ISO9000质量管理体系、HACCP体系、ISO14000环境管理标准体系，通过监视分析和抽样检查，以及时发现问题并尽快采取措施控制不良发生，解决事后把关的缺陷。第三阶段即全面质量管理阶段，从20世纪60年代开始延续至今，即完美级水平——系统性预防，提高组织的整体绩效，为顾客和相关方创造价值的管理。如卓越绩效管理、从土地到餐桌的绿色食品生产管理、标准化良好行为如企业标准体系建设（技术标准体系、管理标准体系和工作标准体系），质量管理的范畴也从检验和生产过程控制扩展到了市场和顾客需求识别、产品设计、生产制造及至售后服务的整个产品寿命周期。在市场经济条件下，质量改进和提升是对质量管理的必然要求[51,52]。由于产品质量管理标准体系的发展变化，质量安全认证也随之变化，且水平越来越高，要求也越来越严。

《中华人民共和国产品质量法》第十四条规定：国家根据国际通用的质量管理标准，推行企业质量体系认证制度。企业根据自愿原则可以向国务院市场监督管理部门认可的或者国务院市场监督管理部门授权的部门认可的认证机构申请企业质量体系认证。经认证合格的，由认证机构颁发企业质量体系认证证书。国家参照国际先进的产品标准和技术要求，推行产品质量认证制度。企业根据自愿原则可以向国务院市场监督管理部门认可的或者国务院市场监督管理部门授权的部门认可的认证机构申请产品质量认证。经认证合格的，由认证机构颁发产品质量认证证书，准许企业在产品或者其包装上使用产品质量认证标志。这是我国质量认证的法律依据。

2016年新修订的《中华人民共和国认证认可管理条例》中所称的认证是指由认证机构证明产品、服务、管理体系符合相关技术规范、相关技术规范的强制性要求或者标准的合格评定活动，其目的是为了提高产品的信誉，增强产品在国内、国际市场上的竞争力。这是一种提高产品信誉的标志制度，证明某一产品符合规定的标准和相应的技术要求。原则是：企业申请的原则；国家质量监督检验检疫总局统一管理的原则；坚持第三方认证的原则。但对涉及人体健康、人身财产安全、环境保护、国家安全等28类产品，依法实施强制性监督管理，未取得认证证书和标志的产品，不得销售和使用。

认证认可是重要的国家基础建设，是市场监管的基础工作。产品认证分为安全认证和合格认证。对涉及人体健康、人身财产安全、环境保护、国家安全等产品实行安全认证，必须符合有关强制性标准的要求。依法实施强制性监督管理，对未取得认证证书和标志的产品，不得销售和使用。也就是说安全认证属于强制性管理认证（"3C"认证）。合格认证涉及的是国际标准或行业标准中的全部要求，除非法律、法律和规章另有规定，合格认证属于非强制性认证，通常是自愿性的。与食品相关的认证主要有 ISO22000（食品安全管理标准）、ISO9000（质量管理标准）、HACCP（危害分析与关键点控制）、GMP（良好操作规范）、OHSAS 18001（职业健康安全管理体系）、IFS（国际食品标准）、BRC（食品安全全球标准）、SGS（瑞士通用公证行）、SA8000（社会责任标准）等，在国内有关食品和食用农产品的认证主要有无公害食品认证、绿色食品认证、有机食品认证和农产品地理标志产品。

2019年12月20日中国认证认可协会发布了《2018认证机构发展报告》，截至2018年年底，我国认证机构总数为481家，认证机构颁发各类有效认证证书193.7万张，较上年增长10.48%，涉及获证组织62.5万家，保持了较高发展速度。其中，强制性产品认证证书639360张，管理体系认证证书918517万张。认证机构业务收入约2 114 200万元。

我国已参与并跟踪37个认证认可国际组织，签署14份多边互认协议和121份双边合作互认协议，加入了国际电工委员会（IEC）全部4个合格评定互认体系和国际认可论坛、国际实验室认可合作组织所有互认协议和安排，与俄罗斯、蒙古、马来西亚、新加坡等13个"一带一路"沿线国家或区域组织签署了合作协议或建立了认证认可固定合作机制，与印度、波兰、斯里兰卡等20个国家建立了认证认可合作渠道，国际影响不断扩大。

二、食品质量安全认证与市场监管

全面质量管理的发展为产品质量稳步提高发挥了重要作用是毋庸置疑的，其管理理念是基于对质量形成客观规律的认识，从实践中提炼出的一些质量成功的关键要素，可作为食品市场监管的基本准则。在食品市场监管中：一是要以顾客即消费者为关注焦点，牢记监管的目标，提供放心的、满意的食品，并使企业可长期可持续发展；二是重视生产过程管理，将全面质量管理的系统方法，运用到食品市场监管之中；三是领导作用和全员参与，食品质量安全的形成受多个因素影响，其中人的作用最关键的，食品市场监管要强调领导作用和全员参与共同行动的力量，各司其职保证质量安全；四是以数据和事实为决策基础，制定食品市场监管目标、决策监管方式等要以充分的事实和数据分析为基础，以避免盲目和失误。

"中国质量管理之父"刘源张院士认为，中国的全面质量管理，不是日本的全面质量管理，更不是美国的全面质量管理，而是从国情出发，提出并实行质量管理的。第一阶段提出的是"文明生产+均衡生产+工艺整顿=全面质量管理"的口号；第二阶段提出"保证体系+目标管理+小组活动=全面质量管理"的口号；第三阶段，提出了"节约资源+保护环境+培养人才=全面质量管理"的口号[53]。

随着全面质量管理的发展和相关法律法规的出台和完善，改革开放40多年来，我国食品和食用农产品的质量安全认证取得长足的发展，在提高产品质量安全方面发挥了重要作用。无公害食品认证、绿色食品认证、有机食品认证和农产品地理标志产品即"三品一标"认证发展迅猛，特别是绿色食品发展深入人心，市场范围不断扩大。如2015年底，全国绿色食品企业总数达到9500多家，产品总数达到23000多个。2011—2015年，绿色食品企业和产品年均分别增长约8.5%和7.0%。绿色食品产品日益丰富，现有的产品门类包括农林产品及其加工产品、畜禽、水产品及其加工产品、饮品类产品等5个大类、57个小类、近150个种类，基本上覆盖了全国主要大宗农产品及加工产品。全国已创建665个绿色食品原料标准化生产基地，分布25个省、市、自治区，基地种植面积1.8亿亩，产品总产量达到1亿吨。绿色食品生产资料企业总数发展到102家，产品达244个。截至2017年年底，全国有效期内无公害农产品达到89431个，生产主体43171家，农产品地理标志产品已经注册登记1949个。

食品安全认证可提高食品安全性，但通过认证的食品和食用农产品就一定是安全的吗？答案自然是否定的。主要原因在于以下几点。一是食品安全认证只是国家提高食品质量、保障食品安全的手段之一，也是企业食品安全的一种证明。二是认证企业的生产加工设施和管理制度设置达到了相关认证标准的要求，并不能保证企业在日常生产中会完全遵循这些标准。尤其是部分企业以认证来暗示安全与营养，仅是企业进行市场营销的一个套路，并非真正的通过了认证。三是企业通过食品安全认证的目的是彰显其具备了某种实力，通过食品安全认证的不一定是安全的。如湖北省2017年食品农产品认证专项监督检查发现：①谦益农业（湖北）有限公司的粮谷类产品，通过北京中绿华夏有机食品认证中心的认证，却存在不符合项未进行整改及有效验证、与其他组织重叠、体系文件管理较混乱、内部检查记录缺失、生产车间与原料仓库未彻底隔离等5大问题。②南漳县荆楚源苗木瓜果蔬菜专业合作社的果蔬类产品，通过北京东方嘉禾认证有限责任公司认证，发现审核计划中现场审核时间较短、不能按计划完成审核，未提供水、土、气检测报告，未能提供转换证书及初审记录，生产基地位置图与实际情况不符、未按比例绘制，未能提供投入品购买、入库、出库、使用记录等5大问题。③羊楼洞茶业股份有限公司的茶叶，通过杭州中农质量认证中心认证，发现存在食品召回制度记录、农事记录、加工车间内的设备清洗、维护记录不完善；体系文件中对有机产品的生产、加工不够完善等问题。

因此食品市场监管绝不能放松对认证产品的监管。要确保认证产品的质量安全，就需要从两个方面来强化监管，一是对企业自身认证行为的监管，二是对认证机构认证审核过程情况的监管。

2019年5月16日国家市场监督管理总局《关于加强认证监管工作的通知》（国市监认证〔2019〕102号）中要求，各级市场监管部门应履职尽责，突出重点，不断加强认证市场监管，严厉打击认证违法行为包括：①在对认证从业机构进行监督时，可采用对认证活动和认证结果进行抽查等方式。各级市场监管部门可根据辖区实际情况，采用从业机构现场检查、档案检查、获证组织查验、获证产品抽查等形式单独或组合进行检查。重点查处：虚假认证，超出批准范围从事认证活动，增加、减少、遗漏认证程序，未对其认证的产品、服务、管理体系实施有效跟踪调查，或发现其认证的产品、服务、管理体系不能持续符合认证要求、不及时暂停使用或者撤销认证证书并予以公布等行为。同时，对未经批准擅自从事认证活动的行为进行查处；②在对认证从业人员进行监督时，可采用到认证机构现场检查、到获证组织查验等方式。可结合对认证机构监督一并开展。重点查处：审核员、检查员编造虚假、失实的文件和记录，收取企业礼金等行为；③在对认证证书和认证标志进行监督时，可采用对相关企业认证证书和认证标志的使用情况实施检查等方式。重点查处：伪造、冒用、买卖认证证书和认证标志等行为；④在对列入中国强制性产品认证（CCC）目录内产品进行监督时，可采取对CCC目录内产品生产、销售、进口和其他经营活动中使用行为进行检查等方式。重点查处：列入目录内的产品未经CCC认证擅自出厂、销售、进口或者在其他经营活动中使用，伪造、冒用、买卖CCC证书，以及CCC证书撤销之日起或暂停期间不符合认证要求的产品继续出厂、销售、进口或者在其他经营活动中使用等行为；⑤在对有机产品进行监督时，可采取对有机产品生产、加工、进口、销售行为进行检查和对有机产品进行抽查等方式。重点查处：伪造、冒用、买卖有机产品认证证书和认证标志，未获认证但标注含有"有机""ORGANIC"等字样且可能误导公众认为该产品为有机产品的文字表述和图案，证书暂停期间或者被注销、撤销后仍使用认证证书和认证标志等行为。通知还要求创新监管手段：①实行分类监管：各级市场监管部门要结合被监管对象的风险等级和随机抽查、行政处罚、投诉举报、失信名录以及大数据分析等信息，对认证从业机构、获证产品及组织等实行分类监管，提高监管效能；②推行"双随机，一公开"监管：将"双随机，一公开"作为认证监管的基本手段，取代日常监管原有的巡查制。省级市场监管部门将认证监管事项纳入统一的省级抽查事项清单，依托"认证行政监管系统"（原"认证综合监管平台"）和国家企业信用信息公示系统建立省级认证检查对象名录库，检查对象包括认证从业机构、获证产品及组织等，并实施动态更新，做到"底数清"。省级市场监管部门建立本辖区认证检查人员名录库，可吸纳相关行业专家参与，满足认证专业性抽查要求。检查对象和检查方式相近的，尽量合并安排。

第六节　食品生产经营许可

一、概述

食品生产经营许可是食品市场主体能否进入的食品市场关键条件之一。我国对食品生产经营许可制度在1983年7月1日实施的《食品卫生法（试行）》第二十六条规定：食品生产经营企业和食品商贩，必须先取得卫生许可证方可向工商行政管理部门申请登记或者变更登记。卫生许可证的发放管理办法由省、自治区、直辖市卫生行政部门规定。第二十七条规定：城乡集市贸易的食品卫生管理工作和一般食品卫生检查工作，由工商行政管理部门负责，食品卫生监督检验工作由食品卫生监督机构负责，畜、禽兽医卫生检验工作由农牧渔业部门负责。第三十一条规定：卫生行政部门所属县以上卫生防疫站或者食品卫生监督检验所为食品卫生监督机构，负责管辖范围内的食品卫生监督工作。《食品卫生法（试行）》规定，食品生产经营许可由工商行政管理部门负责，而食品卫生监督由县以上卫生防疫站或者食品卫生监督检验所负责。1995年10月30日实施的《食品卫生法》第二十七条规定：食品生产经营企业和食品摊贩，必须先取得卫生行政部门发放的卫生许可证方可向工商行政管理部门申请登记。未取得卫生许可证的，不得从事食品生产经营活动。食品生产经营者不得伪造、涂改、出借卫生许可证。卫生许可证的发放管理办法由省、自治区、直辖市人民政府卫生行政部门制定。第二十八条规定：各类食品市场的举办者应当负责市场内的食品卫生管理工作，并在市场内设置必要的公共卫生设施，保持良好的环境卫生状况。第二十九条规定：城乡集市贸易的食品卫生管理工作由工商行政管理部门负责，食品卫生监督检验工作由卫生行政部门负责。对食品市场主体监管实施的食品卫生许可证管理，体制与《食品卫生法（试行）》规定基本一致。这一时期是我国社会主义市场经济转型发展期，从2002年起取消了食品卫生许可制度，取而代之的是食品市场准入制度。在2009年颁布实施的《食品安全法》把食品卫生许可调整为食品生产许可、食品流通许可和食品餐饮服务许可三个类型，其中食品生产包括 28 类食品生产许可或者市场准入，7 类食品包装材料和容器相关产品全部实施了生产许可或者市场准入。现行《食品安全法》对食品生产许可证调整为食品生产许可和食品经营许可两个类型，目前实施食品生产许可或者市场准入的产品分为 32 个类别。

二、食品生产经营许可与市场监管

食品市场监管的第一个关口就是食品生产经营许可，这是食品市场主体能否进入的关键。从现行的食品生产经营许可的要求来看，与食品市场监管体制的要求和新时代人民对美好生活追求需要还不相适应，特别是与人民生活息息相关的"菜篮子"即销售食用农产品不需要取得许可（《食品安全法》第三十五条规定）。为确保食品市场稳定与发展，笔者认为要处理好食品生产经营许可管理与食品市场监管的关系，妥善解决好以下问题。

（1）随着政府"放管服"改革的推进，我国食品市场主体增长迅速，数量巨大，但规模偏小，由于食品是一种特殊的一次性消费品，也是人类生存发展的必需品，应在不同类型和规模的食品主体实施不同的市场准入条件，也就是在生产经营许可上提出不同的要求，相对提高市场准入门槛，以遏制食品主体过快增长给食品市场监管带来的压力。

（2）在现有食品生产经营许可和小作坊食品许可的基础上，进一步细化分类许可准入软硬件条件，建立底线要求限制，把好食品市场准入许可关口。

（3）食品生产经营是良心活，道德活。在现有食品生产经营许可和小作坊食品许可的要求基础上，增加市场主体的信用、道德水准条件和培训要求，把问题消灭在萌芽状态，做到防患于未然。

（4）发挥中国市场监督管理学会（China Society of Market Supervision）和中国市场学会（Chinese Association of Market Development）以及相关科研单位的新型智库作用，开展食品新型业态和食品市场准入许可等相关研究，为食品市场监管营造宽松平等的准入环境、公平竞争的市场环境、安全放心的消费环境提供智力支持和服务。

第六章 食品市场监管法律体制与标准

内容要点

- 新时代食品市场监管法律目标要求
- 现行食品市场监管法律调整范围分析
- 整合食品法律和市场监管体制
- 食品安全国家标准体系及市场监管适用性
- 食品安全国家标准体系在市场监管中的缺陷分析
- 新型食品安全国家标准体系框架
- 食品市场监管标准创建

第一节 食品市场监管法律体制分析

一、食品市场监管法律目标要求

从中华人民共和国成立，特别是改革开放以来，中国特色社会主义法律体系已经基本形成，国家经济、政治、文化、社会生活的各个方面基本做到有法可依。但与新时代人民群众对美好生活的向往还有一定的距离，尤其是 2012 年中国共产党第十八次全国代表大会以来，党中央提出了全面建成小康社会、全面深化改革、全面依法治国、全面从严治党的治国理政战略思想和战略布局，其中全面依法治国总目标是建设中国特色社会主义法治体系，建设社会主义法治国家。也就是在中国共产党领导下，坚持中国特色社会主义制度，贯彻中国特色社会主义法治理论，形成完备的法律规范体系、高效的法治实施体系、严密的法治监督体系、有力的法治保障体系，形成完善的党内法规体系，坚持依法治国、依法执政、依法行政、共同推进，坚持法治国家、法治政府、法治社会一体建设，实现科学立法、严格执法、公正司法、全民守法，促进国家治理体系和治理能力现代化。

2018年8月24日中央全面依法治国委员会第一次会议深刻总结古今中外治国理政经验教训，系统论述全面依法治国新理念新思想新战略，将其核心要义概括为"十个坚持"，即坚持加强党对依法治国的领导，坚持人民主体地位，坚持中国特色社会主义法治道路，坚持建设中国特色社会主义法治体系，坚持依法治国、依法执政、依法行政共同推进，法治国家、法治政府、法治社会一体建设，坚持依宪治国、依宪执政，坚持全面推进科学立法、严格执法、公正司法、全民守法，坚持处理好全面依法治国的辩证关系，坚持建设德才兼备的高素质法治工作队伍，坚持抓住领导干部这个"关键少数"。这"十个坚持"深刻回答了全面依法治国的根本保证、力量源泉、发展道路、总体目标、工作布局、首要任务、基本方针、科学方法、重要保障、"关键少数"等一系列带有方向性、根本性、全局性的重大问题，构成了一个系统完备、逻辑严密、内在统一的科学思想体系，把党对社会主义法治建设规律的认识提升到新的高度，是马克思主义法治思想中国化的最新成果，是全面依法治国的根本遵循，必须长期坚持、不断发展。

建设中国特色社会主义法治体系，建设社会主义法治国家是新时代全面依法治国的总目标，而食品和食用农产品安全监管的法律体系建设是其中一项重要内容，是实现人民群众对美好生活的客观需要，关系到社会经济发展和长治久安。

因此，食品市场监管法律要按照以新时代全面依法治国的根本遵循为指导，以"带有方向性、根本性、全局性的重大问题"为导向，明确当前食品安全监管的根本保证、力量源泉、发展道路、总体目标、工作布局、首要任务、基本方针、科学方法、重要保障、"关键少数"等与依法治国的关系，形成了一个系统完备、逻辑严密、内在统一的食品市场监管法律体系，为食品市场监管提供科学法律依据。

我国食品市场监管法律建立是以《中华人民共和国宪法》为根本遵循，形成了由法律、行政法规、地方性法规等多个层次的法律法规构成。随着我国政治体制改革实现了从社会主义计划经济，到社会主义计划经济与商品经济并存，再到社会主义市场经济的发展和中国特色社会主义进入新时代，食品市场监管法律法规和食品市场监管体制也随之进行调整与修改，确保了食品市场监管法律与社会经济发展的适应性，在食品市场监管中发挥了重要作用，促进了食品工业经济的发展，满足了人民群众对食品安全的基本需要。但由于食品市场不断变化，新业态不断涌现，食品市场监管法律法规在处理实际问题上还存在一定的滞后性。

近年来，我国政府不断调整食品市场监管体制，完善食品安全监管法律法规，但市场失灵和政府失灵问题时有发生，食品安全事件，特别是违法案件层出不穷，食品市场监管面临的形势依然严峻。因此，按照新时代的食品安全监管的要求，总结分析现行食品市场监管法律存在的问题，探讨提出食品市场监管法律政策途径和监管技术路径，明确新时代食品市场监管法律目标要求，调整优化市场监管体制，对食品市场监管法律的逐步改革意义深远。

二、食品的法律概念与调整范围分析

（一）食品的法律概念

关于食品的概念和定义，在我国法律和技术法规及相关国家标准之间存在差异而食品的法律概念和定义直接涉及食品法律的调整范围，也直接影响食品市场监管职责的划分和监管范围的确定。

《现代汉语词典》中对食品的定义是：可出售的加工制作的食物[54]。这个概念和定义从字面意思来看，涵盖了食品加工业的所有食品及餐饮业产品，但不包括食品原料和食用农产品。GB 15091—1994《食品工业基本术语》中也给出了食品的定义，即可供人类食用或饮用的物质，包括加工食品、半成品和未加工食品，不包括烟草或只作药物用的物质。这个概念和定义涵盖了食品加工业的所有食品和食用农产品以及食品原料，其定义与《现代汉语词典》有较大的差异。

1993年9月1日实施《产品质量法》中第一章总则第二条中的"产品"概念与定义包含食品加工产品，但属于食品加工产品而不销售的和食用农产品都不属于该法的调整范围，但也有学者认为食用农产品初级加工产品和餐饮产品属于该法的调整范围，因为经过加工和制作。1983年7月1日实施的《食品卫生法（试行）》和1995年10月30日颁布实施的《食品卫生法》中关于食品生产经营的定义是指一切食品的生产（不包括种植业和养殖业）、采集、收购、加工、储存、运输、陈列、供应、销售等活动。显然，《食品卫生法》的调整范围是不包括种植业和养殖业（畜禽养殖和水产养殖），即食用农产品是不适应该法律的。《食品卫生法》对食品的定义和食品生产经营调整范围不一致。2006年11月1日实施的《农产品质量安全法》中对农产品有明确的定义，但该法也未给出食用农产品的概念和定义[55]。

由于食品安全涉及农产品质量安全，特别是食用农产品与公众身体健康和生命安全息息相关，其安全性受到社会的普遍关注。我国现行的《食品安全法》规定，供食用的源于农业的初级产品（简称食用农产品）的质量安全管理，遵守《农产品质量安全法》的规定，但是，食用农产品的市场销售、有关质量安全标准的制定、有关安全信息的公布和本法对农业投入品作出规定的，应当遵守《食品安全法》的规定。但在《农产品质量安全法》中并没有明确食用农产品这一概念。《食品安全法》虽然指出了供食用的源于农业的初级产品是食用农产品，但也没有给出具体范围和目录。只有《食品安全法》和《农产品质量安全法》关于食用农产品的概念相一致，才能确保全国食用农产品的监管达到统一的效果。

2009年颁布实施的《食品安全法》对食品的概念和定义与1995年的《食品卫生法》完全一致。2015年修订的《食品安全法》对食品的概念和定义做了修改，其定义沿用了1995年颁布实施的《食品卫生法》的定义，只是把定义中"药品"修改为"中药材"，因为在我国有很多中药材既是食品又是中药材。修改的概念和定义也涵盖了食品加工业的所有食品和食用农产品即食品原料，明确规定食品是不具有治疗作用的。2018年新修改的《食品安全法》中食品定义与之前法律比较没有变化。

由于食品和食品相关的产品都和食品安全关系很大，把食品添加剂生产经营及其使用，用于食品的包装材料、容器、洗涤剂、消毒剂和用于食品生产经营的工具、设备的生产经营等一并纳入《食品安全法》的调整范围。另外，与食品安全密切相关的食品添加剂、预包装食品等概念和定义，在《食品安全法》中都给出了明确概念与定义，但这些概念和定义与GB 2760—2014《食品安全国家标准食品添加剂使用标准》、GB 7718—2011《食品安全国家标准预包装食品标签通则》等标准中给出的概念和定义（食品添加剂：为改善食品品质和色、香、味，以及为防腐、保鲜和加工工艺的需要而加入食品中的人工合成或者天然物质。食品用香料、胶基糖果中基础剂物质、食品工业用加工助剂也包括在内。预包装食品：预先定量包装或者制作在包装材料和容器中的食品，包括预先定量包装以及预先定量制作在包装材料和容器中并且在一定量限范围内具有统一的质量或体积标识的食品）还不完全统一，也与GB 15091—

1994《食品工业基本术语》中对预包装食品的定义不尽一致，在食品市场监管实际应用上不利于法律的严肃性和权威性。国际食品法典委员会（CAC）对食品概念和定义，是指可供人类食用的物质，这些物质经过各种加工或者半加工，以及未加工。

食品安全问题主要源头是农产品。农产品生产源头的质量安全管控是生产过程管控和终端农产品消费安全的首要关口，是农产品质量安全监管最重要的环节和切入点。金发忠认为农产品产地环境的水、土、气、农业投入品和农业生产技术等5个方面是农产品生产的前置要素，对农产品生产生态安全及农产品质量安全会构成威胁，也存在一定的隐患[48]。这就需要把食用农产品产地环境和农业投入品纳入到食品安全法的范畴来确保安全性，实现源头控制。

我国不同时期对食品的概念和定义也有很大差异，这就直接影响到法律调整范围的确定及食品市场监管权限与职责的划分等一系列问题。因此，科学合理严谨的确定食品的法律概念和定义，统一我国食品、食用农产品及食品相关的法律概念和定义，并与相关国家标准的概念和定义一致是极其重要的。同时，把农产品与食用农产品，甚至食用林产品概念和定义加以区别，这对确定食品市场监管法律职责都是非常必要的。

（二）食品安全法律调整范围分析

现行的《食品安全法》给出了食品和食品安全的概念和定义，实质上笔者认为应该从"食品"和"安全"两个方面来考虑食品安全立法的内容，除强调控制食品本身的安全之外，更重要的是控制对食品安全有影响的因素，两个方面缺一不可，因此要把影响食品安全的四大因素即生物安全性、化学安全性、物理安全性和品质安全性全部纳入食品安全立法的范畴加以控制，这对确保食品安全和食品市场监管是有益的。

关于生物安全性、化学安全性和物理安全性问题，在食品安全领域研究的比较深入，如2018年新修正公布的《食品安全法》第二条规定：在中华人民共和国境内从事下列活动，应当遵守本法。①食品生产和加工（以下称食品生产），食品销售和餐饮服务（以下称食品经营）；②食品添加剂的生产经营；③用于食品的包装材料、容器、洗涤剂、消毒剂和用于食品生产经营的工具、设备（以下称食品相关产品）的生产经营；④食品生产经营者使用食品添加剂、食品相关产品；⑤食品的储存和运输；⑥对食品、食品添加剂、食品相关产品的安全管理。供食用的源于农业的初级产品（以下称食用农产品）的质量安全管理，遵守《中华人民共和国农产品质量安全法》的规定。但是，食用农产品的市场销售、有关质量安全标准的制定、有关安全信息的公布和本法对农业投入品作出规定的，应当遵守本法的规定。2006年颁布实施的《农产品质量安全法》第二条规定：本法所称农产品，是指来源于农业的初级产品，即在农业活动中获得的植物、动物、微生物及其产品。本法所称农产品质量安全，是指农产品质量符合保障人的健康、安全的要求。这一条实际上就是农产品质量安全法的调整范围，强调了"农产品"和"农产品质量安全"两个方面，其调整范围在《农产品质量安全法》第三章农产品产地，第四章农产品生产和第五章农产品包装和标识中有细化的规定，但从确保农产品质量安全的因素来看，还存在不完整问题。但从现行的《食品安全法》和《农产品质量安全法》，其调整范围，主要涉及生物安全性、化学安全性和物理安全性，而对品质安全性（主要涉及动物福利）没有提及[56]。在《农产品质量安全法》2019年7月向社会公开征求意见稿中，沿用了原《农产品质量安全法》中对农产品定义，也就是说农产品的定义没有变化。因此，在实施健康中国战略的新时代，食品安全立法应该实现生物安全性、化学安全性、物理安全性和品质安全性全覆盖。[56,57]

（1）生物安全性　食品的生物安全性危害最为常见，包括微生物、寄生虫和昆虫的污染，主要以微生物为主，危害较大，主要为细菌和细菌毒素、霉菌和霉菌毒素。①威胁生命致害因子：如肉毒杆菌、霍乱弧菌、鼠伤寒沙门氏菌、河豚毒素、麻痹性贝类毒素等。②引起严重后果或慢性病的因子：如沙门氏菌、金黄色葡萄球菌、志贺氏菌、空肠弯曲菌、副溶血性弧菌、甲肝病毒、致病性大肠杆菌等。③造成中度或轻微疾病的因子：如产气荚膜梭菌、蜡样芽孢杆菌、多数寄生虫、组胺类物质等。④藻类和贝类毒素：麻痹性贝类毒素（Paralytic Shellfish Poison，PSP）、腹泻性贝类毒素（Diarrhetic Shellfish Poisons，DSP）、健忘性贝类毒素、神经性贝类毒素、藻青菌毒素（Cyanobacterial Toxins，CT）等。

（2）化学安全性　食品化学安全性危害的来源复杂，种类繁多。主要有：①来自生产、生活和环境中的污染物，如农药残留、化肥过量使用、兽药残留、有害金属污染、多环芳烃化合物、硝酸盐及亚硝酸盐、N-亚硝基化合物、二噁英、杀虫剂、杀菌剂、除虫剂、除草剂、灭鼠剂等。②从生产加工、运输、储存和销售工具、容器、包装材料及涂料等溶入食品中的原料材质、单体及助剂、消毒剂、洗涤剂等物质。③在食品加工储存中产生的物质，如酒类中有害的醇类（甲醇、杂醇油）、醛类等。④滥用食品添加剂和违法添加非食品添加剂的物质等。

（3）物理安全性　食品物理性危害主要包括杂质、异物和放射性危害。①食品中存在杂质或者异物，如沙粒、木屑、头发。②食品的放射性。放射性主要来自放射性物质的开采、冶炼、生产以及在生活中的应用与排放。特别是半衰期较长的放射性核素污染，对食品安全影响更加重要。

（4）品质安全性　品质安全性主要是指环境危害和动物福利两个方面，环境危害通常包括动物粪便和来自食品工厂区域的强烈有毒有害气味。此外，环境噪声污染、热污染、电磁污染对动物性食品品质也有重要的影响。而动物福利是指为动物与其生活环境相协调一致的精神和生理完全健康的状态。动物福利概念由五个基本要素组成：生理福利，即让动物无饥渴的忧虑；环境福利，即让动物有适当的居所；卫生福利，要是减少动物的伤病；行为福利，即保证动物表达天性的自由；心理福利，即减少动物恐惧和焦虑的心情。

因此，这些"安全"问题要一同纳入食品安全立法的调整和监管范围，为食品市场监管提供法律依据和遵循，也有利于从法律层面上保护土鸡蛋、土蜂蜜和露地时令蔬菜等优质食用农产品生产者的利益。

三、食品法律内容完善与市场监管体制分析

（一）食品法律内容完善分析

关于我国食品立法问题和现行食品法律制定及食品农产品监管实施状况，我国许多学者进行了相关的研究，对食品法律提出了许多有价值的修订及整合意见和建议，这对食品市场监管的有效性有重要的参考价值[23,24,27,41,48,50,58-62]。因此，要在进一步理清《食品安全法》和《农产品质量安全法》调整范围和监管体制与权限职责的基础上，从法律内容上按照食品、食品相关产品和农产品中的食用农产品（食用林产品）两个板块形成完整的食品法律架构，同时把影响食品和农产品尤其是食用农产品安全的相关因素全部纳入食品安全法之中，并从食品安全的立法源头做好顶层设计，提高食品法律科学性、实用性及适用性。

（二）食品市场监管体制与机制分析

关于体制与机制概念是极易混淆的。按照《辞海》的解释，体制是指国家机关、企事业

单位在机构设置、领导隶属关系和管理权限划分等方面的体系、制度、方法、形式等的总称。机制原意是指机器的构造和运作原理,借指事物的内在工作方式,包括有关组成部分的相互关系以及各种变化的相互联系[63]。机制就是各种机构的总和,并通过这些机构的相互作用,使选择由观念变为行动,并发挥功效[64]。市场监管体制是指由立法所确定的、为实现监管目标而对市场主体及其行为实施制约的组织体系和作用机制的总和。同时,在市场监管体制的选择上,还应考虑监管的集中程度与监管对象数量之间的关系,监管权力的集中与监管效率之间的关系,监管权力与滋生腐败之间的关系,监管权力的分散与相互协作之间的关系,更应注意防止出现重复监管或监管空白。可见,构建食品市场监管体制和机制是一项十分复杂的系统工程,对食品市场监管而言,不仅涉及体制和机制的选择,还涉及管理方式,更重要还涉及监管技术和手段,必须对现实监管问题和潜在监管问题进行分析,做到慎之又慎。

我国现行的《食品安全法》和《农产品质量安全法》所确定的市场监管体制和机制,在提高食品安全监管水平和确保食品安全中发挥了重要作用。但近十几年来,食品市场监管体制和机制一直处于不稳定状态,但无论我国食品市场监管体制和机制如何变化都必须与中国食品市场的特点和政治体制以及基本国情相一致,满足人民对美好生活的需要。关于食品市场监管体制我国学者也进行较为深入的研究和探讨,有不少意见和建议值得吸取。刘录民博士(2013)在《我国食品安全监管体系研究》一书中提出,"在政治体制改革获得突破的前提下,推动食品市场的准入审批、食品安全行政执法等相对较难的领域职权集中,用一体化思路将部门的冲突和矛盾内部化,从而提高整体运行效率"[65]。孙宝国院士和周应恒教授(2013)在《中国食品安全监管策略研究》一书中关于我国食品安全监管体系优化策略的选择,提出短期策略是理顺职责分工,强化协调联动,重点是如何提高对食品产业链中主要节点的监管和如何对食品混合经营组织进行监管两大问题;中长期策略是构建按品种监管与全产业链监管体系,重点是探索分类改革的途径,引进适度激励机制,在继续强化区域性综合监督的前提下,逐步实现按食品种类监管和按产业链监管[50]。付文丽等(2012)认为创新食品安全监管机制,最重要的就是将治理主体的单一化向多元化共治转变,政府大包大揽的社会管理方式已经不适应食品安全治理的需要。现代食品行业发展需要系统的、多种主体的社会治理,这就需要实施以政府负责、社会协同、公众参与为主要内容的社会共治[59]。笔者认为只有从法律层面上理顺各种关系,才能形成系统完备、逻辑严密、内在统一食品市场监管法律体系,以解决食品市场监管中长期存在的监管缺位、监管失范和监管低效三大突出问题。也就是说要实现食品市场监管的整体性和多元主体社会共治的要求,就应在做好食品法律与相关食品法律之间衔接的基础上,确定我国食品市场监管体制和机制、市场监管总目标和具体实施途径,进而进行食品市场监管调整与改革,以满足人民吃得放心的迫切愿望,这是新时代中国特色社会主义食品安全监管法制建设的需要。

党的第十九大报告精神和党的第十九届四中全会通过的《中共中央关于坚持和完善中国特色社会主义制度、推进国家治理体系和治理能力现代化若干重大问题的决定》、深化政治体制改革的要求以及中国社会发展的现状,是构建食品市场监管体制和机制的出发点,一是以"用最严谨的标准、最严格的监管、最严厉的处罚、最严肃的问责"的要求;二是十九大机构改革的要求;科学配置监管机构权力、明确职责,转变政府职能,深化简政放权,创新监管方式;三是党的十九届四中全会通过的《中共中央关于坚持和完善中国特色社会主义制度、推进国家治理体系和治理能力现代化若干重大问题的决定》。这都就为新时代中国特色社会主义食品市场监管体制和机制的建设指明了努力方向，同时还要符合全面依法治国总目标的要求。

我国食品市场监管体制和机制应该遵循以下两点：

（1）坚持地方党政领导和主管食品安全监管部门党政同责　最严谨的标准是前提，最严格的监管是关键，最严厉的处罚是利器，最严肃的问责是保障。地方和主管食品安全监管部门党政领导都必须增强"四个意识"、坚定"四个自信"、做到"两个维护"，牢固树立以人民为中心的发展思想，深入实施食品安全战略和健康中国战略，承担起"促一方发展、保一方平安"的政治责任，不断提高食品安全工作水平，努力增强人民群众的获得感、幸福感、安全感。

（2）实施国内外标准统一的食品市场监管体制和机制　食品市场监管体制建设要以食品安全战略和健康中国战略为统领，发展健康食品品牌是关键，全面开展食品安全质量提升行动，推进国内食品安全标准与国际标准相结合的统一标准体系。

新改革成立的国家市场监督管理总局，是创新食品安全监管体制和机制的体现，是大市场一体化监管的体制支撑，也有利于系统内监管资源的协调整合。

创新食品监管方式，按照食品市场监管规律，加快智慧监管建设，充分利用食品安全大数据、云计算分析结果，使问题产品无处藏身、不法制售者难逃法网，让消费者买得放心、吃得安全。

（三）食品市场监管的措施

关于食品市场监管体制和机制建设的措施，应从以下几个方面改进监管体制和机制。

（1）以党委（党组）为核心，依照中共中央办公厅、国务院办公厅印发《地方党政领导干部食品安全责任制规定》（2019年2月5日起施行）的要求，落实地方政府党政同责，齐抓食品市场监管。最关键是发挥党的核心，精心规划好顶层设计，夯实落实目标责任，党员干部带头垂范，建立过程监管督查。

（2）在打击假冒伪劣食品及其食品犯罪的基础上，树立中国健康食品品牌，弘扬食品安全正能量。不断改进食品安全抽检方式，树立食品安全典型示范，推广宣传健康食品品牌，设立政府食品安全奖励。政府设立食品安全奖：开展评选100强示范企业；开展评选100强健康品牌。坚持标准是质量之母，安全是品牌之魂理念，创建食品市场监管标准体系。

（3）遏制虚假舆论宣传，创建食品安全频道。食品安全频道要开展食品安全大讲堂、健康中国知识宣传，食品营养与合理饮食，健康食品品牌推荐，假冒伪劣食品鉴别，违法案例剖析。

（4）按照市场化、专业化、规范化和国际化要求，组建社会化食品安全标准化服务机构，形成全产业链标准化服务体系。发挥行业协会、专业协会和专家教授的作用，开展行业标准化培训，提高产业质量安全水平，做实食品消费标准化。

（5）形成多方联动的食品市场监管格局。落实市场监管系统的主体责任，做好食品市场监管相关工作部门的协调，包括卫生健康、生态环境、粮食、教育、政法、宣传、民政、建设、文化、旅游、交通运输、公安、网络信息等行业或者领域与食品安全紧密相关的工作，以及为食品安全提供支持的发展改革、科技、工信、财政、商务等领域工作，形成齐抓共管的综合体制。

第二节　食品安全标准体系分析与市场监管标准创建

一、概述

根据 GB/T 20000.1—2014《标准化工作指南第 1 部分：标准化和相关活动的通用术语》中给出最新的关于标准的术语和定义。标准是指通过标准化活动，按照规定的程序经协商一致制定，为各种活动或其结果提供规则、指南或特性，供共同使用和重复使用的文件（注 1：标准宜以科学、技术和经验的综合成果为基础；注 2：规定的程序指制定标准的机构颁布的标准制定的程序；注 3：诸如国际标准、区域标准、国家标准等，由于它们可以公开获得以及必要时通过修正或者修订保持与最新技术水平同步，因此它们被视为构成公认的技术规则，其他层次上通过的标准，诸如专业协（学）会标准，企业标准等，在地域上可影响几个国家）。

2017 年 11 月 4 日第十二届全国人民代表大会常务委员会第三十次会议通过修订，2018 年 1 月 1 日实施的新《中华人民共和国标准化法》第二条规定：本法所称标准（含标准样品），是指农业、工业、服务业以及社会事业等领域需要统一的技术要求。标准包括国家标准、行业标准、地方标准和团体标准、企业标准。国家标准分为强制性标准、推荐性标准，行业标准、地方标准是推荐性标准。强制性标准必须执行。国家鼓励采用推荐性标准。可见，标准的范围几乎涵盖社会经济和生活所有领域，而且把标准类型由过去的 4 类（国家标准包括强制性和推荐性标准、行业标准包括强制性和推荐性标准、地方标准、企业标准）调整为 5 类（国家标准、行业标准、地方标准、企业标准和团体标准），增加了团体标准，不仅实现了与国际接轨，也希望在标准化领域发挥行业协（学）会、产业联盟等社会团体的功能及作用。

国家标准化管理制度是食品安全国家标准体系建设的基础，对于食品市场监管而言，食品安全国家标准体系是落实食品安全监管法律法规的根本。食品安全国家标准体系是保障消费者身体健康和生命安全的技术要求，对于规范和引导食品生产经营行为，构建公平、开放和统一的市场秩序具有重要意义。截至 2019 年 8 月，国家卫生行政主管部门会同农业和食品安全管理部门制定发布食品安全国家标准 1263 项，包括：通用标准 11 项、食品产品标准 70 项、特殊膳食食品标准 9 项、食品添加剂质量规格及相关标准 591 项、食品营养强化剂质量规格标准 40 项、食品相关产品标准 15 项、生产经营规范标准 29 项、理化检验方法标准 225 项、微生物检验方法标准 30 项、毒理学检验方法与规程标准 26 项、兽药残留检测方法标准 29 项、农药残留检测方法标准 116 项、被替代和已废止（待废止）标准 72 项。

按照食品相关标准清理和整合工作安排，国家卫生行政主管部门组织专家和各相关单位对我国食用农产品质量安全标准、食品卫生标准、食品质量以及行业标准进行清理，重点解决标准重复、交叉和矛盾的问题。经清理，1082 项农药兽药残留相关标准转交国家农业主管部门进行进一步清理整合。对另外 3310 项食品标准作出了以下清理整合结论：一是通过继续有效、转化、修订、整合等方式形成现行食品安全国家标准；二是建议适时废止的标准；三是不纳入食品安全国家标准体系的标准。截至 2020 年 3 月，具体食品安全国家标准文本可在食品安全国家标准数据检索平台查询的食品安全国家标准有 1322 项。

从食品安全国家标准中食品产品标准制定情况来看，重视了产品安全性，而产品质量指标关注不够，这与《食品安全法》中给出的食品安全含义（是指食品无毒、无害，符合应当有的营养要求，对人体健康不造成任何急性、亚急性或者慢性危害）是不完全相符的，没有体现"符合应当有的营养要求"这一重要的含义，应当有的营养要求可以理解为"食品产品的质量营养要求"。如 GB 7101—2015《食品安全国家标准饮料》，在标准的术语和定义中给出了饮料（饮品）的定义是指经过定量包装的，供直接饮用或用水冲调饮用的，乙醇含量不超过质量分数为 0.5% 的制品。在技术要求中，给出了原料要求、感官要求和理化指标，其中理化指标只给出了锌、铜、铁总和，氰化物和脲酶试验的指标要求，而不涉及有关质量营养指标等。因此建议在食品安全国家标准中，补充质量营养指标，增强标准的严谨性，仅有安全性而不考虑质量营养的标准是不全面的。王振旭等（2017）认为，面对食品安全标准中存在的问题，需要继续坚定不移的实施标准化战略，深化标准化改革，做到一个市场、一条底线、一个标准[66]。

因此，严谨统一的食品安全国家标准体系关乎每个人的饮食安全和身体健康，要减少和遏制食品安全事故的发生，在食品标准体系建设，特别是食品安全国家标准建设，要增强营养质量与安全要求，满足食品市场监管的需要。

食品安全标准是食品生产经营过程管理和最终产品把关的重要依据，也是食品生产许可或者市场准入的前提条件，同时还是食品检验、食品市场监管和食品进出口监管的主要技术依据。在食品安全国家标准体系建设中，首先要将标准体系放在专业化、前瞻化、国际化的视角去考量，广开言路，完善食品安全标准体系的内涵与外延。其次是在标准的制定中，要秉持客观中立的立场，既不为个别企业所左右，更不能被少数行业协会所控制，平衡好标准体系建立的"专家与行家系统"，从制度设计的每个环节开始，把部门利益、集团利益真正屏蔽在公平正义的标准体系之外。将食品安全标准与食品国际标准接轨，力避在制定标准过程中和国际国内标准"内外"有别的局面，把食品安全国家标准体系建成食品消费的安全"防火墙"。

二、食品安全国家标准体系及在食品市场监管中的适用性分析

食品安全国家标准体系是我国食品安全法律法规体系的重要组成部分，是指以系统科学和标准化原理为指导，按照食品安全风险分析评估的原则和方法，对食品生产、加工和流通整个食品链中的食品生产全过程各个环节影响食品安全和影响质量的关键要素及其控制所涉及的全部标准，按其内在联系形成的系统、科学、合理且可行的有机整体[67]。

根据现行的《食品安全法》第三章食品安全标准，第二十五条规定：食品安全标准是强制执行的标准。除食品安全标准外，不得制定其他食品强制性标准。第二十六条规定：食品安全标准应当包括下列内容：①食品、食品添加剂、食品相关产品中的致病性微生物，农药残留、兽药残留、生物毒素、重金属等污染物质以及其他危害人体健康物质的限量规定；②食品添加剂的品种、使用范围、用量；③专供婴幼儿和其他特定人群的主辅食品的营养成分要求；④对与卫生、营养等食品安全要求有关的标签、标志、说明书的要求；⑤食品生产经营过程的卫生要求；⑥与食品安全有关的质量要求；⑦与食品安全有关的食品检验方法与规程；⑧其他需要制定为食品安全标准的内容。第二十七条规定：食品安全国家标准由国务院卫生行政部门会同国务院食品安全监督管理部门制定、公布，国务院标准化行政部门提供国家标准编号。食品中农药残留、兽药残留的限量规定及其检验方法与规程由国务院卫生行政部门、国务院农业行政部门会同国务院食品安全监督管理部门制定。屠宰畜、禽的检验规程由国务院农业行政部

门会同国务院卫生行政部门制定。第二十九条规定：对地方特色食品，没有食品安全国家标准的，省、自治区、直辖市人民政府卫生行政部门可以制定并公布食品安全地方标准，报国务院卫生行政部门备案。食品安全国家标准制定后，该地方标准即行废止。第三十条规定：国家鼓励食品生产企业制定严于食品安全国家标准或者地方标准的企业标准，在本企业适用，并报省、自治区、直辖市人民政府卫生行政部门备案。这些规定为我国食品安全国家标准体系建设提出了食品安全标准定位、范围和框架要求。

现行的《食品安全法》规定，食品安全标准的管理由国家卫生行政部门负责管理，且所有的食品安全国家标准属于强制性国家标准，是保护公众身体健康、保障食品安全的重要措施，是实现食品市场科学管理、强化各环节监管的重要基础，也是规范食品生产经营、促进食品行业健康发展的技术保障。根据2012卫生部等8部门联合制定的《食品安全国家标准"十二五"规划》要求，2015年基本完成食品安全标准、食用农产品质量安全标准、食品质量标准以及行业标准中强制执行内容的清理整合工作。

现行的食品安全国家标准体系由基础标准、产品标准、规范标准和检测方法与规程标准4个部分构成，见图6-1。

就我国现行食品安全国家标准体系科学性、实用性、操作性和适用性而言，对食品生产经营的指导规范方面具有重要作用，但在食品市场监管的实际应用方面还存在一定不足。有关研究认为还需要进一步补充和完善食品安全国家标准体系，并解决食品安全国家标准体系的适用性问题[68,69,70]。

（1）食品安全标准体系不完善、标准短缺、标龄长、水平低等问题，一直是食品安全的难点和社会关注的焦点。《食品安全法》中关于食品安全国家标准的相关规定，解决了食品安全强制性标准的统一性问题，解决了政出多门、交叉重复、标准打架问题。

（2）2015年国家卫生主管部门在组织开展食品标准清理工作中，遇到的最大困难就是难

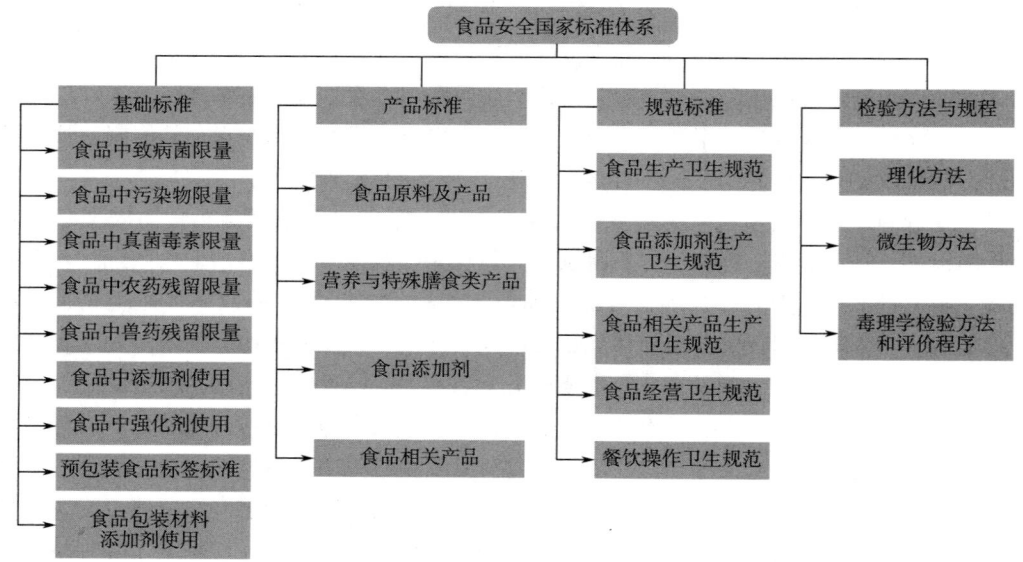

图6-1 现行的食品安全国家标准体系

以界定与食品安全有关的质量指标,如水分、蛋白质含量、灰分等。这些指标是否应当纳入食品安全国家标准,存在非常大的争议。如何处理好安全与质量的关系依然是一个重点问题。肉类掺假和蜂蜜掺假是质量问题。但就食品安全国家标准尤其产品而言,不应该仅仅关注"安全"方面,还应该重视"质量营养"(食品安全概念中就有"符合应当有的营养要求"的表述),无质量营养仅有安全的食品是毫无意义的产品。不能把质量营养与安全割裂开来,这不利于食品安全国家标准的应用,特别是对食品生产经营和食品市场监管。

(3)我国食品安全国家标准体系建设中,在食品安全标准修订中带有传统食品卫生标准的惯性思维,重视技术标准,忽视管理标准和工作标准。如为指导餐饮服务提供者规范经营行为,落实食品安全法律、法规、规章和规范性文件要求,履行食品安全主体责任,提升食品安全管理能力,保证餐饮食品安全,国家市场监督管理总局修订了《餐饮服务食品安全操作规范》,2018年6月22日发布,自2018年10月1日起施行。该规范由16章内容及13个资料性附录构成:

①总则;
②术语和定义;
③通用要求;
④建筑场所与布局;
⑤设施设备;
⑥原料;
⑦加工制作;
⑧供餐、用餐与配送;
⑨检验检测;
⑩清洗消毒;
⑪废弃物管理;
⑫有害生物防治;
⑬食品安全管理;
⑭手部卫生;
⑮文件和记录;
⑯其他;

附录A~附录M(共13个)。

该规范内容全面,总字数26000多字,这个技术规范是餐饮企业主体标准化建设的关键,对于一个餐饮企业经营者,这个规范则是餐饮企业本身应该重点考虑的问题,也是餐饮企业经营者提高竞争力和保证自身安全的需要。政府食品安全管理部门制定的这个规范可以视为无偿为企业做服务,为企业生产安全餐饮食品提供指导。

但对食品市场监管而言,该规范的执行情况应该有对应的市场监管标准,也就是监督该规范实际实施的情况是否达到该规范的要求。因此,在食品安全国家标准体系建设中,按照标准层次和作用及标准化管理的思路,可以把食品安全标准分为技术标准体系、管理标准体系和工作标准体系三个层次来建设,并在技术标准体系、管理标准体系和工作标准体系三类标准的基础上增加一类食品市场监管标准,这样由技术标准体系、管理标准体系、工作标准体系和市场监管标准体系四类标准来构成的食品安全国家标准体系,这有利于食品市场监管。

（4）近十几年来，我国食品和保健食品非法添加物及掺杂掺假的问题在食品安全事件中时有发生，特别是保健食品的食品安全风险较大，为了遏制此类事件的发生，在食品安全国家标准体系产品标准中，应该增加非法添加物的内容，这对食品市场监管与执法具有重要作用。

（5）大气质量、土壤质量和灌溉用水及动物饮用水等，也属于影响食品安全的环境因素，如重金属超标大米，农药残留超标的蔬菜、兽药残留超标禽蛋及肉制品等，都是农产品源头污染引起。为了加大对食品和食用农产品的源头治理，参照我国绿色食品标准体系，把环境质量标准也纳入到食品安全国家标准之中，真正实现"从农田到餐桌"的全程控制[71]。

（6）虽然我国现行的《食品安全法》第二十五条规定："食品安全标准是强制执行的标准。除食品安全标准外，不得制定其他食品强制性标准"，对食品安全标准的法律效力做了统一规定，也就是食品安全标准的强制性是唯一的。因此，食品安全标准在制度上成为一个独立而统一的体系。但《食品安全法》第二十九条又规定："对地方特色食品，没有食品安全国家标准的，省、自治区、直辖市人民政府卫生行政部门可以制定并公布食品安全地方标准，报国务院卫生行政部门备案。食品安全国家标准制定后，该地方标准即行废止"，这一条可以理解为是对食品安全标准的唯一性的补充。我国省级卫生行政部门已经发布的食品安全地方标准中，许多产品并不是现行《食品安全法》规定的地方特色产品，但也制定了食品安全地方标准。同时国家还鼓励食品生产企业制定严于食品安全国家标准或者地方标准的企业标准，在本企业适用，并报省、自治区、直辖市人民政府卫生行政部门备案。食品安全指标（主要是有毒有害成分和重金属含量以及致病微生物指标等）统一要求严于食品安全国家标准，但各地严格程度掌握不一致，从而出现了同一种产品在不同省区市的标准要求不同的状况，严重影响了食品安全标准强制性要求的唯一性，相应质量营养指标存在把关不严等现象。在监管实际工作中，这些标准虽然在一定程度上满足各地食品生产和监管的需要，有一定积极作用，但在全国范围来看，相同产品或者同类产品缺少了统一性。因此，在食品安全国家标准体系中，需要增加地方特色产品的安全标准整体要求，确保食品安全地方标准的制定、备案等规定符合食品安全法律要求，按照国务院《深化标准化工作改革方案（国发〔2015〕13号）》的精神和要求，以确保食品安全国家标准的唯一性、统一性和权威性，为食品市场监管提供技术依据。

三、食品安全国家标准体系在市场监管中的应用分析

通过对我国食品安全国家标准体系建设的适用性分析研究，笔者认为食品安全国家标准体系的目标，一是满足食品和食用农产品（食用林产品）生产经营者全过程管理和安全控制的需要，主要目的是指导食品和食用农产品（食用林产品）生产经营者按照食品安全标准组织生产，也是食品和食用农产品生产经营者获得生产经营许可证，进入食品市场的重要依据。二是满足食品市场监管、社会共治、打击假冒伪劣食品和处理违法事件以及保护消费者合法权益的需要。

食品安全标准是判断食品和食用农产品生产经营过程和最终产品是否安全的关键依据，也是判断食品产品或食品生产经营行为的依据，还是行政和刑事实施处罚的依据。我国食品安全国家标准体系建设历来重视食品和食用农产品生产经营者全过程管理和安全控制方面的食品安全标准，而对食品市场监管者需要食品安全监管标准有些忽视，其主要表现在以下几点。

（1）食品安全国家标准体系的结构与食品市场监管需求不能实现完全匹配。目前现有食品安全国家标准体系以食品安全通用标准为核心，通过设定完整的产品分类体系，提高食品安全指标限量的覆盖面。食品产品标准的制定则强调通用性，而通用标准难以涵盖不同类型食品

产品中特殊食品的安全要求。检验方法标准则注重与现有标准指标相配套，且检验检测方法标准不能适应食品掺杂掺假、非法添加物质的检测要求，对食品市场监管有关问题的处理和打击食品安全违法事件处置带来一定困惑，也缺乏较为实用的快速检测方法体系。为了解决对食品掺杂掺假和添加非食用物质的检验检测方法缺失问题，国家相关部门已经开始自主征集、发布相关检验方法，这反映了检验检测方法标准与食品市场监管需求不相适应，且基层市场监管部门也期望食品产品标准能够更加细化指标体系，从而便于执行和监管。樊永祥（2016）通过对 2016 年食品安全国家标准立项征集情况汇总分析发现，在收到的 834 项立项建议中，涉及具体类别食品产品的建议 103 项，各类鉴别食品掺假、识别非法添加的检验方法的建议 371 项，这些建议客观反映了行业和监管部门的实际需求[70]。

（2）我国食品安全国家标准体系应该体现从农田到餐桌的全程控制，并具有权威性、科学性、适用性和唯一性特征。但现行《食品安全法》给食品安全地方标准留有余地，具有合理的法律地位，也就是说，食品安全地方标准是食品安全国家标准的补充，食品安全地方标准可以用来填补食品安全国家标准的空白。而食品安全国家标准体系尚不完善是地方标准层出不穷的原因之一，影响了食品安全国家标准的权威性和唯一性。因此应加快食品安全国家标准体系的建设，以满足市场监管者对食品生产经营和市场监管的需求[72]。

（3）按照《食品安全法》的规定，我国食品安全国家标准体系中所有食品安全标准都要按照强制性标准发布实施，食品安全标准范围包括食品、食品添加剂、食品相关产品中的致病性微生物，农药残留、兽药残留、生物毒素、重金属等污染物质以及其他危害人体健康物质的限量规定；食品添加剂的品种、使用范围、用量；专供婴幼儿和其他特定人群的主辅食品的营养成分要求；对与卫生、营养等食品安全要求有关的标签、标志、说明书的要求；食品生产经营过程的卫生要求；与食品安全有关的质量要求；与食品安全有关的食品检验方法与规程；其他需要制定为食品安全标准的内容。但就食品和食用农产品实际生产过程来看，强制性标准制度应将环境因素如食品加工环境和食用农产品生产环境以及食品杀菌设备标准也纳入食品安全国家标准体系中，这是食品市场监管的需要，特别是在食用农产品市场监管中是不可缺少的。

（4）按照新修订的《标准化法》，从标准类型的法律定位是明确的，有强制性国家标准、推荐性国家标准、推荐性行业标准、推荐性地方标准、团体标准和企业标准。国家卫生行政部门负责制定强制性食品安全标准，国家其他行政部门都不能制定强制性食品标准，这就意味着国家其他行政部门没有权利制定食品安全标准。但是目前有许多行业标准、地方标准和团体标准，企业标准也有涉及食品安全标准的，特别是食品的产品标准，出现了上下不一的情况，这也给食品市场监管标准的执行造成矛盾和影响。实际上现行的食品安全国家标准在格式上与 GB/T 1.1—2020《标准化工作导则　第 1 部分：标准化文件的结构和起草规则》的规定不一致，在所有国家标准中算是一个特例。

因此，补充完善我国食品安全国家标准体系，把食品市场监管标准纳入食品安全国家标准体系之中，是提高标准化市场监管水平的客观需要。要按照覆盖食品全产业链需要，坚持"以标治食、以标保安"的原则，最大程度上减少食品安全风险和危害，控制食品安全问题的发生，避免减少不必要的人身健康和经济损失，应该强化食品市场监管的同期控制和前馈控制标准的制定，推进食品安全国家标准体系全覆盖建设，形成大市场国内外标准统一的新型食品安全国家标准体系，为食品市场监管提供技术支撑和保障。按照这一思路和原则构建的新型食品安全国家标准体系框架见图 6-2。

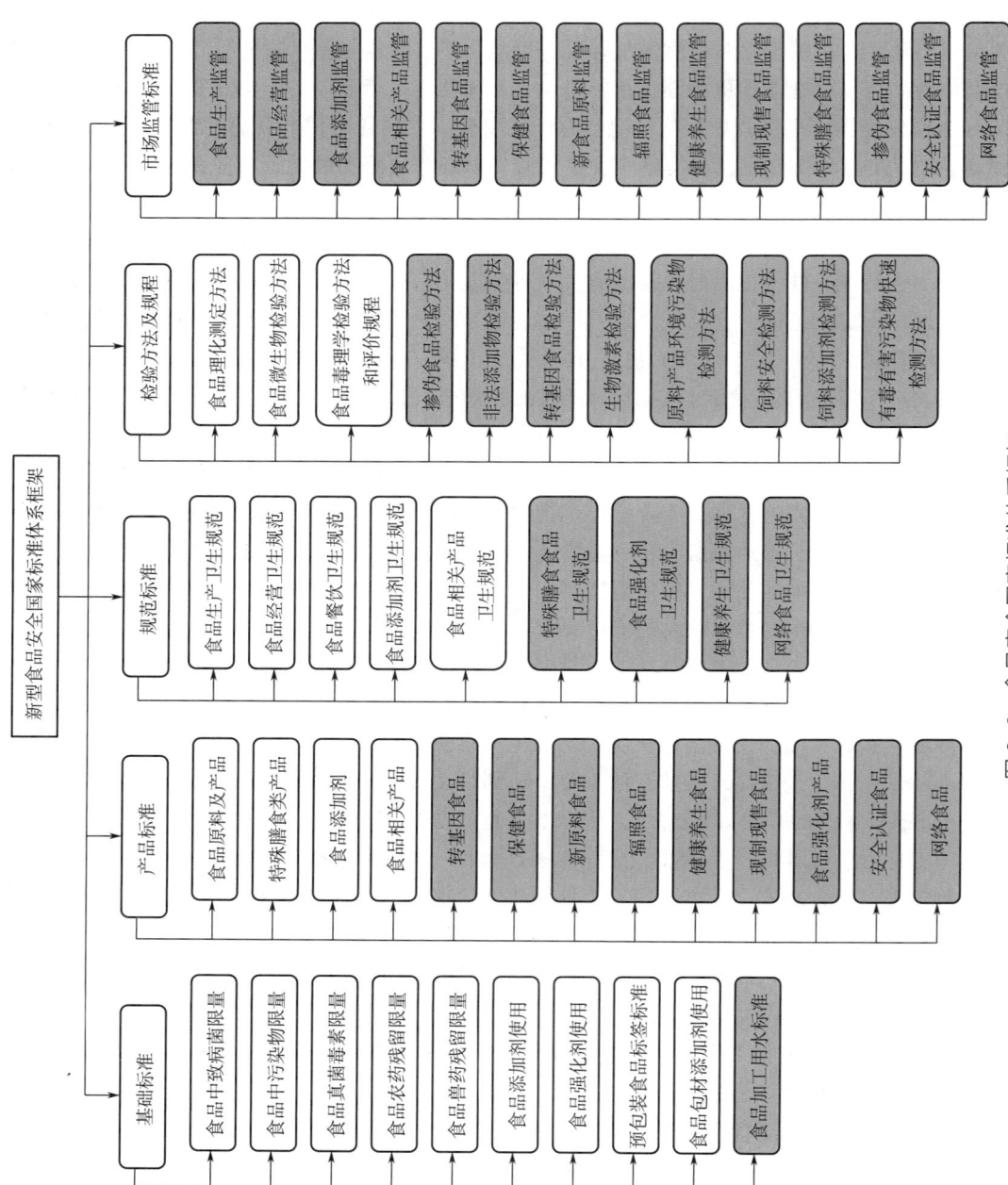

图 6-2 食品安全国家标准体系框架

从图 6-2 可知，该体系框架在原有体系图 6-1 的基础标准、产品标准、规范标准和检验方法与规程标准 4 个子体系的基础上，增加了市场监管标准子体系。按照对国内国外标准统一性的要求，坚持"一张蓝图绘到底"，确保所有的食品原料、所有的食品类型在该框架中都能有其相应的标准，真正实现从农田到餐桌全产业链包括食品新业态的全覆盖，最大限度地不留空白和盲区。因此，该框架体系新增加内容几乎与原体系内容相比还要多，且增加的内容用带有底色的图框标出，特别是在体系中增加了食品市场监管标准，主要涉及 14 个方面，这对食品市场监管实现产业链的全覆盖具有一定的实际意义。

第七章 构建食品市场监管标准体系框架

内容要点

- 食品市场监管标准构建思路与目标
- 食品市场监管标准的范围
- 食品市场监管标准的分类
- 食品市场监管标准的内容
- 食品市场监管标准的制定原则
- 制定食品监管标准的关键控制点
- 食品市场监管体系框架
- 食品市场监管体系建设

第一节 食品市场监管标准的构建

一、构建食品市场监管标准思路与目标

建立食品市场监管标准是提高食品市场监管针对性和增加人民群众对食品安全满意度的重要保证,在我国食品安全国家标准体系的基础上,笔者基于相关食品安全监管策略研究[50,65,67-72],以补充与完善为前提要求,提出科学、合理、安全、完善的食品市场监管标准构建的思路和目标。

(1) 全面覆盖,便于实施 从食品产品研制、生产、加工、运输、储存、销售、网络平台、电子商务、食品宣传广告等各环节,建立包括影响食品质量安全因素及市场主体对象行为等全面覆盖的食品市场监管标准体系,实现"从农田到餐桌"的全过程监管标准,制定的食品市场监管标准应便于实施,并对可能会给食品安全构成潜在危害的风险预先加以防范。

(2) 全程监管，不留死角　按照构建食品安全国家标准体系框架的要求，食品市场监管标准在现有食品生产经营许可证规定的产品单元的基础上，对产品单元和增加的相关产品逐一制定监管标准，包括食品生产原料生产环境、加工用水质量、加工工艺、关键加工设备运行、包装材料、运输要求、储存条件、标签规范、流通要求、有毒有害物质、食品添加剂、农药残留、兽药残留和非法添加剂物以及食品生产卫生管理、食品质量安全认证管理生产经营者食品安全管理等方面，实现全程监管，不留死角的目标。

(3) 高效精准，填补空白　根据我国食品市场监管实际工作的需要，制定不同类型食品及食品相关产品的市场监管标准，补充和完善食品安全国家标准体系，特别是要增加网络食品生产经营卫生规范，健康养生食品卫生规范等食品新业态的生产性要求，同时还要增加相关监管技术标准如掺杂掺假检验方法、非法添加物检测方法、生物激素检测方法、有害有毒物质快速检测方法、转基因食品检验方法等。从而填补食品安全国家标准体系的空白，使食品市场监管向着更加高效和精准方向发展，满足遏制食品安全事件发生，避免重要监管环节的缺失，为食品市场监管提供技术依据，最大限度减少食品事件发生。

二、食品市场监管标准的范围与分类

（一）食品市场监管标准的范围

在我国境内生产经营的所有的食品及食品相关产品和食用农产品，包括进出口食品都应该建立相应的市场监管标准，并能够覆盖到影响食品安全的所有因素，这是保障食品市场监管的需要，也是食品市场监管标准的范围。

（二）食品市场监管标准的分类及内容

在食品安全国家标准体系（图6-1）中基础标准，如食品中致病菌限量、食品中污染物限量、食品中真菌毒素限量、食品中农药残留限量、食品中兽药残留限量、食品中添加剂使用标准和食品强化剂使用标准以及食品产品标准等都是食品市场监管中判定食品最终产品是否合格安全的重要依据标准。现行的食品产品标准中有关限量的指标都是引用了食品中致病菌限量、食品中污染物限量、食品中真菌毒素限量、食品中农药残留限量、食品中兽药残留限量、食品中添加剂使用标准和食品强化剂使用标准，而涉及食品产品的营养质量指标仍然需要补充和完善。

在食品安全国家标准体系中规范标准，如食品生产经营者条件的要求，满足了就可以从事相应的食品类型生产经营，但如何证明其符合条件，就需要建立相应的市场监管标准。

在食品安全国家标准体系中检验方法与规程标准，如检验检测方法标准，但由于现行的检验方法标准还不能覆盖食品市场监管的需要，如假冒伪劣产品的鉴别，非法添加物的检验方法和有毒有害物质的快速检测方法，还需要进一步拓展检验方法范围，特别是快速检验结果在食品市场监管应用还缺乏法律地位，难以满足食品市场监管的要求。因此，补充和完善检验检测方法标准，是实现全过程监管的保证。

从目前食品产品的发展现状及食品市场监管的实际来看，食品市场监管标准分类至少应包括食品生产监管标准、食品经营监管标准、食品添加剂生产与使用监管标准、食品相关产品监管标准、转基因食品监管标准、保健食品监管标准、特殊膳食食品监管标准、辐照食品监管标准、特殊医学用途食品监管标准、网络食品监管标准、现制现售食品监管标准、健康养生食品监管标准和质量安全认证食品监管标准以及食品非法添加物监管标准等14个大类。各类监管标准包括主要内容如下。

(1) 食品生产监管标准　按照食品和食品添加剂市场准入即生产许可证对产品的要求以及许可实施细则的基础上，依据产品生产过程来制定与其相对应的食品生产监管标准，监管标准的主要内容主要包括从原料来源、生产工艺、生产过程、危害控制与食品添加剂使用、产品安全管理等生产环节的监管标准，监管标准主要内容是检查食品市场主体是否按照食品经营过程对食品质量与安全的要求进行控制的验证。按照《食品安全法》对生产食品的要求、食品生产许可证管理和生产许可实施细则等规定制定食品生产监管标准。制定的食品生产监管标准主要有：

①粮食加工品：小麦粉生产监管标准、大米生产监管标准、挂面生产监管标准、其他粮食加工品生产监管标准。

②食用油、油脂及其制品：食用植物油生产监管标准、食用油脂制品生产监管标准、食用动物油脂。

③调味品：酱油生产监管标准、食醋生产监管标准、味精生产监管标准、酱类调味料生产监管标准。

④肉制品：热加工熟肉制品生产监管标准、发酵肉制品生产监管标准、预制调理肉制品生产监管标准、腌腊肉制品生产监管标准。

⑤乳制品：液体乳生产监管标准、乳粉生产监管标准、其他乳制品生产监管标准。

⑥饮料：瓶（桶）装饮用水生产监管标准、碳酸饮料（汽水）生产监管标准、茶（类）饮料生产监管标准、果蔬汁类及其饮料生产监管标准、蛋白饮料生产监管标准、固体饮料生产监管标准、其他饮料生产监管标准。

⑦方便食品：方便面生产监管标准、其他方便食品生产监管标准、调味面制品生产监管标准。

⑧饼干：饼干生产监管标准。

⑨罐头：畜禽水产罐头生产监管标准、果蔬罐头生产监管标准、其他罐头生产监管标准。

⑩冷冻饮品：冷冻饮品生产监管标准。

⑪速冻食品：速冻米面食品生产监管标准、速冻调制食品生产监管标准、速冻其他食品生产监管标准。

⑫薯类和膨化食品：膨化食品生产监管标准、薯类食品生产监管标准。

⑬糖果制品：糖果生产监管标准、巧克力及巧克力制品生产监管标准、代可可脂巧克力及代可可脂巧克力制品生产监管标准、果冻生产监管标准。

⑭茶叶及相关制品：茶叶生产监管标准、边销茶生产监管标准、茶制品生产监管标准、调味茶生产监管标准、代用茶生产监管标准。

⑮酒类：白酒生产监管标准、葡萄酒及果酒生产监管标准、啤酒生产监管标准、黄酒生产监管标准、其他酒生产监管标准、食用酒精生产监管标准。

⑯蔬菜制品：酱腌菜生产监管标准、蔬菜干制品生产监管标准、食用菌制品生产监管标准、其他蔬菜制品生产监管标准。

⑰水果制品：蜜饯生产监管标准、水果制品生产监管标准。

⑱炒货食品及坚果制品：炒货食品及坚果制品生产监管标准。

⑲蛋制品：蛋制品生产监管标准。

⑳可可及焙烤咖啡产品：可可制品生产监管标准、焙炒咖啡生产监管标准。

㉑食糖：糖生产监管标准。

㉒水产制品：非即食水产品生产监管标准、即食水产品生产监管标准。

㉓淀粉及淀粉制品：淀粉及淀粉制品生产监管标准、淀粉糖生产监管标准。

㉔糕点：热加工糕点生产监管标准、冷加工糕点生产监管标准、食品馅料生产监管标准。

㉕豆制品：豆制品生产监管标准。

㉖蜂产品：蜂蜜生产监管标准、蜂王浆（含蜂王浆冻干品）生产监管标准、蜂花粉生产监管标准、蜂产品制品生产监管标准。

㉗婴幼儿配方食品：婴幼儿配方乳粉生产监管标准。

㉘食品原料（食用农产品）：非法使用剧毒高毒农药或者兽药、非法使用植物激素和环境污染以及熏制产品残留监管标准。

㉙"三小食品"和特色传统食品：按照省级条例或者有关管理办法制定相应生产加工监管标准。

（2）食品经营监管标准　食品经营监管标准的主要内容包括经营的食品品种、数量台账的建立，食品原料处理和食品加工、销售、储存等卫生状况，有毒、有害场所以及其他污染源处理，经营环境安全控制，废水、垃圾和废弃物处理；经营设备布局和工艺流程，以及交叉污染的控制措施实施情况等经营环节的监管标准。按照《食品安全法》对食品经营的要求，食品经营许可证管理和审核的规定，制定的食品经营监管标准主要有：

预包装食品销售（含冷藏冷冻食品、不含冷藏冷冻食品）监管标准、散装食品销售（含冷藏冷冻食品、不含冷藏冷冻食品）监管标准、特殊食品销售（保健食品、特殊医学用途配方食品、婴幼儿配方乳粉、其他婴幼儿配方食品）监管标准、其他类食品销售监管标准。

（3）食品添加剂生产与使用监管标准　食品添加剂生产监管标准的主要内容包括从原料来源、生产工艺、生产过程、危害控制、产品安全管理、生产环境和废水、垃圾和废弃物处理等生产环节的监管标准，制定的食品添加剂生产监管标准主要有：食品添加剂生产监管标准、食品用香精生产监管标准、复配食品添加剂生产监管标准。

食品添加剂使用监管标准的主要内容包括使用食品添加剂的理由，使用添加剂的来源及质量安全状况，使用添加剂数量、食品添加剂使用的安全管理等环节的监管标准，制定的食品添加剂使用监管标准主要有：食品添加剂使用监管标准、食品用香精使用监管标准和复配食品添加剂使用监管标准。

（4）食品相关产品监管标准　按照《食品安全法》第二条的规定，食品相关产品主要包括食品的包装材料、容器、和用于食品生产经营的工具、设备。食品相关产品监管标准主要内容包括包装材料来源，容器的来源，洗涤剂来源，消毒剂来源，工具、设备的性能，使用数量、使用的安全管理，有毒有害物质控制，安全生产管理等环节的监管标准。指定的食品相关产品监管标准主要有如下几类。

①食品用塑料包装容器工具等制品：非复合膜袋生产与使用监管标准、复合膜袋生产与使用监管标准。

②食品用塑料包装容器工具等制品：片材生产与使用监管标准、编织袋生产与使用监管标准、容器生产与使用监管标准、食品用工具生产与使用监管标准。

③食品用纸包装容器等制品：食品用纸包装生产与使用监管标准、食品用纸容器生产与使用监管标准。

④餐具洗涤剂：餐具（含果蔬）用洗涤剂生产与使用监管标准、食品工业用（含复合主剂）洗涤剂生产与使用监管标准。

⑤压力锅：不锈钢压力锅生产与使用监管标准、铝压力锅生产与使用监管标准。

⑥工业和商用电热食品加工设备：商用箱式电烤炉生产与使用监管标准、商用旋转电烤炉生产与使用监管标准、商用热风电烤炉生产与使用监管标准、商用烧烤炉生产与使用监管标准、商用电炸炉生产与使用监管标准、商用电热铛生产与使用监管标准、商用电平锅生产与使用监管标准、商用电炉灶生产与使用监管标准、商用电蒸锅生产与使用监管标准、商用电煮锅生产与使用监管标准、商用电开水器生产与使用监管标准、工业电烤炉生产与使用监管标准。在现有基础上还要增加工业化杀菌设备生产与使用监管标准。

（5）转基因食品监管标准　转基因食品来源主要是国外，常见的进口食品主要是转基因大豆、大米等，按照《农业转基因生物安全管理条例（2017年修订版）》的规定，国家对农业转基因生物实行标识制度，利用有毒有害物质控制、安全生产管理等环节对进入国内的转基因食品制定转基因食品生产监管标准。

（6）保健食品监管标准　按照《保健食品注册与备案管理办法》和保健食品原料目录的要求规定，依据保健食品的27项功能，制定相应功能的保健食品生产监管标准。保健食品生产监管标准的主要内容包括声称减肥功能产品监管标准，声称辅助降血糖（调节血糖）功能产品监管标准，声称缓解体力疲劳（抗疲劳）功能产品监管标准，声称增强免疫力（调节免疫）功能产品监管标准，声称改善睡眠功能产品监管标准，声称辅助降血压（调节血脂）功能产品的监管标准，以及保健食品有毒有害物质控制，保健食品宣传广告监管标准等。

（7）特殊膳食食品监管标准　按照《特殊医学用途配方食品注册管理办法》的规定以及GB 29922—2013《食品安全国家标准 特殊医学用途配方食品通则》、GB 29923—2013《食品安全国家标准 特殊医学用途配方食品良好生产规范》和GB 13432—2013《食品安全国家标准　预包装特殊膳食用食品标签》等规定，制定婴幼儿谷类辅助食品生产监管标准、婴幼儿罐装辅助食品生产监管标准、其他特殊膳食食品生产监管标准、特殊医学用途配方食品生产监管标准、特殊医学用途婴儿配方食品生产监管标准等标准。特殊膳食食品监管标准主要内容包括特殊医学用途配方食品的配方来源，安全性及临床应用（效果）科学证实，固态产品清洁作业区和准清洁作业区的空气洁净度控制要求，液态产品清洁作业区的空气洁净度控制要求，生产工艺，环境条件清洁杀毒处理，有毒有害物质控制，产品安全管理等环节的监管标准。

（8）辐照食品监管标准　辐照食品1996年卫生部颁布了《辐照食品卫生管理办法》的规定：国家对食品辐照加工实行许可制度，且食用农产品如龙眼、板栗、茶叶、桂圆、土豆、洋葱和大蒜等，制定辐照食品生产监管标准。辐照食品监管标准主要内容包括辐射源、辐射剂量选择控制，辐射工艺设计，有毒有害物质控制，安全生产管理等环节的监管标准。

（9）网络食品监管标准　按照《网络餐饮服务食品安全监督管理办法》和《网络食品安全违法行为查处办法》的规定，对第三方网络交易平台中出现的网络售假、虚假宣传、虚假促销、刷单炒信、恶意诋毁等建立网络食品监管标准。网络食品监管标准的主要内容包括进入当事人网络食品交易场所实施现场检查，对网络交易的食品管理及检验，交易行为，交易数据、合同、票据、账簿检查、有毒有害物质控制，安全生产管理等环节的监管标准。

（10）现制现售食品监管标准　现制现售食品监管标准的主要内容包括现制现售食品原料来源、加工工艺、环境条件、有毒有害物质控制、安全生产管理等主要环节的监管标准，制定的现制现售食品监管标准主要有：热食类食品制售监管标准、冷食类食品制售监管标准、生食类食品制售监管标准、糕点类食品制售监管标准、自制饮品制售监管标准、其他类食品制售等监管标准。

（11）健康养生食品监管标准　按照传统中医理论，结合《中华人民共和国药典》对大健康产业，如养生馆、"门诊食疗养生馆（所）"、养生网、养生保健、中医养生、生态食品、生命健康产业（网）等制定有毒有害物质控制、安全生产管理等新业态食品监管标准。

（12）质量安全认证食品监管标准　按照国家认监委有关质量安全认证管理的规定，针对认证过程、质量安全管理、认证证书使用、产品数量、销售管理等要求的实施情况，有毒有害物质控制，安全生产管理等环节，制定质量安全认证食品监管标准。

（13）掺伪食品监管标准　掺伪食品是指该食品中存在非固有的物质或者异物，以及以假乱真、以次充好的劣质食品，也是我国食品安全问题的高发区。食品掺伪主要包括掺假、掺杂和伪造3种形式。掺假是指向食品中非法掺入物理性状或形态与该食品相似的物质的行为。掺杂是指向食品中非法掺入非同一类或同种类的劣质物质的行为。伪造是指人为地用一种或几种物质进行加工仿造，冒充某种食品的行为。对掺伪食品要制定掺假食品监管标准，掺杂食品监管标准和伪造食品监管标准。

（14）食品非法添加物监管标准　原卫生部公告的6批《食品中可能违法添加的非食用物质和易滥用的食品添加剂名单》见表7-1所示，对不同食品中可能违法添加的非食用物质制定相应的市场监管标准，并建立相应非法添加物的检验方法。为了满足市场监管的需要，对通过检验难以判定或者无法检验的，需通过对食品生产经营过程的监管确认是否违法添加。

三、食品市场监管标准制定原则及关键控制点

（一）食品市场监管标准制定原则

食品市场监管标准的建设对于保证食品的质量与安全，促进社会经济发展和满足人民对美好生活的追求和确保人身健康及人民群众"舌尖上的安全"等方面具有重要的意义。食品市场监管标准是一个庞大而复杂的系统工程，采用标准化手段，实现源头控制和生产经营过程监管是解决食品安全的重点工程之一。食品市场监管标准制定应坚持《"十三五"国家食品安全规划》确定的四项原则基础上，提出确定食品市场监管标准的制定原则。

（1）预防为主，把好"四关"　制定食品市场监管标准，重点建立食品监管标准要把好"四关"，即源头关、生产关、流通关和入口关。预防重大食品安全事件发生，严守不发生系统性区域性食品安全风险的底线。

（2）风险管理，化解危机　依据国家食品安全风险监测和评估以及舆情分析结果，把风险管理内容纳入市场监管标准之中，严防严管严控风险隐患，确保监管跑在风险前面。

（3）全程控制，无缝链接　实施从农田到餐桌全链条无缝链接，建立覆盖全程的食品市场监管标准，做到覆盖食品市场监管标准所有食品产品及食品相关产品及食品新业态，依据各类生产经营行为的良好操作规范基础，制定相应的食品市场监管标准，全面推进食品安全监管法治化、标准化、专业化和信息化。

（4）齐抓共管，社会共治　坚持地方党政同责，齐抓共管食品市场监管标准的制定，以食品市场监管标准实施为抓手，落实企业食品安全主体责任和监管责任。发挥市场机制作用，鼓励和调动社会力量广泛参与，加快形成企业自律、政府监管、社会协同、公众参与的食品安全社会共治格局。

表 7-1 食品中可能违法添加的非食用物质和易滥用的食品添加剂名单

序号	类别	名称	主要成分	可能违法添加的食品品种	违法添加目的	主要的涉及环节	备注
1	染料类	苏丹红	苏丹红Ⅰ、苏丹红Ⅱ、苏丹红Ⅲ、苏丹红Ⅳ	辣椒粉、含辣椒类的食品（辣椒酱、辣味调味品）	着色	生产加工	
		王金黄、块黄	碱性橙Ⅱ	豆腐皮	着色	生产加工	
		玫瑰红B（罗丹明B）	罗丹明B	调味品、花生	着色	生产加工	有天然存在的本底，需通过对食品生产经营过程的监管确认是否违法添加
		碱性嫩黄	碱性嫩黄	豆制品、小米、玉米粉	着色	生产加工	
		酸性橙Ⅲ	酸性橙Ⅱ	黄鱼、腌卤肉制品、熟肉制品、红壳瓜子、辣椒面和豆瓣酱	着色	生产加工	
		碱性黄	碱性黄	大黄鱼	着色	生产加工、流通	
		孔雀石绿及结晶紫	孔雀石绿及隐性孔雀石绿、结晶紫及隐性结晶紫	鱼类	抗感染	流通、餐饮	
		美术绿	铅铬绿（铬黄和铁蓝或酞菁蓝）	茶叶	着色	生产加工	铅和铬存在本底，需通过对食品生产经营过程的监管确认是否违法添加

	富含氮化合物类	蛋白精	三聚氰胺等	乳及乳制品	虚高蛋白含量	生产加工	有环境迁移及污染可能，需结合卫生部公告2011年第10号判定
2							
3	邻苯二甲酸酯类物质	17个邻苯二甲酸酯类化合物	邻苯二甲酸二(2-乙基)己酯(DEHP)、邻苯二甲酸二异壬酯(DINP)、邻苯二甲酸二苯酯、邻苯二甲酸二甲酯(DMP)、邻苯二甲酸二乙酯(DEP)、邻苯二甲酸二丁酯(DBP)、邻苯二甲酸二戊酯(DPP)、邻苯二甲酸二己酯(DHXP)、邻苯二甲酸二壬酯(DNP)、邻苯二甲酸二异丁酯(DIBP)、邻苯二甲酸二环己酯(DCHP)、邻苯二甲酸二正辛酯(DNOP)、邻苯二甲酸丁基苄基酯(BBP)、邻苯二甲酸二(2-甲氧基乙酯(DMEP)、邻苯二甲酸二(2-乙氧基)乙酯(DEEP)、邻苯二甲酸二(2-丁氧基)乙酯(DBEP)、邻苯二甲酸二(4-甲基-2-戊基)酯(BMPP)等	乳化剂类食品添加剂、使用乳化剂的其他类食品添加剂或食品等	改善外观和质地	生产加工	有环境迁移及污染可能，需通过对食品生产经营过程的监管确认是否违法添加

续表

序号	类别	名称	主要成分	可能违法添加的食品品种	违法添加目的	主要的涉及环节	备注
4	工业用或其他非食品级物质	工业火碱	氢氧化钠	海参、鱿鱼等水发产品、生鲜乳	改善外观和质地	生产加工	通过检验难以判定，需通过对食品生产经营过程的监管确认是否违法添加
		工业硫磺	硫	白砂糖、辣椒、蜜饯、银耳、龙眼、胡萝卜、姜、馒头等	漂白防腐	生产加工	通过检验难以判定，需通过对食品生产经营过程的监管确认是否违法添加
		工业矿物油		大米	改善外观，以次充好	生产加工	通过检验难以判定，需通过对食品生产经营过程的监管确认是否违法添加
		工业明胶		冰淇淋、肉皮冻等	改善形状，降低成本	生产加工	通过检验难以判定，需通过对食品生产经营过程的监管确认是否违法添加
		工业酒精	乙醇	酒	降低成本	生产加工	通过检验难以判定，需通过对食品生产经营过程的监管确认是否违法添加

工业乙酸	乙酸	食醋	调节酸度、降低成本	生产加工	通过检验难以判定，需通过食品生产经营过程的监管确认是否违法添加
镁盐	氯化镁、硫酸镁等	木耳	增加重量	生产加工、流通	在食品中可能存在天然本底。需通过食品生产经营过程的监管确认是否违法添加
甲醛	甲醛	水发水产品、血豆腐	改善外观和质地	生产加工	在食品中可能存在本底。需通过食品生产经营过程的监管确认是否违法添加
工业硫酸铜	硫酸铜	皮蛋	缩短腌制时间	生产加工	通过检验难以判定，需通过食品生产经营过程的监管确认是否违法添加

续表

序号	类别	名称	主要成分	可能违法添加的食品品种	违法添加目的	主要的涉及环节	备注
5	杀虫剂	有机磷农药	敌敌畏、敌百虫等	火腿、鱼干、咸鱼、腌制食品等	驱虫、防腐	生产加工	
6	抗菌药物类	喹诺酮类	环丙沙星等	麻辣烫类食品、鲜活水产品、肉制品、猪肠衣、肉类食品等			
		酰胺醇类	氯霉素等	鲜活水产品、肉制品、猪肠衣、肉类食品等			
		四环素类	四环素等	鲜活水产品、肉制品、猪肠衣、蜂蜜		餐饮	
		β-内酰胺类	阿莫西林等	鲜活水产品、肉制品、猪肠衣、豆制品等	杀菌、防腐		
		磺胺类	磺胺二甲嘧啶等	鲜活水产品、叉烧肉制品、猪肠衣、蜂蜜			结合农业部235号公告判定
		硝基呋喃类	硝基唑酮等	鲜活水产品			

序号	名称	物质	食品	目的	环节	说明
7	吊白块	次硫酸氢钠、甲醛	腐竹、粉丝、米粉、面粉、竹笋等	增白、保鲜、增加口感、防腐	生产加工	在食品中可能存在天然本底。需通过对食品生产经营过程的监管确认是否违法添加
8	硼酸与硼砂	硼酸与硼砂	腐竹、肉丸、凉粉、凉皮、面条、饺子皮等	增筋	生产加工	在食品中可能存在天然本底。需通过对食品生产经营过程的监管确认是否违法添加
9	硫氰酸盐	硫氰酸钠等	乳及乳制品	保鲜	生产加工	在食品中可能存在天然本底。需通过对食品生产经营过程的监管确认是否违法添加
10	硫化钠	硫化钠	味精	降低成本	生产加工	
11	二氧化硫脲	二氧化硫脲	馅料原料	漂白	生产加工、餐饮	

续表

序号	类别	名称	主要成分	可能违法添加的食品品种	违法添加目的	主要的涉及环节	备注
12	荧光增白物质	荧光增白剂		双孢蘑菇、金针菇、白灵菇、面粉	增白	加工流通	
13	溴酸盐	溴酸钾等		小麦粉、面制品	增筋	生产加工、餐饮	
14	β-内酰胺酶（金玉兰酶制剂）	β-内酰胺酶		乳与乳制品	掩蔽抗生素	生产加工	在食品中可能存在天然本底。需通过对食品生产经营过程的监管确认是否违法添加
15	富马酸二甲酯	富马酸二甲酯		糕点	防腐防虫	生产加工	
16	乌洛托品	六亚甲基四胺		腐竹、米线等	防腐	生产加工	
17	磷化物	磷化铝等		木耳	防腐增重	生产加工、流通	
18	硅酸钠（水玻璃）	硅酸钠		面制品	增加韧性	餐饮	

序号	名称	可能添加的食品	可能的目的	环节	备注
19	废弃油脂	废弃动植物油脂	食用油脂	降低成本	生产加工	通过检验难以判定,需通过对食品生产经营过程的监管确认是否违法添加
20	皮革水解物	皮革水解蛋白	液态乳、乳粉	增加蛋白质含量	生产加工	
21	毛发水	水解氨基酸	酱油等	降低成本	生产加工	通过检验难以判定,需通过对食品生产经营过程的监管确认是否违法添加
22	罂粟及罂粟壳	罂粟碱、吗啡、那可丁、可待因和蒂巴因	火锅底料及小吃类	增味	餐饮	
23	过氧化苯甲酰	过氧化苯甲酰	小麦粉	漂白	生产加工	代谢产物苯甲酸在食品中可能存在天然本底。需通过对食品生产经营过程的监管确认是否违法添加

注:传统上认为是食品原料的物质、批准使用的新食品原料,国家卫生行政管理部门公布的既是食品又是中药材的物品或作为普通食品管理的物质,列入我国食品添加剂(符合 GB 2760—2014《食品安全国家标准 食品添加剂使用标准》)及国家卫生健康委员会食品添加剂公告)和营养强化剂品种名单(符合 GB 14880—2012《食品安全国家标准 食品营养强化剂使用卫生标准》)的物质均为正常食用物质。非法添加物是指上述标准和相关规定之外的物质。表中给出的名单为市场监管部门为打击食品违法添加行为提供的线索,主要成分、包括名称,可能违法添加的食品品种,但非法添加物还可能在市场不断出现,根据实际还可以及时增加到市场监管标准之中。

（二）制定食品监管标准的关键控制点

食品市场监管标准应以食品、食用农产品与食品相关产品的生产经营过程及各个环节风险分析为基础，对有毒有害物质控制提出关键控制点及相应的监管措施，并以食品安全抽检问题和食品安全事件问题为导向，针对食品主体行为问题和监管主体职责要求提出食品监管标准的内容。制定食品监管标准的关键控制点应涵盖以下几个方面。

（1）注重源头污染问题监管　对食品，特别是食用农产品，由于一些地方工业"三废"违规排放导致农业生产环境污染、农业投入品使用不当、非法添加和掺伪食品，农药兽药残留和食品添加剂滥用等应列入食品市场监管标准的关键控制点。

（2）强化食品主体分类监管　我国食品产业基础薄弱，食品生产经营企业多、小、散，全国1180万家获得许可证的食品生产经营企业中，绝大部分为10人以下小企业，且互联网食品销售迅猛增长。对食品市场主体实施分级分类监管势在必行，在制定食品市场监管标准中，要把影响食品质量安全的共同点作为监管的关键。

（3）主体责任信用诚信监管　在制定食品市场监管标准中，应把企业诚信观念和质量安全意识以及主体责任落实纳入到监管之中。

（4）补充完善现有标准不足　以食品市场监管问题为导向，在现有食品安全标准体系建设的基础上，补充和完善科学、实用的监管标准，解决相关标准缺失、检验方法不配套的问题，并把食品市场监管标准作为监管标准手段、监管技术支撑的技术依据。

（5）监管能力职责符合需要　在制定食品市场监管标准中，要把监管能力、素质与职责要求纳入食品市场监管标准之中，使监管队伍特别是专业技术人员的素质和打击食品安全犯罪的专业水平能够满足食品市场监管标准的要求。

第二节　食品市场监管体系框架

一、概述

近十几年来，食品安全一直是老百姓、人大代表以及政府部门关注的焦点问题，从2013年到2019年人民群众最关注问题的排行情况如下。

2013年：教育、就业、社会保障、医疗、住房、生态环境、**食品药品安全**、安全生产、社会治安。2014年：住房、**食品药品安全**、医疗、养老、教育、收入分配、征地拆迁、社会治安。2015年：医疗、养老、住房、交通、教育、收入分配、**食品药品安全**、社会治安。2016年：医疗、教育、养老、**食品药品安全**、收入分配、城市管理。2017年：住房、教育、医疗、养老、**食品药品安全**、收入分配。2018年：空气质量、环境卫生、**食品药品安全**、住房、教育、医疗、就业、养老。2019年：教育、医疗、养老、住房、**食品药品安全**、收入分配。

可见，2013年和2015年食品药品安全虽然在列，但关注度排在第七位。2014年食品药品安全领域关注度排到第二位。2016年关注度排在第四位。2018年食品药品安全关注度排在第三位。2017年和2019年食品药品安全关注度排在第五位。从2013年到2019年，食品安全一直存在人民群众不满意的地方，是人民群众所担忧的重要民生领域。这就为构建食品安全监管体系框架提出了提高满意度的目标要求。

国家市场监督管理总局领导在十三届全国人民代表大会第二次会议的"部长通道"上说，假冒伪劣产品严重干扰了公平竞争的市场秩序，2019年要在食品、药品等重点领域严格监管，依法实行最严厉的惩罚；要创新巨额惩罚制度、内部举报人制度，没收销毁查处的全部假冒伪劣产品，让经营者不敢以身试法，让违法者承担相应的代价等。

中共中央办公厅、国务院办公厅2019年2月印发的《地方党政领导干部食品安全责任制规定》（自2019年2月5日起施行）提出建立地方党政领导干部食品安全工作责任制，将食品安全工作纳入地方党政领导干部政绩考核内容。这就为构建食品安全监管体系框架指明了方向。

2019年2月28日国家市场监督管理总局公布的数据显示，2018年全国市场主体发展情况是期末实有11020万户，新登记2149.6万户，其中企业3474.2万户，新登记670万户。个体工商户7328.6万户，新登记1456.4万户；农民专业合作社217.3万户，新登记23.1万户。对于食品市场监管而言，面临市场主体企业数量多、经营个体分布层次广、种类繁杂等多种难题，尤其是深藏在小区的家庭式小作坊、私房菜、外卖加工点，其从业人员食品安全意识淡漠，甚至没有合法证件，存在一定的监管盲区。特别是保健食品行业存在"十种乱象"，包括虚假宣传、组织虚假宣传行为，虚假违法广告行为，保健食品中非法添加非食用物质及宣传治疗作用的行为，制售假冒伪劣产品行为，无证无照经营行为，价格违法行为，故意拖延或无理拒绝消费者合理要求行为，直销企业、直销员及直销企业经销商的违规直销及传销行为，相关企业或个人未经许可经营旅游观光业务来兜售保健食品等行为，以"保健"为名开展的各种违法违规行为等，导致许多中老年人上当受骗，引起了消费者的不满。从2019年1月8日起，国家市场监督管理总局等13个部门开展联合整治，取得阶段性效果，截至2019年3月1日，立案案值达到51.7亿元。

因此，中国食品安全问题要更好地解决，关键是对食品生产经营企业的监管。坚持以食品市场问题为导向，深刻分析现有食品市场监管的针对性和有效性，构建食品市场监管体系是做好食品安全监管的基础，期望对提高食品安全满意度能够有所助益[57]。

二、食品市场监管体系构建的基础

我国政府十分重视食品安全监管工作，2012年6月28日国务院发布了《国家食品安全监管体系"十二五"规划》，规划在对我国食品安全监管体系现状和主要存在问题分析的基础上，提出到"十二五"期末，基本建立起适合我国国情，以预防为主、全程覆盖、责任明晰、协同高效、保障有力的食品安全监管体系，米、面、油、蔬菜、肉、乳品、蛋、水产品等重点食品质量安全状况持续稳定良好，食品安全水平显著提升，城乡居民饮食安全得到切实保障，并建成较为完善的法规标准、监测评估、检验检测、过程控制、进出口食品安全监管、应急管理、综合协调、科技支撑、食品安全诚信和宣教培训10大体系。

2017年1月12日国务院《"十三五"市场监管规划》，围绕供给侧结构性改革，供给需求两端发力，全面深化商事制度改革，加强事中事后监管，把改善市场准入环境、市场竞争环境和市场消费环境作为市场监管重点，为经济发展营造良好的市场环境和具有国际竞争力的营商环境。特别是提出了按照市场经济发展规律，完善市场监管和服务，促进企业自主经营、公平竞争，消费者自由选择、自主消费，商品和要素自由流动、平等交换，加快形成统一开放、竞争有序的全国统一大市场。把握经济发展的趋势和特点,加强一些影响范围广、涉及百姓利益的市场领域的监管方式创新,依法规范企业生产经营行为,促进市场健康发展。针对市场竞争中的突出问题,强化反垄断和反不正当竞争执法力度,严厉打击侵犯知识产权和制售假冒伪劣商品等违法行为,净化市场环境。围绕质量强国战略,完善国家计量体系,发挥计量对质量发展的支撑和保障作用,加快质量安全标准与国际标准接轨,发挥标准的引领和规范作用,发挥认证认可检验检测传递信任的证明作用,推动产品和服务质量向国际高端水平迈进。围绕品牌经济发展,完善商标注册和管理机制,加强商标品牌法律保护和服务能力建设,充分发挥商标对经济社会发展的促进作用。同时还提出了加强日常消费领域市场监管,适应百姓消费品质提升的迫切要求,加强质量标准和品牌的引导和约束功能,提高产品和服务质量,缩小国内标准和国际先进标准的差距,提高重点领域主要消费品国际标准一致性程度,逐步实现出口产品与国内销售产品同标准、同质量。加强新消费领域市场监管,把握百姓消费升级的发展趋势,针对新的消费领域、新的消费模式和新的消费热点,着眼关键环节和风险点,创新监管思维和监管方式,加强市场监管的前瞻性,消除消费隐患,促进新消费市场健康发展。加强重点人群消费维权,一是维护老年人消费权益。丰富老年人消费需求,加大对老年保健食品、健康用品、休闲旅游等领域虚假宣传、消费欺诈的整治力度,清除消费陷阱。提高老年用品设计、制造标准,确保老年用品的安全性、便捷性和适用性。规范基本生活照料、康复护理、精神慰藉、文化服务等养老服务设施,提高服务质量,满足日益增长的养老服务需求;二是维护未成年人消费权益。加强对婴幼儿用品的监管,提高产品质量安全标准,加大对婴幼儿乳粉、食品、服装、玩具等的抽查检验力度,严厉打击制售假冒伪劣商品,确保婴幼儿消费安全。加强学校体育设施器材、文化用品的质量安全监管,为未成年人健康成长提供保障。加强对康复治疗、特殊教育市场监管,严格经营资质和服务标准,严厉查处无照无证经营、超范围经营等不法行为。加强农村市场监管,按照全面建成小康社会的目标要求,坚持普惠性、均等化发展方向,把加强农村、农民的消费维权作为重要任务,提高城乡消费维权的均等化水平。健全消费维权机制,针对百姓维权难、维权成本高,企业侵权成本低、赔付难等突出问题,完善消费维权机制,强化企业主体责任,加大企业违法侵权成本,提高百姓维权效率。要与时俱进、开拓创新,不断完善市场监管体制机制,创新市场监管方式方法,适应市场经济发展变化趋势,提高市场监管的科学性和有效性。

2017年2月21日国务院《"十三五"国家食品安全规划》在全面总结"十二五"工作的基础上,提出了"十三五"食品安全工作的11项任务,一是全面落实企业主体责任;二是加快食品安全标准与国际接轨;三是完善法律法规制度;四是严格源头治理;五是严格过程监管;六是强化抽样检验;七是严厉处罚违法违规行为;八是提升技术支撑能力;九是加快建立职业化检查员队伍;十是加快形成社会共治格局;十一是深入开展"双安双创"行动。

上述规划都为我国食品市场监管和食品安全工作指明了努力的方向。就食品市场监管特别是食品安全监管来看,无论是食品和食用农产品生产,还是食品相关产品、食品流通以及餐饮服务监管,不管采取何种监管体制,在构建从土地到餐桌全程控制的食品市场监管体系的基础内容包括4个方面,处于食品安全监管体系基石地位。

(1)食品市场监管的重要依据——标准 与标准相关的法律主要有《标准化法》和《食品安全法》等。一个食品是否可以进入市场关键是该产品是否符合相应的产品质量标准,因为标准是判定食品质量与安全的主要依据。2018年1月1日实施的《标准化法》,将政府单一供给的现行标准体系转变为由政府主导制定的标准和市场自主制定的标准共同构成的新型标准体系。政府主导制定的标准包括强制性国家标准和推荐性国家标准、推荐性行业标准、推荐性地方标准；市场自主制定的标准包括团体标准和企业标准。政府主导制定的标准侧重于保基本，市场自主制定的标准侧重于提高竞争力。同时还要建立完善与新型标准体系配套的标准化管理体制。

关于食品安全国家标准，我国现行的《食品安全法》第三章食品安全标准，第二十七条规定：食品安全国家标准由国务院卫生行政部门会同国务院食品安全监督管理部门制定、公布，国务院标准化行政部门提供国家标准编号。食品中农药残留、兽药残留的限量规定及其检验方法与规程由国务院卫生行政部门、国务院农业行政部门会同国务院食品安全监督管理部门制定。屠宰畜、禽的检验规程由国务院农业行政部门会同国务院卫生行政部门制定。第二十九条规定：对地方特色食品，没有食品安全国家标准的，省、自治区、直辖市人民政府卫生行政部门可以制定并公布食品安全地方标准，报国务院卫生行政部门备案。食品安全国家标准制定后，该地方标准即行废止。第三十条规定：国家鼓励食品生产企业制定严于食品安全国家标准或者地方标准的企业标准，在本企业适用，并报省、自治区、直辖市人民政府卫生行政部门备案。也就是说食品安全国家标准、食品安全地方标准和企业标准，均按照《食品安全法》的规定管理，不属于《标准化法》的管辖范围。新实施的《标准化法》增加了团体标准，如果团体标准也涉及食品安全标准，则其法律依据还存在盲区，该标准的约束力如何定位还需进一步明确。

因此，国内外统一食品安全国家标准，完善食品安全标准体系，确立食品安全国家标准的唯一性，依据强制性国家标准开展监督检查和行政执法，是食品市场监管达到最终统一的需要。

（2）食品市场监管的实施手段——计量（检验检测）　与计量（检验检测）相关的法律主要有《计量法》《标准化法》《食品安全法》《农产品质量安全法》和《进出口商品检验法》等。计量的概念范围较广，是指实现单位统一、量值准确可靠的活动。在食品市场监管中，计量实际上涉及食品净含量和食品营养以及有毒有害物质的检验检测等，还涉及食品检验检测实验室管理及法定资质认定等方面，这是食品市场监管的技术手段。食品是否合格需要通过检验数据来证明。按照《计量法》《食品安全法》和《农产品质量安全法》等规定，面向社会从事检验检测工作的技术机构为他人做决定、仲裁、裁决所出具的可引起一定法律后果的数据，即具有证明作用的数据都必须通过国家实验室资质认定。资质认定是一种行政许可活动，也是国家设立的检验检测机构的市场准入制度。

资质认定制度的实施主体是政府的行政机关，分为国家级（国家认证认可监督管理委员会）和省级监管部门（省、自治区、直辖市市场监管部门）。但无论是国家级还是省级资质认定，对通过认定的检测机构资格在全国均具有同样的法定有效，也就是法律效力是一样的。在食品市场监管中，食品质检机构作为技术支持部门发挥了重要的作用。我国食品检验检测机构形成了以国家级、省部级、市级和县级4个层次的食品检验检测网络，实现了"以国家级检验机构为龙头，以省部级食品检验机构为主体，以市、县级食品检验机构为补充"的食品安全检验检测体系。我国共有4000家食品类检测实验室通过了实验室资质认定，其中食品类国家产品质检中心48家，重点食品类实验室35家，这些实验室的检测能力和水平达到了国际先进水平。近年来，随着国家对食品安全监管越来越重视，检验检测设备、人员的投入力度加大，检验检测能力，尤其是硬件水平已经接近国际水准。

从 2010 年以来，我国食品、环保、贸易、医疗等行业均发布相关政策支持独立第三方检测机构建设，以政府为主导的检验检测逐步向第三方独立检验检测机构开放。目前第三方检测已经成为我国检验检测行业的重要组成部分，占整体产业规模的 41% 左右。但是由于掺伪食品检验、非法添加剂物和食品快速检测等技术发展相对滞后，这些在食品市场监管中出现的问题相对较多，而检验检测难以满足食品市场监管的需要，应加快研究这些市场监管急需的技术，对提高市场监管的针对性是十分重要的。

（3）食品市场监管的最终目标——食品质量（安全）　与食品质量（安全）相关的法律主要有《食品安全法》《农产品质量安全法》和《产品质量法》等。食品质量与安全是一个国家永远不会改变的追求。《食品安全法》的立法宗旨是为了保证食品安全，保障公众身体健康和生命安全。《农产品质量安全法》的立法宗旨是为保障农产品质量安全，维护公众健康，促进农业和农村经济发展。从立法宗旨的要求来看，食品市场监管的最终目标就是要达到对食品及食品相关产品和食用农产品的质量安全的要求。如 1993 年 9 月 1 日实施的《产品质量法》提出了国家对产品质量实行以抽查为主要方式的监督检查制度，并形成一整套产品抽查的工作技术规范，在遏制假冒伪劣产品，提高我国产品质量和保证社会经济的发展方面发挥了重要作用，国家产品质量监督抽查的产品范围包括三个方面：一是可能危及人体健康，人身、财产安全的产品，如水质、食品、药品、医疗器械和医用卫生材料、化妆品、压力容器、易燃易爆产品等；二是影响国计民生的重要工业产品，如农业生产资料（化肥、农药、兽药、农用薄膜、种子、饲料和饲料添加剂等）、电冰箱、洗衣机、石油、水泥、钢材等；三是消费者、有关社会组织反映有质量问题的产品，包括群众投诉、举报的假冒伪劣产品，掺杂掺假，以假充真，以次充好，以不合格产品冒充合格产品，造成重大质量事故的产品等。

我国《食品安全法》和《农产品质量安全》，在食品和食用农产品的质量安全监管方面也主要采用了这一方法，如《农产品质量安全法》提出了国家建立农产品质量安全监测制度。《食品安全法》提出了国家建立食品安全风险监测制度，由国家卫生行政部门负责，主要针对食源性疾病、食品污染以及食品中的有毒有害因素进行监测。《食品安全法》还提出了国家建立食品安全风险评估制度，仍然由国家卫生行政部门负责，主要根据食品安全风险监测信息、科学数据以及有关信息，对食品、食品添加剂、食品相关产品中生物性、化学性和物理性危害因素进行风险评估。根据《食品安全法》提出了《食品召回管理办法》《食品安全抽样检验管理办法》以及年度国家食品安全监督抽检和风险监测工作实施细则，这些对预防食品安全事件的发生，发挥了一定的作用。但如何建立食品及食品相关产品和食用农产品覆盖全产业链的全过程监管还有待进一步深入。

（4）食品市场监管的有效途径——合格评定　与食品合格评定相关的法律主要有《产品质量法》《标准化法》和《食品安全法》以及《中华人民共和国工业产品生产许可证管理条例》和《中华人民共和国工业产品生产许可证管理条例实施办法》等。合格评定又称认证认可。

GB/T 27000—2006《合格评定 词汇和通用原则》(SO/IEC 17000：2004) 给出的合格评定的定义，是指与产品、过程、体系、人员或机构有关的规定要求得到满足的证实（注 1：合格评定的专业领域包括 GB/T 27000—2006 中其他地方所定义的活动，如检测、检查和认证，以及合格评定机构的认可；注 2：GB/T 27000—2006 所称的"合格评定对象"或"对象"包含接受合格评定的特定材料、产品、安装、过程、体系、人员或机构，产品的定义包含服务）。

2016 年新修订的《中华人民共和国认证认可管理条例》中所称的认证是指由认证机构证明产品、服务、管理体系符合相关技术规范、相关技术规范的强制性要求或者标准的合格评定活动。

在食品市场监管中，通过合格评定已确定市场主体的法律地位或者食品生产经营许可或者市场准入以及食品生产经营主体所生产经营的产品质量安全证明。如食品市场主体所生产的产品市场准入，就是要获得食品生产许可证；食品市场经营主体所销售和经营餐饮服务的条件，就是取得食品经营许可证。

此外，按照相关法律和标准规范开展的食品抽检；食品实验室资质认定；绿色食品认证、有机产品认证、地理标志产品认证、ISO22000 食品安全管理体系认证、GAP 良好操作规范认证、SSOP 标准卫生操作程序认证、HACCP 危害分析与关键控制点认证、SA8000 企业社会责任认证、ISO14000 环境管理体系认证、ISO9000 质量管理体系认证、ISO28000 职业安全管理体系认证以及食品安全管理资格认证、食品从业人员的健康证等都是合格评定的主要内容。从食品市场监管而言，合格评定可以理解为是目前静态食品安全监管的最有效的途径之一。

三、食品市场监管体系框架

食品市场监管体系建设是一个非常巨大的系统工程，涉及法学、社会科学、综合管理科学、食品科学、食品工程、分析化学、食品微生物学、标准化学、计量科学、信息科学等多学科的基础和发展水平。因此笔者在总结前人的观点，并考虑未来的发展需要的基础上，依据"安全产品是生产出来的，而不是检验出来，但更重要的是管出来"的观点，以食品市场监管需要为突破，以食品安全问题为导向，把监控重点放在食品原料生产和食品生产加工的全过程，提出食品市场监管体系框架，该体系框架由 8 个部分组成，用公式表示为：

食品市场监管体系框架＝食品法律法规体系＋市场准入＋食品生产经营标准体系＋合格评定＋消费者评价＋信息化（互联网+）＋市场监管标准体系＋食品违法犯罪处置

食品市场监管体系框架主要内容见图 7-1。

食品市场监管体系框架的 8 个组成部分形成了以食品法律法规为准则，以食品市场准入为入口，以食品生产经营标准体系为核心，以食品合格评定为抓手，以信息化（互联网+）为手段，以消费者评价为补充，以食品市场监管标准体系为防线和以食品违法犯罪处置为最后一道防线的相互关联、相互支撑的具有内在联系的科学的有机整体。该体系框架贯穿于食品生产经营和食品市场监管的事前、事中和事后全过程，且体系框架的 8 个部分相互渗透，相互支撑、相互制约，各自发挥着相应功能，实现全覆盖的食品市场监管体系，也适用于农产品包括种植业和养殖业和食品生产经营的安全控制管理。

（1）食品法律法规体系　食品法律法规是确保食品安全和维护食品市场经济秩序以及国家市场监管体制机制建立的法律基础，是食品生产经营管理和食品市场监管体制机制的准绳和最高遵循。食品法律法规体系在食品市场监管体系框架中处于统揽全局关键地位，是食品市场主体行为的准则和政府市场管理的职权法律依据，在规范市场经济运行过程中，食品法律法规，明确规定什么是合法的或者法定应该无条件执行的，什么是非法的、或者是必须明令禁止的。

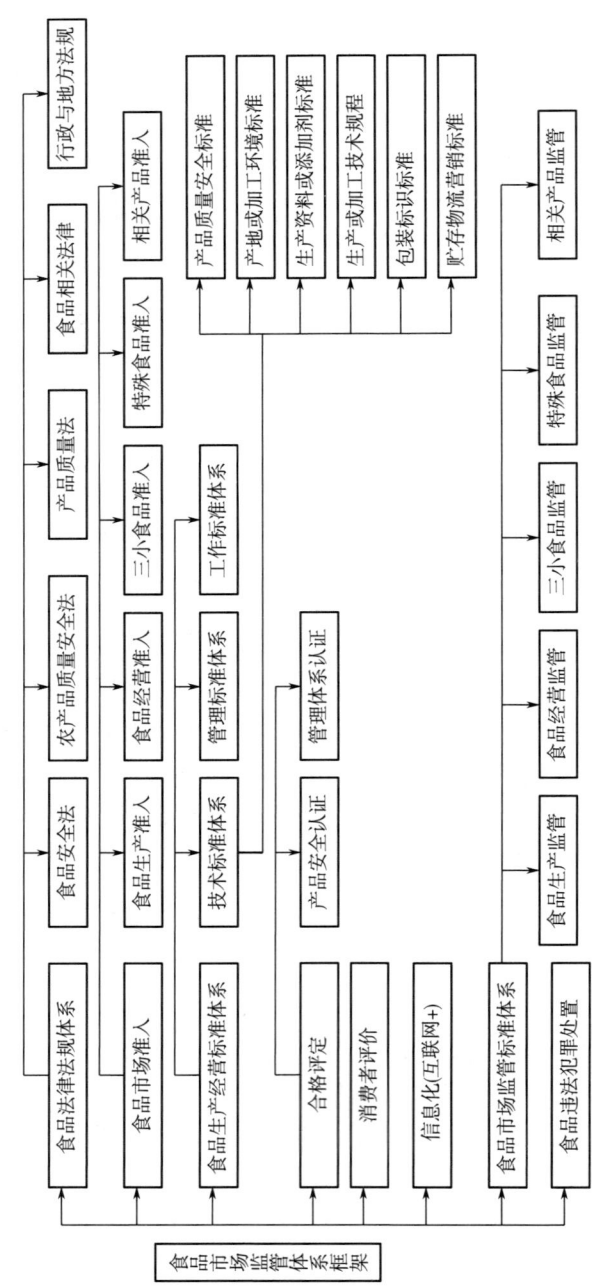

图 7-1　食品市场监管体系框架

食品法律法规体系是中国特色社会主义法律体系的重要组成部分。我国食品法律法规体系的建立是以宪法为统帅，以《中华人民共和国食品安全法》《中华人民共和国农产品质量安全法》和《中华人民共和国产品质量法》为主体，以《中华人民共和国标准化法》《中华人民共和国计量法》《中华人民共和国国境卫生检疫法》《中华人民共和国进出口商品检验法》《中华人民共和国动物防疫法》《中华人民共和国农业法》《中华人民共和国反不正当竞争法》《中华人民共和国广告法》《中华人民共和国电子商务法》《中华人民共和国商标法》等与食品相关法律为补充，以行政法规、地方性法规等多个层次的构成的。这些法律法规由不同立法主体按照宪法和法律规定的立法权限制定，具有不同法律效力，共同构成一个科学和谐的统一的有机整体。

（2）食品市场准入　食品市场准入是国家市场管理部门依据食品法律法规相关要求，对食品市场主体进入市场法定地位的确认。就食品市场监管而言，市场准入是市场监管的第一道关口，把好入口关是极其重要的，关系到食品产业的发展和消费者对食品需求和身心健康的满足程度。关于食品市场准入要细化准入条件，确保不同类型食品市场主体准入底线要求，消灭无证生产经营，正确处理改善市场准入与营商环境的关系，妥善解决"放管服"与市场准入的关系，改善营商环境和推行"放管服"不是无限扩大市场准入范围，也不是无条件实施市场准入，而是对符合条件的食品市场主体的"放管服"。笔者认为就食品市场准入而言，在把好入口方面，应补充完善修订现行的食品生产准入和食品经营准入的条件，建立健全三小食品准入和特殊食品准入以及相关产品准入的条件，形成全国统一的要求，并对不同类型的食品市场准入提出具体最低达标要求，要结合中国食品市场主体的实际情况，制定有针对性的食品许可证实施细则。

在食品生产许可证管理中，一是把食用农产品市场准入等内容纳入其中，保证食用农产品生产过程的安全性。二是把特殊食品如保健食品和特殊膳食食品（婴幼儿配方乳粉、特殊医学用途配方食品）、微生物菌剂以及新食品原料等的审核登记注册管理与其市场准入结合起来，通过相关行政管理部门审核登记注册，要进入食品市场还应对其市场准入设置一定的许可条件，满足条件的方能进入市场。三是增加对质量安全认证食品的市场准入管理，对绿色食品、有机食品和地理标志产品在认证通过后，还要实施市场准入管理，遏制非法认证或者不合格认证产品流入市场，同时对认证产品市场准入的条件要实施溯源追溯体系的要求，提高认证产品的市场准入门槛，把好入市关口。

在食品经营许可证管理中，一是把健康养生等新业态纳入经营许可范围，设置相应的市场准入条件，遏制该业态的欺诈行为。二是餐饮服务的主体业态变化迅速，如网络外卖、团膳（团体用餐服务）、农家乐、学生小饭桌等，应进一步细化分类管理，制定不同类型的餐饮服务市场准入条件，遏制违法经营和不安全食品流入市场。

在食品相关产品许可证管理中，在现有食品用塑料包装容器工具等制品、食品用纸包装容器等制品、餐具洗涤剂、压力锅和工业与商用电热食品加工设备生产许可上，要增加对饲料和饲料添加剂以及兽药的市场准入管理，把好入市安全关口。同时，加大对与食品相关及无关的化工原料生产销售市场管理，建立与食品相关及无关的化工原料溯源追溯体系，限制非法化工原料用于食品和食用农产品生产及加工领域。

（3）食品生产经营标准体系（简称标准体系）　标准体系是食品市场监管体系框架中最为庞大复杂的体系，标准体系由技术标准体系、管理标准体系和工作标准体系三个子体系构成（图7-2），三者互为一体，相互支撑，相互联系，是决定最终产品质量安全的"基因工程"。标准体系是规范食品市场主体的生产、加工、销售、流通及经营行为的主要技术、管理和工作的依据。

标准决定质量。在食品安全问题屡禁不止的情况下，从发生食品安全事件的原因分析来看，除了人为因素和环境因素外，可以把食品安全问题归结为因有标不依或者降低标准发生

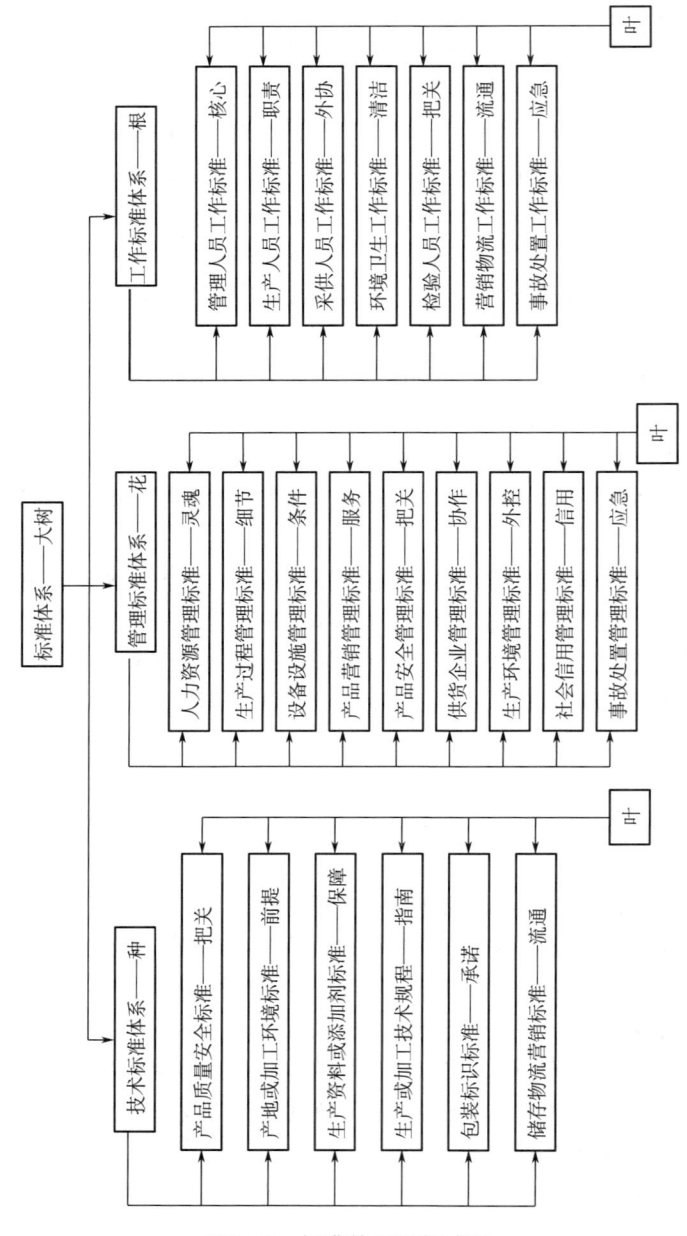

图 7-2　标准体系及组成图

的,即非标准化因素引起的。在食品市场监管体系框架中,要把标准体系建设作为企业自律和社会承诺的硬条件加以规定。这个要求可以首先在大中型食品生产经营企业包括经营面积在 500 平方米以上的餐饮服务、超市企业,保健食品和特殊膳食食品企业或者年销售额在 500 万元以上的企业强制实施,标准体系建设达不到规定要求的企业禁止产品销售。对于小微企业和个体户等可以逐步推行标准体系建设的试点,并结合国家食品安全示范城市建设标准,对影响食品安全的关键因素加以控制和监管。

标准体系是食品安全的基石，涉及食用农产品和食品生产加工的全过程。通常一个行之有效的标准体系由数百个，甚至数千个标准组成，关键标准大多数是企业内部控制性标准。由于企业的规模不同，形成的标准体系中标准的数量也有明显的差异。但不论标准体系中标准数量的多少，在技术标准体系中最为关键的标准是不能缺少的，食品的质量安全来源于技术标准的执行。在图7-1的基础上，把标准体系比喻成"一棵大树"，技术标准体系比喻成"种"，管理标准比喻成"花"，工作标准比喻成"根"，技术标准体系中的"把关""前提""保障""指南""承诺"和"流通"6个不同类型的标准，管理标准体系中"灵魂""细节""条件""服务""把关""协作""外控""信用"和"应急"9个不同类型的标准，工作标准体系中的"核心""职责""外协""清洁""把关""流通"和"应急"7个不同类型的标准，均比喻成大树的"叶"，则完整的标准体系及组成图如图7-2所示。

图7-2也可以把标准体系简单看成是"3697"标准组成的，即技术标准、管理标准和工作标准3个体系，其中技术标准包括6个组成单元，管理标准包括9个组成单元，工作标准包括7个组成单元。从标准类型组成单元的数量来看，管理标准类型最多，工作标准次之，技术标准最少。要保证食品安全，管理是第一位，工作是第二位，第三位才是技术，这也说明了"人"在食品安全中是最重要的。

由图7-2可知，在标准体系中，技术标准体系是食品安全的"种"，如果技术标准体系本身是一个优良品种的话，就会生产出一个安全的果实，这对于食品生产经营是至关重要的。

对食品生产加工企业而言，主要以6类标准，即"把关""前提""保障""指南""承诺"和"流通"进行控制。①技术标准体系中的产品质量标准就称为"把关"标准，对于进出口食品企业生产而言，把关标准就是相关的食品国际标准。对国内销售的食品生产企业而言，"把关"标准的底线，就是食品安全国家标准（强制性），如果要生产更高质量安全水平的产品，"把关"标准可以选择食品行业标准（推荐性）、食品地方标准（推荐性）和企业标准中的产品质量安全标准，最为严格应该是企业标准。只要产品质量安全符合"把关"标准要求，就应该说产品安全质量是合格的、安全的、放心的产品，这也是食品企业追求。②要生产和加工出符合"把关"标准的产品，那么相应对生产和加工环境就应该符合相应"把关"标准对食品安全的需要，这个具体的要求称为"前提"标准，如果食品生产企业"把关"标准选择是绿色食品、有机产品，那么其产地环境就必须符合绿色食品、有机产品对相应的生产环境标准的要求，这是一个必要"前提"，否则，就不会生产出符合绿色食品、有机产品标准的产品。"前提"标准的生产和加工条件虽然符合要求，但生产过程中使用的生产资料和食品添加剂是否符合"把关"标准的规定，也直接影响着产品质量安全。因此，只有这些用于生产和加工的生产资料如化肥、饲料、农药、兽药、食品添加剂和饲料添加剂等符合标准，才能保障生产的产品质量安全。③对生产资料和添加剂的要求标准称为"保障"标准。产地环境和生产资料以及食品添加剂等都有了安全保障，一定程度上会保证产品安全性，但如果产品的生产加工过程控制不到位或者出现问题，如在有机食品生产中使用了农药、化肥等不符合有机食品标准要求的，这还会产生新的安全问题。因此，制定生产加工技术规程，明确如何操作，并按照规定的程序，就会使质量安全有保障。④生产加工技术规程标准称为"指南"标准，指南性标准应该在食品安全国家标准或者食品行业标准基础上，制定适合食品生产企业实际的企业标准为主，尤其是在农产品生产中，避免使用农业行业标准和食品相关的行业标准，这是因为我国同一产品生产的环境条件和不同类型食品生产企业的状况差异大，行业标准很难适应不同产地和不同企业的需要。⑤在技术标准体系还有一类标准就是包装标识标准，特别是预包装食品，执行 GB 7718—2011 和 GB 28050—2011 等食品安全国家标准食品标签相关标准的规定要求，这些标准就是为了使消费者明确产品的产地和生产企业等，使消费者获得相关食品信息的知情权，同时也是生产者和加工企业对消费者的承诺。包装标识标准称为"承诺"标准，即明确产品的生产企业，相当于对消费者的一种"承诺"，在实际消费过程中可以跟企业联系。⑥储存物流营销标准称为"流通"标准，与其他工业产品不同，食品在储存物流营销过程中如果条件控制不到位，就会产生二次污染，甚至腐败变质等问题，因此按照"流通"标准严格控制显得十分重要。在营销方面，特别是食用农产品生产企业或者农业专业合作社缺少营销标准，市场营销无序竞争也影响了产品的声誉。

对食品生产企业标准化生产要求而言，建立标准体系至少需要上述 6 类标准，这是确保食品安全的关键，也是对企业自律的基本要求，总而言之，无论是什么规模的食品生产企业，这 6 类标准均不得缺少。

对食品经营企业而言，这 6 类标准也是不可缺少的，但在具体的运用上有所变化。如在技术标准体系中的产品质量标准，即"把关"标准，对销售食品企业如大型超市要建立销售食品的"把关"标准，符合"把关"标准的产品才能进入超市销售，不符合销售"把关"标准要求的产品禁止销售。在选择销售食品时，要严格建立对销售产品的"前提""保障""指南"标准的审核标准，通过审核后方可进入到超市销售，超市所销售食品实际上也可以看作是超市对消费者的一种的"承诺"，并对销售食品的安全性负责，这也是《食品安全法》的规定要求。同时超市还要建立相关食品销售的"流通"标准，特别是对于需要冷链销售的食品，应制定冷链销售相关标准。

对食品生产经营企业而言，把这 6 类标准比喻成大树的"叶"，叶片是进行光合作用所必需的条件，叶片不完整，叶脉光合作用就会受阻，大树也就难以维持正常生长。

由图 7-2 可知，在标准体系中，管理标准体系是"花"。食品生产经营企业要确保食品安全，实现企业自身的管理目标，也就要使标准体系这棵"大树"的花开的美丽和鲜艳，就必然需要相应的管理标准来确保其管理目标的实现。要实现这一目标，在管理标准体系中涉及方方面面的管理标准，但这 9 个不同类型的标准即"灵魂""细节""条件""服务""把关""协作""外控""信用"和"应急"标准，对确保食品安全是必不可少的。人力资源管理标准是管理标准的"灵魂"标准，包括食品生产经营企业从董事长、总经理到中层管理人员，一直到各个部门的所有员工，使企业的工作人员将食品安全意识放到第一位是食品生产经营管理的首要任务。生产过程管理标准是管理标准的"细节"标准的要求，严格生产过程管理，是管理标准从细节上规范生产过程的主要抓手，每一个过程都达到标准要求，那么最终产品的质量安全才能确保质量安全目标的实现。设备设施管理标准是管理标准的"条件"标准，食品工业产品大多数都是在一定的设备及相应设施条件下生产出来，设备设施条件如果达不到生产安全产品的需要，那也就生产不出符合管理目标的合格产品，因此，设备设施管理标准是不可缺少的。产品营销管理标准是管理标准的"服务"标准，在产品营销上要关注消费者的需求，把消费者的安全放到重要的地位，就是要真正树立为消费者"服务"的思想，反对夸大产品质量安全、欺诈消费者的行为发生，这是"服务"标准要规范的基本要求。产品安全管理标准是管理标准的"把关"标准，该类标准除了关注最终产品的质量安全外，更重要的要对食品生产经营过程中与质量安全相关的因素实施全覆盖管理，包括原料生产的安全性、加工环境的安全性、食品添加剂等使用的安全性、营销物流的安全性以及不合格产品等方方面面的管理，只有产品安全管理标准实现了把关的要求，最终产品的安全性才能有保障。供货企业管理标准是管理标准中的"协作"标准，食品生产经营企业应该建立与供货企业的良好"协作"关系，也就是要对供货企业实施安全性管理，确保提供的生产加工原料和辅料以及生产设备的安全性，这是建立供货企业管理标准的基本要求。社会信用管理标准是管理标准的"信用"标准，在中国特色社会主义市场经济条件下，信用是企业发展壮大的根基，诚信合法经营是企业发展壮大的保证，也是企业社会责任的重要表现。为了加强社会组织信用信息管理，推进社会组织信用体系建设，促进社会组织健康有序发展，民政部2018年1月24日发布实施了《社会组织信用信息管理办法》，把其相关内容和企业员工信用表现都纳入"信用"标准中。事故处置管理标准是管理标准的"应急"标准，该类标准涉及问题产品的召回管理及处置、不合格品处置的监督管理，食品污染问题的处理，食品安全事故上报与处置，食品安全事故死亡及伤害人员救助与处置等，在"应急"标准中要做到防患于未然，把问题消灭在萌芽状态。

由图7-2可知，在标准体系中，工作标准体系是"根"。在标准体系中要使技术标准体系和管理标准体系的要求和目标"落地生根"，就需要强有力的工作标准体系。对食品生产经营企业而言，任何一项工作都应该有相应的工作标准，但对食品安全来说，在工作标准体系中的"核心""职责""外协""清洁""把关""流通"和"应急"7个不同类型的标准，是不可或缺的，这些标准相互联系、相互渗透，形成了一个科学的具有内在联系的有机整体，共同保证着技术标准和管理标准要求的实现。管理人员工作标准是工作标准的"核心"标准，食品生产经营企业的管理水平一定程度上决定食品安全的水平，管理人员需要尽心尽责把企业的目标与责任落到实处。生产人员工作标准是工作标准的"职责"标准，要生产出符合食品安全国家标准或者企业"把关"标准要求的产品，生产人员的工作是极其重要的，只要生产人员将工作标准的要求逐一落实，产品的质量安全就会有保障。采供人员工作标准是工作标准的"外协"标准，控制好原辅料来源以及相关的需要外协事项，也是保障食品生产安全的关键之一。检验人员工作标准是工作标准的"把关"标准，检验人员需要贯彻工作标准，才能最终保证"把关"标准的实现。检验人员工作标准应该包括从原料辅料等可能影响产品质量安全的所有因素的控制与把关，不合格原料辅料严禁流入生产环节。环境卫生工作标准是工作标准的"清洁"标准，洁净生产离不开"清洁"标准，清洁标准要落到实处，就要制定可操作性、具体执行的环境卫生工作标准，在制定清洁标准时，要避免使用形容词，要制定以动词为主的清洁标准。营销物流工作标准是工作标准的"流通"标准，要把"流通"标准的落到实处，营销物流工作标准即具体的工作的要求。事故处置工作标准是工作标准的"应急"标准，主要内容包括不合格产品的如何处置，需要召回的产品的具体实施以及食品安全事故处理等。

（4）合格评定　合格评定，实际上就是国际上通用的产品质量安全认证和相关体系认证。通过认证可以促进企业提高产品质量安全性，也是食品市场监管的一种方式，主要包括质量管理体系（ISO9000）认证、危害分析与关键点控制（HACCP）认证、良好农业规范（GAP）认证、良好操作规范（GMP）认证、食品安全管理体系（ISO22000）认证、企业社会责任（SA8000）认证、绿色食品认证、有机食品认证、无公害农产品产地与产品认证、环境质量管理体系（ISO14000）认证等，这些都属于第三方认证，是对食品生产加工及经营企业的质量安全确认，因此，通过认证即取得了质量安全的"证明"。一般情况下，获得这个证明是要收费的，因此，在市场经济条件下只凭这样的证明还是不能完全确保安全质量的。

(5) 消费者评价 消费者评价是食品市场监管体系框架的重要补充，市场上的食品类型繁多，消费者对不同食品、不同品牌等有着较为深刻的认识，并不断积累判定食品优劣的经验，形成了各具特色的消费风格和习惯。因此，把消费者的评价纳入该体系是十分必要的。消费者评价的实施，要根据评价的目标，制定相应要求和具体的实施方案，针对不同问题编制调查提纲，内容设计要全面准确反映评价需要，经过实际分析归类，确定消费者对产品质量安全的满意度。

(6) 信息化（互联网+） 信息化监管是构建食品市场监管体系框架不可缺少的手段之一，也是解决食品信息不对称的有效方法。在本书第五章的第四节"食品质量安全溯源追溯"中，对有关食品信息化监管已经提出了具体做法，最重要的就是要建立全国统一标准的食品食用农产品产地、加工与流通和餐饮服务信息化大平台，实施"第二次市场准入"制度。这里不再赘述。

(7) 市场监管标准体系 市场监管标准体系是食品市场监管体系框架的主要防线标准，也是食品市场监管工作人员从事市场监管工作的执行标准，对于如何发挥监管职能具有重要的指导意义。针对食品市场监管的对象，市场监管标准体系主要由食品生产监管标准、食品经营监管标准、三小食品监管标准、特殊食品监管标准和食品相关产品监管标准5个部分组成。市场监管标准在新型食品安全国家标准体系框架中有详细的论述。市场监管标准最关键的是要明确解决为什么查、查什么、怎么查和查后怎么办的问题。

(8) 食品违法犯罪处置 食品安全违法犯罪处置是食品市场监管体系框架一个组成部分，也是食品市场监管的最后一道防线。现行的《食品安全法》第九章法律责任中有关食品安全法法律责任共28条，其中生产经营者的法律责任15条，占53.57%；食品安全风险监测、评估机构1条，占3.57%。食品检验机构2条，占7.14%；违法广告、宣传和虚假信息2条，占7.14%；政府和主管部门5条，占17.86%；民事赔偿2条，占7.14%；构成犯罪1条，占3.57%。可见，生产经营者的法律责任排位第一，是市场监管关键，而政府和主管部门的法律责任排位第二，这关系到市场监管执法的有效性，是对监管部门职责的法律要求，是做好食品市场监管的关键。

食品法律责任分为三种类型：食品刑事责任、食品行政责任和食品民事责任。食品刑事责任规定在我国刑法中，由第一百四十三条规定的生产、销售不符合食品安全标准的食品罪，第一百四十四条规定的生产、销售有毒、有害食品罪加以调整。食品行政责任在我国产品质量法、食品安全法及农产品质量安全法中有明确的规定。食品民事责任在侵权责任法、食品安全法、产品质量法中有明确的规定。

《最高人民法院、最高人民检察院关于办理危害食品安全刑事案件适用法律若干问题的解释》2013年5月4日实施，食品安全犯罪主要有两个罪名。

第一个罪名为生产、销售不符合安全标准的食品罪。《刑法》第一百四十三条规定，生产、销售不符合食品安全标准的食品，足以造成严重食物中毒事故或者其他严重食源性疾病的，处三年以下有期徒刑或者拘役，并处罚金。对人体健康造成严重危害或者有其他严重情节的，处三年以上七年以下有期徒刑，并处罚金。后果特别严重的，处七年以上有期徒刑或者无期徒刑，并处罚金或者没收财产。

按照《最高人民法院、最高人民检察院关于办理危害食品安全刑事案件适用法律若干问题的解释》规定，生产、销售不符合安全标准的食品罪。有以下几种情况。

①生产、销售不符合食品安全标准的食品,具有下列情形之一的,应当认定为刑法第一百四十三条规定的"足以造成严重食物中毒事故或者其他严重食源性疾病":

——含有严重超出标准限量的致病性微生物、农药残留、兽药残留、重金属、污染物质以及其他危害人体健康的物质的;

——属于病死、死因不明或者检验检疫不合格的畜、禽、兽、水产动物及其肉类、肉类制品的;

——属于国家为防控疾病等特殊需要明令禁止生产、销售的;

——婴幼儿食品中生长发育所需营养成分严重不符合食品安全标准的;

——其他足以造成严重食物中毒事故或者严重食源性疾病的情形。

②生产、销售不符合食品安全标准的食品,具有下列情形之一的,应当认定为刑法第一百四十三条规定的"对人体健康造成严重危害":

——造成轻伤以上伤害的;

——造成轻度残疾或者中度残疾的;

——造成器官组织损伤导致一般功能障碍或者严重功能障碍的;

——造成十人以上严重食物中毒或者其他严重食源性疾病的;

——其他对人体健康造成严重危害的情形。

③生产、销售不符合食品安全标准的食品,具有下列情形之一的,应当认定为刑法第一百四十三条规定的"其他严重情节":

——生产、销售金额二十万元以上的;

——生产、销售金额十万元以上不满二十万元,不符合食品安全标准的食品数量较大或者生产、销售持续时间较长的;

——生产、销售金额十万元以上不满二十万元,属于婴幼儿食品的;

——生产、销售金额十万元以上不满二十万元,一年内曾因危害食品安全违法犯罪活动受过行政处罚或者刑事处罚的;

——其他情节严重的情形。

④生产、销售不符合食品安全标准的食品,具有下列情形之一的,应当认定为刑法第一百四十三条规定的"后果特别严重":

——致人死亡或者重度残疾的;

——造成三人以上重伤、中度残疾或者器官组织损伤导致严重功能障碍的;

——造成十人以上轻伤、五人以上轻度残疾或者器官组织损伤导致一般功能障碍的;

——造成三十人以上严重食物中毒或者其他严重食源性疾病的;

——其他特别严重的后果。

第二个罪名为生产销售有毒有害食品罪。《刑法》第一百四十四条规定,在生产、销售的食品中掺入有毒、有害的非食品原料的,或者销售明知掺有有毒、有害的非食品原料的食品的,处五年以下有期徒刑,并处罚金。对人体健康造成严重危害或者有其他严重情节的,处五年以上十年以下有期徒刑,并处罚金。致人死亡或者有其他特别严重情节的,处十年以上有期徒刑、无期徒刑或者死刑,并处罚金或者没收财产。

按照《最高人民法院、最高人民检察院关于办理危害食品安全刑事案件适用法律若干问题的解释》规定,生产销售有毒有害食品罪。有以下几种情况。

①生产、销售有毒有害食品，具有下列情形之一的，应当认定为刑法第一百四十三条规定的"对人体健康造成严重危害"：

——造成轻伤以上伤害的；
——造成轻度残疾或者中度残疾的；
——造成器官组织损伤导致一般功能障碍或者严重功能障碍的；
——造成十人以上严重食物中毒或者其他严重食源性疾病的；
——其他对人体健康造成严重危害的情形。

②生产、销售有毒、有害食品，具有下列情形之一的，应当认定为刑法第一百四十四条规定的"其他严重情节"：

——生产、销售金额二十万元以上不满五十万元的；
——生产、销售金额十万元以上不满二十万元，有毒、有害食品的数量较大或者生产、销售持续时间较长的；
——生产、销售金额十万元以上不满二十万元，属于婴幼儿食品的；
——生产、销售金额十万元以上不满二十万元，一年内曾因危害食品安全违法犯罪活动受过行政处罚或者刑事处罚的；
——有毒、有害的非食品原料毒害性强或者含量高的；
——其他情节严重的情形。

这样一个食品市场监管体系框架由8个部分构成，应该说只要各个部分均发挥功能，食品安全质量就会有保障，人民群众就会满意。

四、食品市场监管体系建设

就目前我国食品安全国家标准来看，除食品添加剂、有毒有害物质、农药兽药残留限量标准和检验检测方法标准等属于食品市场监管标准之外，其他的标准绝大多数是保证生产的食品产品标准、确保生产安全食品的操作规范及规程等标准，而直接用于食品市场监管的标准，特别是食品市场监管标准体系建设相对比较滞后，急需完善新建食品市场监管标准体系。

食品市场监管体系建设是做好食品市场监管的重要保障，也是做好食品市场监管的前提和条件，最关键的是食品市场监管体系建设问题，根据上述构建的食品市场监管体系需要，笔者认为食品市场监管体系建设主要应从食品立法改革、食品市场监管体制机制改革、食品检验检测机构改革、食品安全国家标准体系完善和食品市场监管标准建立以及特殊食品监管等方面综合考虑来建设我国的食品市场监管体系，主要建设内容包括以下几个方面。

（一）进一步完善补充食品法律法规

从食品农产品生产链及相关因素考虑，在《食品安全法》《农产品质量安全法》的基础上，把食品、食品原料、食用农产品（食用林产品）及与食品原料安全相关的产品，如饲料、农药、有机肥料、农用薄膜、食品加工用水和食用农产品生产灌溉水及畜禽饮用水、土壤、大气环境质量、食品添加剂、食品杀菌设备等全部纳入法律的监管范围之内，确保相关部门提供的最终农产品和食品加工原料符合法律法规的要求，并规范食品加工原料管理，符合食品安全国家标准和食品行业标准要求的食品加工原料才能进入食品生产加工环节。

（二）食品市场监管体制机制改革

食品市场监管体制机制改革在我国《食品安全法》和《农产品质量安全》以及相关法律

中都有明确的要求。但从 2004 年到 2018 年政府对食品市场监管体制机制的改革一直没有停止，经历从单一部门到多部门分段，最后又到单一部门的变化，有的地方政府实施"三合一"，甚至"四合一"改革，实施情况良莠不齐，最终促进了国家食品市场监管体制向大市场单一部门转化，但无论体制如何变化，具体食品市场监管系统内改革依然是体制机制改革的重点。为了打破地方保护，建立高效、统一、科学、权威的全国一盘棋食品市场监管体制机制，应保证国家监管政策直接落地，满足人民群众对食品安全需要。

（三）食品检验检测机构改革

食品检验检测机构是食品市场监管体系的一个重要环节，承担着判定食品是否符合食品安全标准的重要任务，每年的抽检任务巨大。如国家市场监督管理总局印发的《2019 年食品安全监督抽检计划》中，食品安全抽检计划涵盖 34 个食品大类、150 个食品品种、259 个食品细类，共抽检 133.96 万批次。

关于检验检测监测体制的整合问题，根据《国务院关于促进市场经济公平竞争维护市场正常秩序的若干意见》（国发〔2014〕20 号）和《国务院办公厅转发中央编办质检总局关于整合检验检测认证机构实施意见的通知》（国办发〔2014〕8 号）精神，2015 年 3 月 10 日原国家质量监督检验检疫总局《全国质检系统检验检测认证机构整合指导意见》，明确检验检测认证机构分类和功能定位。公益类检验检测认证机构是指由政府举办，经费由财政予以保障或补助，以公益服务为目的的检验检测认证机构；经营类检验检测认证机构是指由市场配置资源，以独立企业法人形式存在，自主经营、独立核算、自负盈亏的检验检测认证机构。这两类机构功能定位不同，公益类检验检测认证机构主要为政府制定政策法规和风险管理提供技术支撑、为政府监管提供技术支持、为重大国计民生项目提供技术服务，以及提供其他不宜由市场机制提供的检验检测认证服务；经营类检验检测认证机构则面向社会提供社会化、商业性检验检测认证服务，同时可承接政府购买的检验检测认证服务。要求结合事业单位分类改革，进行分类整合。在此基础上，推进经营类检验检测认证机构转企改制。检验检测认证机构转企改制后逐步与政府主管部门脱钩。该意见还提出了 5 种整合模式，分别是：行政划拨方式、授权经营方式、拆分归并方式、公共平台方式、整体改制方式。要求各地在政府主导下，根据实际情况，选择或参照这 5 种模式实施整合。这项改革的力度是前所未有的，思路和目标非常明确，对市场监管是非常有意义的。

在市场监管中，检验检测监测机构如何改革的确是一件很重要的事情，还需要深入探究，但基于上述改革精神，尽可能的整合现有分布在市场监管部门、卫生健康部门、环境保护部门等现有检验检测监测机构及在各地的依法授权建立的国家或者部级检验检测监测机构，重新构建国家政府主导的检验检测监测体系，最终形成国家级食品检验检测监测中心和区域性食品检验检测监测中心，同时还要发挥社会第三方检验检测监测机构的作用，形成国家级为龙头、区域性食品检验检测监测中心为核心和第三方检验检测机构为补充的服务体系，为食品市场监管提供优质高效检验检测监测技术需求和支撑。

（四）食品安全国家标准体系完善

以食品安全标准问题为导向，以适应和满足食品生产经营和食品市场监管需要为基本遵循，完善食品安全国家标准体系，增加食品市场监管标准，实现食品产业的全覆盖，为食品市场监管提供技术支撑。在食品安全国家标准体系的完善方面，解决检测方法滞后、监管缺乏依据的问题，特别是加快食品快速检验方法的研制，提高准确性和可靠性，尽快使之成为具有法律效力的方法，以满足基层食品市场监管的需要。

（五）特殊食品监管

对特殊食品一定要实施特殊监管，要提高特殊食品的市场准入门槛，并在目前实施的食品违法处罚水平的基础上，增加对特殊食品的违法处罚力度，如经济制裁再增加20~30倍，犯罪处罚再增加5倍，如果判刑3年，对特殊食品可以增加到15年。在特殊食品生产许可上，要与普通食品区别对待，特殊食品不允许实施代加工或者分装。在原有特殊食品生产许可的基础上，强化许可证管理。

（六）完善食品安全社会共治体系

以回应性监管理论为参考，尊重食品市场监管客观规律，倾听人民呼唤，顺应时代潮流，逐步优化政府监管部门职能，政府监管部门应把握住本该负责的部分，且一定要负责好，而需要社会监管的一定要交给社会，科学合理的完善食品安全社会共治体系，社会共治是食品市场监管的一把宝剑，应该用足用活。

第八章 不同类型食品市场监管思路与措施

内容要点

- 保健食品及市场监管问题
- 保健食品市场监管思路及措施
- 食用农产品及市场监管问题
- 食用农产品市场监管思路及措施
- 餐饮服务及市场监管问题
- 餐饮服务市场监管思路及措施
- 食品标签及市场监管问题
- 食品标签市场监管思路及措施
- 食品广告及市场监管问题
- 食品广告市场监管思路及措施
- 传统食品及市场监管问题
- 传统食品市场监管思路及措施
- 食品包装及市场监管问题
- 食品包装市场监管思路及措施

第一节 保健食品监管思路与措施

一、保健食品及市场监管问题概述

关于保健食品的概念与界定，世界各国的称谓有所不同，但其实质含义基本上是一致的。我国一般统称为保健食品，但也曾称"功能食品""营养保健食品""药膳食品"等[73]。在社会经济发展和科技进步的前提下，保健食品满足了对提高营养保健水平的需要。

我国保健食品的发展历史很长，很早就有"药食同源"和"药补不如食补"的观点。在明清时代，许多宫廷食品都是保健食品。现代保健食品的发展起步于20世纪80年代，1984年成立了中国保健食品协会，使保健食品的生产和销售进入快速发展阶段。1995年颁布的《中华人民共和国食品卫生法》第二十二条规定，表明具有特定保健功能的食品，其产品及说明书必须报国务院卫生行政部门审查批准，其卫生标准和生产经营管理办法，由国务院卫生行政部门制定。这是首次在法律中出现特定保健功能的食品，也就是"保健食品"。随后按照法律的要求，卫生部1996年颁布的《保健食品管理办法》第二条中明确规定，保健食品是指表明具有特定保健功能的食品。即适宜于特定人群食用，具有调节机体功能，不以治疗疾病为目的的食品。从此保健食品开始正式纳入法制轨道。

随着国家管理职能调整，把保健食品管理转交国家食品药品监督管理局之后，对《保健食品管理办法》进行首次修订，在2005年颁布的《保健食品注册管理办法（试行）》第二条规定，保健食品是指声称具有特定保健功能或者以补充维生素、矿物质为目的的食品，即适宜于特定人群食用，具有调节机体功能，不以治疗疾病为目的，并且对人体不产生任何急性、亚急性或者慢性危害的食品。从此把保健食品分成了具有特定保健功能的保健食品和补充维生素、矿物质的保健食品两个类别，并把保健食品的功能也由原来的22个功能扩大到27个。

2009年颁布的《食品安全法》对保健食品的管理依然沿用了《保健食品注册管理办法（试行）》，但在2015年修订的《食品安全法》中，对保健食品管理进行调整，把保健食品作为特殊食品，并提出了严格的管理要求。具体法律条文如下。第七十五条，保健食品声称具有保健功能，应当具有科学依据，不得对人体产生急性、亚急性或者慢性危害。保健食品原料目录和允许保健食品声称的保健功能目录，由国务院食品药品监督管理部门会同国务院卫生行政部门、国家中医药管理部门制定、调整并公布。保健食品原料目录应当包括原料名称、用量及其对应的功效；列入保健食品原料目录的原料只能用于保健食品生产，不得用于其他食品生产。第七十六条，使用保健食品原料目录以外原料的保健食品和首次进口的保健食品应当经国务院食品药品监督管理部门注册。但是，首次进口的保健食品中属于补充维生素、矿物质等营养物质的，应当报国务院食品药品监督管理部门备案。其他保健食品应当报省、自治区、直辖市人民政府食品药品监督管理部门备案。进口的保健食品应当是出口国（地区）主管部门准许上市销售的产品。第七十七条，应当依法注册保健食品，注册时应当提交保健食品的研发报告、产品配方、生产工艺、安全性和保健功能评价、标签、说明书等材料及样品，并提供相关证明文件。国务院食品药品监督管理部门经组织技术审评，对符合安全和功能声称要求的，准予注册；对不符合要求的，不予注册并书面说明理由。对使用保健食品原料目录以外原料的保健食品作出准予注册决定的，应当及时将该原料纳入保健食品原料目录。依法应当备案的保健食品，备案时应当提交产品配方、生产工艺、标签、说明书以及表明产品安全性和保健功能的材料。第七十八条，保健食品的标签、说明书不得涉及疾病预防、治疗功能，内容应当真实，与注册或者备案的内容相一致，载明适宜人群、不适宜人群、功效成分或者标志性成分及其含量等，并声明"本品不能代替药物"。保健食品的功能和成分应当与标签、说明书相一致。第七十九条，保健食品广告除应当符合本法第七十三条第一款的规定外，还应当声明"本品不能代替药物"，其内容应当经生产企业所在地省、自治区、直辖市人民政府食品药品监督管理部门审查批准，取得保健食品广告批准文件。省、自治区、直辖市人民政府食品药品监督管理部门应当公布并及时更新已经批准的保健食品广告目录以及批准的广告内容。这部法律对保健食品监管要求最多。2016年原国家食品药品监督管理总局颁布了《保健食品注册与备案管理办法》，规定国家食品药品监督管理总局负责保健食品注册管理，以及首次进口的属于补充维生素、矿物质等营养物质的保健食品备案管理，并指导监督省、自治区、直辖市食品药品监督管理部门承担的保健食品注册与备案相关工作。省、自治区、直辖市食品药品监督管理部门负责本行政区域内保健食品备案管理，并配合国家食品药品监督管理总局开展保健食品注册现场核查等工作。市、县级食品药品监督管理部门负责本行政区域内注册和备案保健食品的监督管理，承担上级食品药品监督管理部门委托的其他工作。《保健食品注册与备案管理办法》将保健食品的管理方式从目前的单一注册审批制改为注册和备案相结合的管理制度。

截至2018年12月底，全国有2365家保健食品生产企业获得生产许可。截至2019年4月（数据来源为国家食品药品监督管理总局审批的保健食品的基本信息数据库）经过审批的保健食品17470种，其中国产保健食品16690种，进口保健食品大约有780种，保健食品年产值超过3000亿元。由于保健食品属于特殊食品的一种，是一种"吃不饱"的食品，且随着我国社会逐渐步入老龄化社会，对保健食品期待的人群数量很大。由于对保健食品的功能认识不够到位，盲目追求健康长寿，有的人特别是中老年人长期依赖保健食品，使身体处于高风险状态，如2010年世界卫生组织指出，目前全球大约有28%的人口患上一种新的饮食失调症——健康食品痴迷症，其症状表现为过度痴迷于所谓的健康食品，为了吃得健康而严格控制饮食和种类直到偏执的程度，从而使身体处于危险状况，而在我国患有这种"病"的人为数不少，如怕血脂高而整日吃素，怕血糖高而拒绝主食，怕农药超标而非"有机"不买等现象，长此以往的后果，很可能使身体缺少蛋白质、维生素和矿物质，造成营养不良、贫血并由此引起代谢失调、早衰。虽然保健食品具有巨大的发展空间，但由于许多保健食品企业以广告宣传、直销讲座来夸大保健食品的效果，也给保健食品市场监管带来前所未有的挑战。

为遏制食品和保健食品违法犯罪及其影响，2017年国家食品安全委员会等九部委联合发布了《关于做好食品、保健食品生产企业欺诈和虚假宣传专项整治工作的通知》，截至2018年9月，各地共查处食品保健食品欺诈和虚假宣传案件4.1万件，货值金额16.4亿元，抓获犯罪嫌疑人8900名。2019年1月8日民政部等13个部门联合部署"百日行动"，整治"保健"市场出现的虚假宣传、违法广告、消费欺诈、假冒伪劣等一系列突出问题，随即在全国各省市掀起了整治保健品乱象风暴。截至2019年3月10日，国家市场监督管理总局发布的整治"保健"市场乱象百日行动工作情况显示，行动中共立案6535件，结案2290件，案值77.9亿元，罚没金额2.68亿元，移送司法机关案件174件。其中，虚假宣传及虚假广告案件数量占比最高，两类案件共立案2531件，占比38.7%。结案733件，占比32%。违规直销和传销案件案值和罚没金额最高，案值49.54亿元，占比63.6%。罚没款1.94亿元，占比72.4%。移送司法机关案件主要涉嫌传销、危害食品安全等违法犯罪行为。据有关资料，我国目前保健品（含保健食品）市场存在的主要问题是：①质量问题，占42.5%；②虚假广告的问题，占29.5%；③虚假宣传的问题，占8.7%；④其他问题，占19.3%。

二、保健食品市场监管思路

保健食品市场监管是食品安全监管领域的重点，已经引起政府和社会各界的高度关注，由于经济社会的发展，部分高收入人群对保健食品这一特殊食品的需要不断增加，但保健食品的功能由于在不同个体之间的差异较大，不像药品主要针对某个病菌，且有临床验证结果作为证据，所以保健食品在功能表现上应该说较药品功能表现要差得多。因此，要把一个功能表现差的保健食品推向不同个体差异大的保健食品市场，虚假宣传和虚假广告，甚至造假、吹嘘成"神药"和欺诈行为发生的可能性就会增加，这就必然给市场监管带来隐患和风险。针对保健食品监管面临的功能和欺诈宣传主要问题，提出以下保健食品市场监管思路。

（一）完善功能审批

从1996年《保健食品管理办法》实施以来，我国保健食品的市场发展迅猛，经过审批的保健食品17470种，其中国产保健食品16690种，进口保健食品大约有780种。在保健食品市场销售中，与一般普通食品相比其虚假宣传和虚假广告以及欺诈行为问题严重说明保健食品功能效果欠佳。我国规定保健食品的功能最多不得超过27项，但保健食品的数量高达17470种，按照不合理的计算方法，平均一个功能就有647个产品（实际上有的功能会远远超过这个平均数），在同一功能中良莠不齐、鱼目混珠者都有可能存在。

因此，对保健食品市场的监管要从功能评审开始，全面审慎完善保健食品功能审批。建议采用对"新药"的审批程序来管理保健食品的审批，特别是要求设立临床试验与临床验证，且临床验证单位由国家相关部门按照其研究试验条件和技术人员水平等软硬件条件综合确定，临床验证单位要对保健食品的功能评价负有相应的法律责任。同时在审批中，生产企业的生产条件应参照药品生产企业条件执行，要求专业的企业做专业事，取消委托代加工。

（二）产品宣传审核

保健食品宣传广告五花八门，明星代言、真人现身说法、"高科技"动漫夸张等手段层出不穷，通常令消费者无所适从。在现有法律法规的基础上，建议建立健全保健食品产品宣传审核制度，制定颁布不同功能类型的保健食品宣传用语规范和标准，建立宣传审核明细，遏制违法违规宣传，误导和欺诈消费者的行为。例如，参考GB 28050—2011《食品安全国家标准 预包装食品营养标签通则》附录D《能量和营养成分功能声称标准用语》的要求，制定保健食品的功能声称用语。（如膳食纤维：膳食纤维有助于维持正常的肠道功能和膳食纤维是低能量物质的两种方式。叶酸：叶酸有助于胎儿大脑和神经系统的正常发育、有助于红细胞形成、有助于胎儿正常发育的三种方式。）

三、保健食品监管措施

（一）压缩保健食品数量，淘汰劣质产品

通过完善严格的保健食品功能审批程序，对新申请的保健食品，其功能要求应优于已申请保健食品批准的具有相同功能产品的对比资料（建议设立不同功能类型保健食品的产品标准，对申请的新产品要进行与该功能产品标准的对比资料）。如果其功能不优于已申请保健食品批准的产品，就不能通过保健食品的审核和审批，这样就可以大大压缩不必要的、功能效率低下的产品数量，从而达到压缩保健食品数量的目标。笔者建议，对保健食品同一功能的产品，设立国家审批数量的限制。例如，同一功能的保健食品国家审批数量限制在500种，要求保健食品申请者提供完整的资料，特别是临床试验和验证资料确实优于已经审核和评估的产品，方可进入登记注册程序，同时对国家已经通过审批的产品，实施优胜淘汰制度，以保持国家审批数量不变。同时建议取消仅仅通过动物试验和体外实验的验证就能登记注册的保健食品生产，全面实施以人体临床验证为最终注册的规定。

（二）严格保健食品标签，遏制虚假标注

关于保健食品标签的规定，已经实施了多年，其效果毋庸置疑，但也出现了许多难以理解的问题，对过去在保健食品标签中提出的，如"保健食品不是药品，不能代替药物"和未经人群食用评价的保健食品（营养素补充剂产品除外），应在标签、说明书对保健功能声称前增加"本品经动物实验评价"的字样等，这满足了消费者的知情权，但消费者对其理解程度与自身的文化程度、经验、阅历等因素有关。

要多途径多方式向消费者普及"保健食品不是药品，不能代替药物"等健康知识，提升消费者对违法行为的识别力、抵制力和免疫力，引导消费者明白消费，并进一步细化严格保健食品标签的管理。在现有标签具体规定的基础上，进一步明确标签的要求，并建议规定产品名称、保健食品功能、主要功能性成分及含量、适应人群及食用量、食用方法、生产企业名称、保健食品标志、产品执行标准和产品保质期及储存条件等。

（三）实施产品宣传备案，推广合法宣传

按照《广告法》《商标法》和《反不正当竞争法》等法律法规的要求规定，由国家相关部门实施产品广告宣传审核制度，通过产品广告宣传审核的保健食品，要实施在国家市场监督管理部门的监管下进行产品宣传的备案手续。保健食品生产企业在相关新闻媒体和网络包括自身网络进行广告宣传时，要出具产品宣传的备案手续，并按照备案的要求开展相关产品广告宣传工作，对无备案手续的产品，新闻媒体和网络包括自身网络，不得随意进行产品广告宣传及相关的推广广告宣传工作。

第二节 食用农产品监管思路与措施

一、食用农产品及市场监管问题概述

在《农产品质量安全法》调整范围中虽然包括食用农产品，但对食用农产品与其他农产品质量安全管理实施相同的管理，这与人民群众对食用农产品的质量与安全及其特殊性的要求是不相对称的，食用与非食用农产品对人体健康的影响差异很大，这是显而易见的。因此，应该针对食用农产品单独立法形成专业的市场监管法律，最好是将食用农产品纳入《食品安全法》之中来实施监管。

目前，对食用农产品适用法律为《农产品质量安全法》，该法律规定县级以上人民政府农业行政主管部门负责农产品质量安全的监督管理工作。县级以上人民政府有关部门按照职责分工，负责农产品质量安全的有关工作。就我国现行的食品市场监管体制，农产品质量安全包含了食用农产品，主要由国家农业行政部门主管负责。

在《农产品质量安全法》中，农产品是指来源于农业的初级产品，即在农业活动中获得的植物、动物、微生物及其产品。农产品质量安全是指农产品质量符合保障人的健康、安全的要求。食用农产品是食品加工原料的主要来源，食品加工产品的质量安全一定程度上受农产品安全水平的影响，从源头生产过程开始到最终进入食品加工之前，实施全程监管是关键。

影响农产品质量安全的危害因素主要来源，主要包括农业种植业和养殖业过程可能产生的

危害、农产品保鲜包装储运过程可能产生的危害、农产品自身的生长发育过程中产生的危害、农业生产中新技术应用带来的潜在危害等四个方面,对其实施安全性控制与监管是关键。

（1）农业种养过程可能产生的危害　　主要包括因投入品不合格使用或非法使用造成的农药、兽药、硝酸盐和亚硝酸盐、生长调节剂和激素、膨大剂、催熟剂、瘦肉精、苏丹红等有毒有害残留物；畜禽动物疫病如禽流感病毒、口蹄疫、非洲猪瘟；产地环境和土壤中带来的铅、汞、砷、铬、镉等重金属污染,石油烃、多环芳烃、氟化物等有机污染物和农业种养生产用水带来的污染物以及违反法律、法规的规定向农产品产地排放或者倾倒废水、废气、固体废物或者其他有毒有害物质。

（2）农产品保鲜包装储运过程可能产生的危害　　主要包括储存运输过程中不合理或非法使用的保鲜剂、防腐剂和包装运输材料中有毒有害化学物等产生的污染。

（3）农产品自身的生长发育过程中产生的危害　　如天然毒素如河豚毒素、贝类毒素；植物毒素如皂苷、茄碱、氢氰酸等；真菌毒素如黄曲霉毒素等；食源性微生物如沙门氏菌、金黄色葡萄球菌、李斯特增生菌等。

（4）农业生产中新技术应用带来的潜在危害　　如外来物种侵入、非法转基因品种等。

目前,我国农产品质量安全监管主要采取了对最终产品的质量安全进行例行监测及国家监督抽检,而对农产品生产过程的控制与监管有思路但实施不够到位。从农业农村部例行监测结果来看,近几年的全国蔬菜、畜产品、水产品质量安全例行监测合格率稳定保持在96%以上。从食用农产品质量安全国家监督抽检合格率来看,食用农产品质量安全合格率比较稳定,且处于高位状态。如从陕西省市场监督管理局2019年第一季度公布的6060批次食品样品监督抽检结果来看,检验项目全部合格的有5950批次,不合格的有110批次,总体合格率为98.18%。在不合格食品中,饮料、食用农产品、餐饮食品最多,分别为31批次、22批次、16批次；从检验不合格项目看,以微生物污染,超范围、超限量使用食品添加剂,农兽药残留超标三类问题为主,分别占不合格总数的44.35%、22.61%、18.26%。可见,针对食用农产品问题强化对微生物的污染,超范围、超限量使用食品添加剂,农兽药残留超标三类问题为主,并建立从源头污染物控制到最终食用农产品的生产过程监管,为进入食用农产品消费到食品加工提供合格的产品和原料。

二、食用农产品生产过程与市场监管思路

关于食用农产品市场监管,我国政府和农业行政主管部门及相关机构对此进行了大量的探索和实践,20世纪90年代开始先后开展了绿色食品认证、有机食品认证和农产品地理标志产品等农产品质量安全认证,并开始建立国家级、省部级、市级及县级四级农产品检测检验技术机构,2001年在全国实施了"无公害食品行动计划",对改善食用农产品安全性发挥了重要作用。2006年颁布实施了《农产品质量安全法》,使农产品生产及质量安全有法可依,在推动全国农业标准化示范区和农产品质量安全追溯体系建设等方面卓有成效。近20年来,共建设8批,4272个国家级农业标准化示范区,省级农业标准化示范区5728个。与此同时,也逐步建立了农业生产质量标准体系、农业标准化生产示范体系、农产品质量认证体系、执法监管体系和农产质量安全监测体系等五大体系,在全面提升农产品质量安全水平方面发挥重要作用。

虽然我国不同学者在构建"从田间到餐桌"的全程监管体系有许多研究和设想,但农产品质量安全涉及的范围广,源头危害来源复杂多变,生产规模化程度和标准化生产普及度低,

市场准入缺乏严格规范遵循，农产品质量安全标准体系难以支撑执法监管的需要。因此，以重构食用农产品质量安全标准体系为抓手，依据不同食用农产品生产特点，针对危害来源提出对其各个环节控制监管手段和措施，并结合相关研究[56,68,69,71,74]，笔者认为食用农产品生产过程监管的具体思路主要包括以下几个方面。

（一）完善食用农产品生产过程标准，建立过程监管标准

针对食用农产品生产过程危害来源，按照食用农产品的大类，建立食用农产品生产质量安全市场监管标准。根据食用农产品的生产特点、产品来源及其在市场大众消费习惯，把食用农产品分为粮油、蔬菜、水果、茶叶、畜禽产品（肉蛋乳）、蜂产品、水产品（淡水养殖和海水养殖）和林产品8个大类，并建立相应的生产质量安全市场监管标准。在这里举两个例子，为其他食用农产品提供参考。

（1）粮油产品生产质量安全市场监管标准　粮油产品主要包括小麦、玉米、大米、大豆、小杂粮等粮食作物，菜籽、花生、芝麻、棉花、向日葵、胡麻等油料作物，甘蔗、甜菜等糖料作物生产及其粗加工的产品。

粮油产品生产质量安全市场监管标准的主要内容，包括产地环境、种子种苗、肥料使用、病虫害和草鼠害防控、采后干燥及储存加工等5个环节关键点的质量安全控制技术及要求。具体要求如下。

①产地环境：重点监管土壤、空气和灌溉水的质量安全三个方面，产地环境可能产生的危害来源是重金属、生物毒素、农药残留、大气污染物、致病微生物和灌溉水质污染等。因此，粮油产品生产过程产地环境监管，主要监管产地周边环境及产区条件是否符合相关国家标准要求，特别是对重金属、生物毒素等污染风险较高的地区，应加强产地环境污染因素的排查和监控。

②种子种苗：重点监管粮油品种选择和种子种苗质量两个方面，种子种苗可能产生的危害来源是产毒真菌、生物毒素、重金属、农药残留等。因此，粮油产品生产过程种子种苗监管，主要监管品种选择是否是通过国家级或本省审定的品种，如黄淮海地区宜选择抗赤霉病的小麦品种，以降低生物毒素污染和农药残留风险。种子种苗质量监管是否符合国家相关质量标准的要求，采用化学处理和包衣的种子种苗是否符合国家相关标准的要求，特别是要监管染病种子用于实际生产，以减少病原的交叉感染，并防控转基因粮油植物进入生产环节。

③肥料使用：重点监管有机肥料和秸秆还田两个方面，肥料使用可能产生的危害来源是重金属、生物毒素、致病微生物和生物毒素等。因此，粮油产品生产过程肥料使用监管，主要监管在粮油产品生产过程中是否符合平衡施肥或测土配方施肥的要求，特别是要监管有机肥料的来源和潜在危害，如致病微生物、重金属含量、堆肥方式、杂草种子含量等。秸秆还田主要监管重金属污染和病害发生较严重的地区不能秸秆还田，以避免加重重金属积累和防止病原体传播。

④病虫害和草鼠害防控：重点监管农药使用，病虫害和草鼠害防控可能产生的危害来源是农药残留，包括除草剂残留等。因此，粮油产品生产过程病虫害和草鼠害防控监管，主要监管在粮油产品生产过程中是否使用了国家明令禁止使用的农药或者超范围使用农药。国家规定允许使用的农药，在使用时是否遵守农药标签规定的用药量、配制方法、施药时间、施药方法等相关规定。使用农药后的产品，在采收时是否遵循安全间隔期等安全要求。

⑤采后干燥及储存加工：重点监管干燥处理、产品储存和初级加工三个方面，采后处理可

能产生的危害来源是生物毒素、重金属、农药残留、致病微生物、食品添加剂、外来杂物污染等。因此，粮油产品生产过程采后处理监管，主要监管在粮油产品生产过程中干燥处理和产品储存是否符合国家相关标准要求，初级加工是否满足生产许可证实施细则的规定等。

（2）蔬菜产品生产质量安全市场监管标准　蔬菜产品主要包括露地蔬菜、设施蔬菜和水生蔬菜等三个栽培方式。蔬菜的种类包括根茎类蔬菜、绿叶类蔬菜、瓜类蔬菜、花类蔬菜、茄果类蔬菜、葱蒜类蔬菜、豆类蔬菜、水生类蔬菜和食用菌 9 个大类，其中根茎菜蔬菜是指胡萝卜、萝卜、芋头、山药、莴笋、马铃薯、姜、芜青、菊芋等蔬菜；绿叶类蔬菜是指花椰菜、油菜、乌塌菜、芹菜、叶用芥菜、茼蒿、苋菜、叶用莴苣、蕹菜、芫荽（香菜）、茴香、大白菜、结球甘蓝、香椿等以食用叶为主的蔬菜；瓜类蔬菜是指南瓜、西葫芦、黄瓜、冬瓜、苦瓜、丝瓜、佛手瓜等蔬菜；花类蔬菜是指花椰菜、西蓝花、韭菜花、鲜黄花菜等以食用花为主的蔬菜；茄果类蔬菜是指茄子、番茄、辣椒等蔬菜；葱蒜类蔬菜是指大葱、香葱、大蒜、青蒜（蒜苗）、蒜薹、韭菜、韭黄、韭薹、洋葱等蔬菜；豆类蔬菜是指菜豆、豇豆、菜用豌豆、扁豆、荷兰豆、刀豆等蔬菜；水生蔬菜是指藕、茭白等生长在水中的蔬菜；食用菌是指香菇、蘑菇、杏鲍菇、金针菇、双孢蘑菇、草菇、鸡腿菇、白头菇、平菇、黑木耳、银耳等可以食用的菌类。

蔬菜产品生产质量安全市场监管标准的主要内容包括产地环境、种子种苗、肥料使用、病虫害和草鼠害防控、授粉和植株调整、采后处理及储存加工等 6 个环节关键点的质量安全控制技术及要求。具体要求如下。

①产地环境：无论露地蔬菜、设施蔬菜，还是水生蔬菜都应该重点监管土壤、空气和灌溉水的质量安全三个方面，产地环境可能产生的危害来源是土壤重金属、农药残留、致病微生物、大气污染物和灌溉水质污染等，而水生蔬菜水质监管更关键。因此，蔬菜产品生产过程产地环境监管，主要监管产地周边环境及产区条件是否符合相关国家标准要求，特别是对设施蔬菜的土壤重金属、生物毒素和水生蔬菜的水质等污染风险较高的地区，重点监管产地环境中土壤重金属污染因素的排查和监控。

②种子种苗：重点监管蔬菜种子种苗来源和质量安全。蔬菜种子种苗可能产生的危害来源主要是病原菌。因此，蔬菜产品生产过程种子种苗监管，主要监管品种选择是否是通过国家级或本省审定的品种。蔬菜种子种苗质量监管是否符合国家相关质量标准的要求，采用化学处理和包衣的种子种苗是否符合国家相关标准的要求，特别是要监管染病种子用于实际生产，以减少病原的交叉感染，严禁转基因蔬菜进入生产环节。

③肥料使用：重点监管有机肥料、施用叶面肥和化肥过量使用三个方面，肥料使用可能产生的危害来源是重金属、生物毒素、致病微生物和生物毒素等。因此，蔬菜产品生产过程肥料使用监管，主要监管在蔬菜产品生产过程中是否符合平衡施肥或测土配方施肥的要求，特别是要监管有机肥料是否采取了无害化处理等。化肥监管主要在于监管使用化肥的质量，特别是过量使用问题引起的硝酸盐和亚硝酸盐的超标，以及叶面肥使用中是否添加非法物质如生长激素、膨大剂等。

④病虫害和草鼠害防控：重点监管农药使用，病虫害和草鼠害防控可能产生的危害来源是农药残留等。因此，蔬菜产品生产过程病虫害和草鼠害防控监管，主要监管在蔬菜产品生产过程中是否使用了国家明令禁止使用的农药或者超范围使用农药。国家规定允许使用的农药，在使用时是否遵守农药标签规定的用药量、配制方法、施药时间、施药方法等相关规定。对食用菌生产要重点监管草腐菌栽培基质制备和木腐类食用菌栽培原料拌料、装袋、灭菌过程中杂

菌、害虫、有害化学物质的控制。

⑤授粉和植株调整：无论是设施栽培还是露地栽培，要重点监管植物生长调节剂的使用是否符合国家规定的植物生长调节剂，且符合浓度规定。

⑥采后处理及储存加工：重点监管干燥处理、产品储存和初级加工三个方面，采后处理可能产生的危害来源是生物毒素、重金属、农药残留、致病微生物、保鲜剂、食品添加剂、外来杂物污染等。因此，蔬菜产品生产过程采后处理及储存运输过程使用的保鲜剂监管，重点监管农药使用后的产品，在采收时是否遵循安全间隔期等安全要求，初级加工是否满足生产许可证实施细则的规定等。

有关具体食用农产品的生产监管标准的制定，应该依据危害分析与关键点控制体系（HACCP）7大原理，通过危害分析，建立关键控制点，也可以参考GB/T 20014—2013《良好农业规范》第一部分：术语，第二部分：农场基础控制点与符合性规范，第三部分：作物基础控制点与符合性规范，第四部分：大田作物控制点与符合性规范，第五部分：水果和蔬菜控制点与符合性规范，第六部分：畜禽基础控制点与符合性规范，第七部分：牛羊控制点与符合性规范，第八部分：奶牛控制点与符合性规范，第九部分：猪控制点与符合性规范，第十部分：家禽控制点与符合性规范，第十一部分：畜禽公路运输控制点与符合性规范，第十二部分：茶叶控制点与符合性规范，第十三部分：水产养殖基础控制点与符合性规范，第十四部分：水产池塘养殖基础控制点与符合性规范，第十五部分：水产工厂化养殖基础控制点与符合性规范，第十六部分：水产网箱养殖基础控制点与符合性规范，第十七部分：水产围栏养殖基础控制点与符合性规范，第十八部分：水产滩涂、吊养、底播养殖基础控制点与符合性规范，第十九部分：罗非鱼池塘控制点与符合性规范，第二十部分：鳗鲡池塘养殖控制点与符合性规范，第二十一部分：对虾池塘养殖控制点与符合性规范，第二十二部分：鲆鲽工厂化养殖控制点与符合性规范，第二十三部分：大黄鱼网箱养殖控制点与符合性规范，第二十四部分：中华绒螯蟹围栏养殖控制点与符合性规范，第二十五部分：花卉和观赏植物控制点与符合性规范，第二十六部分：烟叶控制点与符合性规范和第二十七期部分：蜂蜜控制点与符合性规范的相关要求，以确保食用农产品生产和食品加工原料的安全性。

（二）全面实施食用农产品风险评估，建立市场准入制度

食用农产品质量安全风险评估工作是食品安全监管工作的重要内容，对于提高食品安全监管效率、加强事前事中事后监管和保障食品安全具有重要意义。针对不同食用农产品的类型，重点围绕"菜篮子""米袋子""面袋子"和"油瓶子"等大宗农产品，针对隐患大、问题多的品种和环节进行评估，产品类别包括蔬菜、果品、柑橘、茶叶、食用菌、粮油作物产品、畜禽产品、生鲜乳、水产品、特色农产品、农产品收储运环节、农产品质量安全环境因子土壤、环境和水质、农业投入品等开展食用农产品风险评估。依据风险评估结果，建立国家食用农产品市场准入制度，提出市场准入的条件和要求，并对风险大的食用农产品首先实施市场准入制度，逐步实现所有食用农产品的市场准入。对不符合市场准入制度要求的食用农产品限制进入市场流通。

（三）加强农业投入品生产流通管理，建立源头处罚制度

农业投入品是指在食用农产品生产过程中使用或增添的物资。主要包括种子种苗、肥料、农药、兽药、饲料及饲料添加剂、保鲜剂、植物生长添加剂、农膜、兽医器械、植保机械等农用生产资料产品，合理使用对农产品质量和现代农业至关重要。

食用农产品生产及质量安全与农业投入品的质量安全密切相关，对现有农业投入品管理法规和技术标准进行补充完善，加大源头管理和处罚力度，确保农业投入品科学合理使用，是确保食用农产品源头安全的首要任务。过去的农业投入品标准体系多是构建在"数量安全"的评价基础上，特别是农业投入品的产品和使用标准体系，基本都是以作物或动物产品的产量或品质作为投入品选择、用法、用量的依据，难以保障终产品中农药、兽药、真菌毒素残留以及重金属等污染物的安全[75]。因此，重新构建既保证数量安全，又兼顾质量安全的农业投入品标准体系，为现代食用农产品质量安全监管提供技术依据势在必行。与此同时，种子种苗、肥料、农药、兽药、饲料及饲料添加剂、保鲜剂、植物生长添加剂、农膜、兽医器械、植保机械等农业投入品生产企业，制定相关农业投入品生产与市场准入标准，建立并完善《农药管理条例》《肥料登记管理办法》《农业转基因生物安全条例》等农业投入品的管理规定，把食用农产品质量安全与相应农药、肥料生产及销售企业挂起钩来，采取连带责任依法查处，情节严重的，依法追究刑事责任。对重大典型案例在新闻媒体公开曝光，并建立国家食用农产品农业投入品源头处罚制度，遏制违法农业投入品进入市场流通环节。

对生产、经营未取得农药登记证或农药临时登记证的农药产品，特别是生产、经营"杀虫脒""甲基对硫磷""甲胺磷""对硫磷""久效磷"和"磷胺"等禁用农药产品的行为，依据《农药管理条例》的规定，查封生产、经营场所，责令停止生产、经营，没收违法所得以及用于违法生产、经营的设备、工具、设施等，并处相应罚款。情节严重的，依法追究刑事责任[76]。

三、食用农产品市场监管措施

（一）全面推进食用农产品合格证制度

完善食用农产品生产过程标准，在建立过程监管标准、全面实施食用农产品风险评估，建立市场准入制度和加强农业投入品生产流通管理，建立源头处罚制度的基础上，针对我国农产品生产经营主体数量庞大，主体责任意识淡薄，基层监管力量薄弱，食用农产品生产经营不规范等问题尚未得到根本解决。全面推进食用农产品合格证制度，实现与食用农产品市场准入制度相衔接，推动生产经营者采取一系列质量控制措施，确保其生产经营的农产品质量安全，并以食用农产品合格证的形式做出明示保证，落实生产经营主体责任。按照农业部《食用农产品合格证管理办法（试行）》（2016年7月22日）要求，浙江省农业厅、浙江省林业厅和浙江省海洋与渔业局3部门联合出台了《浙江省食用农产品合格证管理办法（试行）》，该办法所称食用农产品是指供食用的源于农业的初级产品。食用农产品合格证是指规模农产品生产者对所生产经营的食用农产品自行开具的质量安全合格标识，且食用农产品合格证的开具、使用、查验以及相关管理等行为，适用本办法。实施食用农产品管理的生产者是规模农产品生产者，且规模农产品生产者是指依法经工商注册登记的农产品生产企业、农民专业合作经济组织、家庭农场以及县级农业（林业、渔业）行政主管部门根据省级认定标准规定的其他具有一定规模的农产品生产者。该办法规定，县级以上农业行政主管部门按职责分工负责合格证出具与使用的宣传、指导和管理工作。县级应用信息化手段建立本辖区内开具合格证的规模农产品生产者名录及具体的管理制度。乡（镇）人民政府、街道办事处具体负责指导和监督辖区内规模农产品生产者开具与使用合格证。从食用农产品合格证管理现状来看，还没有做到食用农产品生产者全覆盖。建议应在试点基础上，做到全面推行食用农产品合格证制度，杜绝无食用农产品合格证进入流通环节,这是确保食用农产品安全基本要求。

2019年12月,农业农村部发布在全国试行食用农产品合格证制度,试行主体:食用农产品生产企业、农民专业合作社、家庭农场列入试行范围,其农产品上市时要出具合格证,鼓励小农户参与试行。试行品类:蔬菜、水果、畜禽、禽蛋、养殖水产品。

食用农产品合格证制度是农产品种植养殖生产者在自我管理、自控自检的基础上,自我承诺农产品安全合格上市的一种新型农产品质量安全治理制度。农产品种植养殖生产者在交易时主动出具合格证,实现农产品合格上市、带证销售。通过合格证制度,可以把生产主体管理、种养过程管控、农药兽药残留自检、产品带证上市、问题产品溯源等措施集成起来,强化生产者主体责任,提升农产品质量安全治理能力,更加有效地保障质量安全。同时农业农村部对推进食用农产品合格证制度也提出以下要求,一是全国试行,聚焦重点品种、重点主体和重点问题,力争用三年左右的时间取得明显成果。二是细化试行方案,制定时间表路线图,建立主体名录,广泛宣传发动。三是分级分层开展大培训,确保掌握合格证内涵要义和开具要求。四是因地制宜,开拓创新,探索行之有效的推进办法。五是强化日常检查,严格执法监管,开展网格化管理,严厉打击虚假开证、冒用他人名义等行为,严防不合格农产品进入市场。

(二)建立农业投入品标准体系及其生产者与使用者数据库

建立农业投入品标准体系是确保农业投入品质量安全的关键任务。在对种子种苗、肥料、农药、兽药、饲料及饲料添加剂、保鲜剂、植物生长添加剂、农膜、兽医器械、植保机械等农业投入品实行风险分析和原有标准完善修订的基础上,重新构建种子种苗标准体系、产地安全标准体系、饲料和饲料添加剂相关标准体系、肥料标准体系、农用药物标准体系、农用器械机械标准体系六大标准体系,并对农业投入品生产企业实行生产许可证管理,建立农业投入品生产者与使用者数据库,使农业投入品的生产者和使用者实现网络查询,以保证农业投入品使用有据可查,遏制农业投入品滥用问题,确保食用农产品的安全性。

第三节 餐饮服务业监管思路与措施

一、餐饮服务业及市场监管问题概述

改革开放40多年来,我国餐饮业市场规模不断扩大,形成覆盖城乡、层次多元、品种繁多、模式多样的餐饮服务发展格局,全国餐饮收入从1987年的283亿元,发展到2017年的3.9万亿元,增长高达134倍,满足了人民生活质量提高和社会经济发展,特别是振兴地方经济的需要。进入新时代,我国经济已由"高速增长"阶段转向"高质量发展"阶段,我国社会主要矛盾已经转化为人民日益增长的美好生活需要和不平衡不充分的发展之间的矛盾。人民日益增长的美好生活需要,是需求侧;不平衡不充分的发展,是供给侧。在当今拉动经济增长的"三驾马车"中,消费的作用正直线上升,消费在拉动经济发展方面已经成为主角。我国有14亿多人口,是全球第一大消费国,2018年消费对国民经济增长贡献率达到76.2%,继续成为经济增长第一拉动力,其中服务消费增长快于商品消费,2018年我国服务消费占比提高到49.5%,其中餐饮业作为服务消费的典型代表,2018年收入超过5万亿元,占社会消费品零售额的 13.2%，对推动消费稳定增长，拉动经济增长做出了积极贡献。但从餐饮业现状的分析和发展状况来看，市场需求巨大，地区差异明显，餐饮安全问题并不乐观，主要表现在以下几个方面。

(1) 抽检合格率不是很高，问题产品时有发生　2010 年镇江市随机抽取全市宾馆、饭店、学校食堂、超市等单位的高风险食品、餐饮具、生活饮用水样品，按《2010 年江苏省餐饮服务食品安全监督抽检工作计划》要求，检验项目为大肠菌群、菌落总数、沙门氏菌、志贺氏菌、金黄色葡萄球菌、副溶血性弧菌（限生食水产品）、耐热大肠菌群和大肠埃希菌（限生活饮用水），共抽检 248 份样品。抽检结果发现，合格 186 份，合格率为 75.0%。其中高风险食品 150 份，合格 88 份，合格率为 58.7%，且高风险食品中的生食水产品合格率最低，合格率仅为 12.5%，其次为熟肉、盒饭，合格率分别为 32.0%和 43.8%。由此表明镇江市餐饮服务总体安全卫生状况欠佳，应加强餐饮服务的监督和管理，防止食品安全事故的发生。2015 年 7 月，上海市浦东新区市场监督管理局在餐饮环节监督管理中，以食品安全状况"较差（哭脸）"和"一般（平脸）"的餐饮单位为重点对象，以餐饮单位自制食品和高风险食品原料为重点品种，抽查了盒饭、桶饭、熟食卤味、煎炸油、现制饮料、焙烤食品、冷加工糕点和食品环节等，对全区 53 家餐饮单位抽检上述各类食品 116 件，按照国家和地方相关标准进行检测和评价（盒饭、现制饮料、色拉目前无国家食品安全标准，依据市食品安全地方标准），结果发现，合格 106 件，不合格 10 件，合格率为 91.4%，10 件不合格样品来源于 9 家餐饮单位，抽检单位合格率为 83.02%。2017 年青岛市食品药品监督管理局对全市 354 家餐饮服务单位的产品进行抽检，合格 321 家，不合格 33 家，合格率为 89.27%。2017 年国内各类食品抽检不合格信息共计 10410 条，其中饮料 1408 批次，占总不合格批次的 13.53%；食用农产品 1351 批次，占总不合格批次的 12.98%；糕点 1247 批次，占总不合格批次的 11.98%。不合格食品的种类排序是饮料、食用农产品、糕点、酒类、餐饮食品、肉制品六类食品，其不合格批次明显高于其他食品，合计占总不合格批次的 61.36%，其中餐饮食品排名第五。2018 年 5 月百度外卖、美团外卖、饿了么三家外卖平台共计对外公示、下线 2 万多家问题餐饮店铺（包括重叠店铺）。在众多下架的问题餐厅中不乏一些知名连锁品牌。

(2) 餐饮行业发展速度很快，新业态层出不穷　随着市场竞争的加剧，消费升级和新型消费引领着餐饮产业不断升级，新业态的餐饮模式不断涌现，并且消费口味喜好不断改变也促使餐饮观念的推陈出新。同时，中产消费、乡村振兴、"互联网+"带来行业发展新机遇，实现商业资产新布局，中端酒店、体验式酒店、品质餐饮、快餐连锁也是今后餐饮服务业的新增长点，这也给餐饮市场监管提出了挑战。如网络餐饮全面开花，1993 年创建于中国常州的"丽华餐饮"是中国的外卖龙头企业；2003 上海成立"大众点评"网是全球最早建立独立的第三方消费点评网站；2004 年针对中高端用户免费预订上海餐厅的"订餐小秘书"开始运行。"互联网+"餐饮服务业线上到线下（O2O）的外卖平台的市场份额已经达到了巨大的规模，饿了么、美团外卖、百度外卖，三大巨头几乎包揽了全部线上业务。艾瑞咨询发布的《2016 年中国外卖 O2O 行业报告》显示，2015 年中国餐饮外卖市场规模占整体餐饮消费的比例为 7.40%，国家统计局结果显示 2016 年我国餐饮外卖市场规模突破 3500 亿元，占全国餐饮业的 10%。未来还会更大规模地颠覆传统餐饮服务销售模式，传统的餐饮监管方式也急需改进，迫使餐饮市场监管与时俱进[6]。

(3) 餐饮服务业市场需求越来越高　随着生活条件与生活品质的提高，人们对生活的追求也随之提高。未来,90 后、00 后作为年轻一代,对餐饮消费理念、文化品位、餐饮消费服务和食品品质的追求也在不断提升。因此,餐饮服务业应根据国家"十三五"社会经济发展阶段的新特征,在营养、健康、绿色、文化、体验等多个方面来满足市场需求,继续保持中高速增长,形成"市场化、产业化、大众化、国际化"新格局。目前,餐饮服务业从业人员素质和文化程度有待提高,这也对餐饮服务业监管增加了难度。

总之,由于餐饮消费人群广泛,消费市场巨大,全国正式注册的餐饮服务企业高达 400 万家以上,且小餐饮数量更多,这就对餐饮服务市场的质量安全监管增加了复杂性。面对数量巨大的餐饮业市场主体,如何保持餐饮服务食品安全,形势严峻,同时对现有监管方式也提出了挑战。

二、餐饮服务业监管思路

餐饮服务业食品安全监管一直是市场监管的重点。这是因为餐饮服务业是食品安全链条的消费终端,更是食品安全监管中风险性高、敏感性高和关注度高的环节。2009 年《食品安全法》颁布后,原卫生部出台了《餐饮服务食品安全监督管理办法》,自 2010 年 5 月 1 日施行。2012 年 1 月 6 日国家食品药品监督管理局下发了《关于实施餐饮服务食品安全监督量化分级管理工作的指导意见》,2012 年 3 月 27 日国家食品药品监督管理局又下发《关于加快推进餐饮服务食品安全监督量化分级管理工作的通知》,按照"谁许可、谁监管、谁分级、谁负责"的原则,以大型以上餐馆(含大型餐馆)、学校食堂(含托幼机构食堂)、供餐人数 500 人以上的机关及企事业单位食堂、餐饮连锁企业、集体用餐配送单位、中央厨房、旅游景区餐饮服务单位为重点,加快推进监督量化分级管理工作。为了落实餐饮服务食品安全监管量化分级,各级也相继发布了实施量化分级管理的具体办法,如上海市食品药品监督管理局发布了《上海市餐饮服务食品安全监督量化分级管理办法》,自 2017 年 12 月 1 日起施行。2017 年 5 月 19 日北京市食品药品监督管理局颁布了《北京市餐饮服务食品安全量化分级管理办法(2017 第二版)》。2017 年 9 月 5 日国家食品药品监管总局颁布了《网络餐饮服务食品安全监督管理办法》,自 2018 年 1 月 1 日起施行。2018 年 7 月国家市场监督管理总局,为指导餐饮服务提供者规范经营行为,落实食品安全法律、法规、规章和规范性文件要求,履行食品安全主体责任,提升食品安全管理能力,保证餐饮食品安全,修订并颁布了《餐饮服务食品安全操作规范》,自 2018 年 10 月 1 日起施行。

我国食品安全监管部门对餐饮服务业提出相关的管理办法,如上海市 2013 年颁布了上海市食品安全地方标准 DB 31/ 2015—2013《餐饮服务单位食品安全管理指导原则》,对餐饮服务主体提出餐饮服务自身食品安全管理体系 A、B、C,其中 A 代表食品安全管理的基础工作,主要包括确定策划、设定目标、明确职责、制订执行制度和记录管理情况等 5 个基础;B 代表重点环节管理措施,主要包括食品从业人员、场所和设施设备、原辅料采购储存、食品制作供应、冷菜生食处理、餐具用具清洁等 6 个重点;C 代表管理评审和改进,主要包括评估管理状况、分析问题原因和采取改进措施等三个方面,A、B、C 体系在上海餐饮服务单位发挥了很好的作用。不同学者也就餐饮服务业监管提出一些新技术和新方法[77-80]。结合目前餐饮服务业食品监管现状,餐饮服务业监管的具体思路主要包括以下几个方面。

(一)依据《餐饮服务食品安全操作规范》,建立餐饮服务业监管标准

《餐饮服务食品安全操作规范》由 16 章内容以及 13 个资料性附录构成①总则,②术语和

定义，③通用要求，④建筑场所与布局，⑤设施设备，⑥原料，⑦加工制作，⑧供餐、用餐与配送，⑨检验检测，⑩清洗消毒，⑪废弃物管理，⑫有害生物防治，⑬食品安全管理，⑭人员要求，⑮文件和记录，⑯其他，以及附录A餐饮服务场所相关名词关系图，附录B进货查验记录表格示例，附录C食品留样记录表格示例，附录D食品添加剂使用记录表格示例，附录E废弃物处置记录表格示例，附录F卫生间清洁记录表格示例，附录G餐饮服务预防食物中毒注意事项，附录H推荐的餐饮服务场所、设施、设备及工具清洁方法，附录I餐饮从业人员洗手消毒方法，附录J推荐的餐用具清洗消毒方法，附录K餐饮服务化学消毒常用消毒剂及使用注意事项，附录L餐饮服务业特定的生物性危害、相关食品及控制措施和附录M餐饮服务业食品原料建议存储温度，共计13个附录，内容之详细是之前所没有的，对餐饮服务业经营者的具体操作非常实用，对餐饮服务过程的安全性控制也十分必要。

但就餐饮服务企业具体实施《餐饮服务食品安全操作规范》的要求上来看，由于餐饮服务企业的类型、规模、条件和人员素质差异很大，对餐饮服务企业量化分级动态等级达到优秀（大笑卡通形象），年度等级达到优秀（A级）的企业，按照《餐饮服务食品安全操作规范》的要求执行，还是比较可行的；其他餐饮服务企业量化分级动态等级达到良好、一般（微笑和平脸卡通形象），年度等级达到良好、一般（B级和C级）的企业，特别动态等级和年度等级都是一般（平脸卡通形象和C级）的餐饮服务企业，按照《餐饮服务食品安全操作规范》的要求执行，还是比较困难的。如兰州市目前共有餐饮单位23090家，其中大型餐饮单位787家，中型2862家，小型16757家，集体配送单位14家，中央厨房36家，各类食堂1674家，校外托护点960家。兰州市餐饮服务业态分布特点与存在的问题：一是小餐饮店数量多、分布广，占全市餐饮总数的72.6%，小型餐饮单位经营者多数是转岗职工和社会低收入人群，对餐饮店的投入不足、基础设施设备不完善、从业人员食品安全意识淡薄、餐饮规范操作开展不到位，导致小餐饮店存在许多卫生死角和食品安全隐患；二是集中供餐风险隐患更高，主要表现在节日宴席聚餐、重大活动集中供餐、农村集体用餐和各类食堂用餐。集中供餐就餐人群集中，就餐人数多，对食品加工制作要求更高。加工操作过程中各环节要求规范加工，食品储存、备餐和留样更是不可或缺，也是监管工作的重中之重；三是移动小餐饮和校外托护点等无证经营现象、洗消保洁和超范围经营现象依然存在；四是网络订餐等餐饮服务新业态监管存在线上准入把关不严、线下实体形同虚设、线上线下信息不符、配送过程监控难等问题[81]。目前西安市雁塔区辖区共有餐饮服务经营单位3694家（其中500平方米以上餐饮服务单位382家），集体单位食堂405家，登记备案中小学生校外托餐场所（小饭桌）713家，小型餐饮4544家，全区设有早夜市食品摊群点11处162户。

兰州市和西安市雁塔区的情况在餐饮服务业具有一定的普遍性，基于这种现状，应该依据《餐饮服务食品安全操作规范》中的相关要求，建立相应的并适合不同类型和规模等状况的餐饮服务业监管标准，这样针对性强，也便于操作，更加符合实际需要。如在《餐饮服务食品安全操作规范》中3通用要求如下框中所示：

> 3 通用要求
>
> 3.1 场所及设施设备
>
> 3.1.1 具有与经营的食品品种、数量相适应的场所、设施、设备，且布局合理。
>
> 3.1.2 定期维护食品加工、贮存等设施、设备；定期清洗、校验保温设施及冷藏、冷冻设施。
>
> 3.2 原料控制
>
> 3.2.1 制定并实施食品、食品添加剂及食品相关产品控制要求，不得采购不符合食品安全标准的食品、食品添加剂及食品相关产品。
>
> 3.2.2 加工制作用水的水质符合 GB 5749《生活饮用水卫生标准》规定。
>
> 3.3 加工制作
>
> 3.3.1 对原料采购至成品供应的全过程实施食品安全管理，并采取有效措施，避免交叉污染。
>
> 3.3.2 从业人员具备食品安全和质量意识，加工制作行为符合食品安全法律法规要求。

《餐饮服务食品安全操作规范》的 3 通用要求中，对餐饮服务提出的通用要求是全面的。但对具体监管工作而言，如 3.1 场所及设施设备、3.2 原料控制、3.3 加工制作，只是提出宏观上的要求，这与《食品安全法》第三十三条的规定是基本相同的。

因此，建议制定餐饮服务业通用监管标准，对不同餐饮服务类型的场所及设施设备提出具体的要求：对食品加工、储存等设施设备应每天清洗不少于 1 次，1 个月应维护至少 1 次；对保温设施及冷藏、冷冻设施等 1 个月应清洗或校验 1 次，并做好相关记录，供监管部门核查；对采购的食品原料、食品添加剂及食品相关产品要提供相关合格证明，加工用水每半年要提供一次水质检验报告；对餐饮服务从业人员进行每年不少于 20 学时的食品安全和标准化管理等相关知识培训，并提供授课专家和学习记录。

依据 HACCP 原理要求，建立餐饮服务产品从原料采购到成品的安全控制管理制度，借鉴上海市食品安全地方标准 DB 31/ 2015—2013《餐饮服务单位食品安全管理指导原则》，并形成餐饮服务业通用监管标准。

又如在《餐饮服务食品安全操作规范》中 4 建筑场所与布局如下框中所示：

> 4 建筑场所与布局
>
> 4.1 选址与环境
>
> 4.1.1 应选择与经营的餐食相适应的场所，保持该场所环境清洁。
>
> 4.1.2 不得选择易受到污染的区域。应距离粪坑、污水池、暴露垃圾场（站）、旱厕等污染源 25m 以上，并位于粉尘、有害气体、放射性物质和其他扩散性污染源的影响范围外。
>
> 4.1.3 宜选择地面干燥、有给排水条件和电力供应的区域。
>
> 4.2 设计与布局

4.2.1 食品处理区应设置在室内,并采取有效措施,防止食品在存放和加工制作过程中受到污染。

4.2.2 按照原料进入、原料加工制作、半成品加工制作、成品供应的流程合理布局。

4.2.3 分开设置原料通道及入口、成品通道及出口、使用后餐饮具的回收通道及入口。无法分设时,应在不同时段分别运送原料、成品、使用后的餐饮具,或者使用无污染的方式覆盖运送成品。

4.2.4 设置独立隔间、区域或设施,存放清洁工具。专用于清洗清洁工具的区域或设施,其位置不会污染食品,并有明显的区分标识。

4.2.5 食品处理区加工制作食品时,如使用燃煤或木炭等固体燃料,炉灶应为隔墙烧火的外扒灰式。

4.2.6 饲养和宰杀畜禽等动物的区域,应位于餐饮服务场所外,并与餐饮服务场所保持适当距离。

4.3 建筑结构

建筑结构应采用适当的耐用材料建造,坚固耐用,易于维修、清洁或消毒,地面、墙面、门窗、天花板等建筑围护结构的设置应能避免有害生物侵入和栖息。

4.3.1 天花板

4.3.1.1 天花板的涂覆或装修材料无毒、无异味、不吸水、易清洁。天花板无裂缝、无破损,无霉斑、无灰尘积聚、无有害生物隐匿。

4.3.1.2 天花板宜距离地面 2.5m 以上。

4.3.1.3 食品处理区天花板的涂覆或装修材料耐高温、耐腐蚀。天花板与横梁或墙壁结合处宜有一定弧度。水蒸汽较多区域的天花板有适当坡度。清洁操作区、准清洁操作区及其他半成品、成品暴露区域的天花板平整。

4.3.2 墙壁

4.3.2.1 食品处理区墙壁的涂覆或铺设材料无毒、无异味、不透水。墙壁平滑、无裂缝、无破损,无霉斑、无积垢。

4.3.2.2 需经常冲洗的场所(包括粗加工制作、切配、烹饪和餐用具清洗消毒等场所,下同),应铺设 1.5m 以上、浅色、不吸水、易清洗的墙裙。各类专间的墙裙应铺设到墙顶。

4.3.3 门窗

4.3.3.1 食品处理区的门、窗闭合严密、无变形、无破损。与外界直接相通的门和可开启的窗,应设置易拆洗、不易生锈的防蝇纱网或空气幕。与外界直接相通的门能自动关闭。

4.3.3.2 需经常冲洗的场所及各类专间的门应坚固、不吸水、易清洗。

4.3.3.3 专间的门、窗闭合严密、无变形、无破损。专间的门能自动关闭。专间的窗户为封闭式(用于传递食品的除外)。专间内外运送食品的窗口应专用、可开闭,大小以可通过运送食品的容器为准。

4.3.4 地面

> 4.3.4.1 食品处理区地面的铺设材料应无毒、无异味、不透水、耐腐蚀。地面平整、无裂缝、无破损、无积水积垢。
> 4.3.4.2 清洁操作区不得设置明沟，地漏应能防止废弃物流入及浊气逸出。
> 4.3.4.3 就餐区不宜铺设地毯。如铺设地毯，应定期清洁，保持卫生。

在《餐饮服务食品安全操作规范》中 4 建筑场所与布局，对餐饮服务的要求是全面的，对餐饮服务提出的建筑场所与布局也是全面的。大专院校学生食堂、国有大企业的职工食堂、三星级以上宾馆等集体餐厅在建筑场所与布局绝大多数是按照餐饮相关要求设计的，条件相对较好，但我国许多餐饮服务企业所用建筑场所并不是正规的按照餐饮服务要求设计的，其布局的合理性存在很大问题，其环境、布局、建筑结构、地面、卫生间等作为餐饮服务场所存在极大的安全隐患。

因此，建议制定餐饮服务业建筑场所与布局监管标准，对不同餐饮服务类型的建筑场所与布局提出具体的要求。

总而言之，依据《餐饮服务食品安全操作规范》的要求，至少需要制定设施设备监管标准，原料监管标准，加工制作监管标准，供餐、用餐与配送监管标准，检验检测监管标准，清洗消毒监管标准，废弃物管理监管标准，有害生物防治监管标准，食品安全管理监管标准，手部卫生监管标准，文件和记录监管标准，其他监管标准等 14 个相关的监管标准，以确保《餐饮服务食品安全操作规范》落在实处。

2019 年 5 月 24 日国家市场监管总局提出了《餐饮服务食品安全监督检查操作指南（征求意见稿）》，如果按照上述监管标准来起草，实际上就是餐饮业市场监管标准的最好例证。

（二）推行标准体系管理，建立餐饮服务企业示范样板

在餐饮服务业大力推行标准体系管理，形成技术标准、管理标准和工作标准子体系。如上海市奉贤区为提高餐饮业整体卫生水平、保障餐饮卫生安全，依据餐饮服务业的特点，提出了"天天处理、天天整合、天天清扫、天天规范、天天检查、天天改进"即"6T"餐饮服务业管理标准。该管理标准的具体要求如下。

1. 天天处理

定义：区别工作现场中的必要与不必要、不再用与还要用的东西，工作现场中只保留必要的、还要用的东西。

目标：适物、适所、适位、适量。

执行重点：使用价值/购买价值，需要/想要。

改善重点：空间的浪费；柜子、消毒柜的浪费使用；工作环境的恶化；增加工作的疲劳感；压力；管理不必要物品的时间的浪费。

2. 天天整合

定义：将必要的东西加以定位、收放整齐、明确标示，保持随时可取用的状态，养成物归原位的习惯。整合的结果就是能保证 30s 将任何物品取出放回。

目标："三定"，即定名、定位、定量。

执行重点：现场物品的整理遵循先进先出的原则；根据使用频率分层保管；按使用时间长短分开存放。

改善重点：浪费找东西的时间；以为没有了而过量购买；如何做到任何人都在30s内可取出及放回所需物品。

使用时间：一年都不用的物品保存地点——丢掉或放入暂存仓库；7~12个月内要用的物品——把它保存在较远处；1~6个月内要用的物品——把它保存在中间部分；每日至每月都要用的物品——把它保存在使用地；每小时都要用的物品——随身携带。

3. 天天清扫

定义：维持工作场所无垃圾、无污秽、无褪色、无剥落、无油渍、无生锈的状态，打扫用具定位、清洁。

目标：还原物品本来面貌，不只清理，是修补、保养光亮，看得到的与看不到的地方都清理。

执行重点：每个人无死角。立即清理物品——不会使物品变脏。

改善重点：打扫花费较长的时间；生产率的降低；事故的来源；差错产生的根本原因；用品设备使用寿命减短。

4. 天天规范

定义：采用一目了然的现场管理方法，使各项现场管理要求实现规范化、持续化，让员工明白自己的管理责任。

目标：将前"3T"（天天处理、天天整合、天天清扫）实施的成果制度化、规范化。建立经常性的激励制度。全面推行颜色和视觉管理法。

执行重点：透明度、颜色和视觉管理。把人的行为进行规范——反复培训。

改善重点：责任不清；制度不实；执行力低下；制度不细化。

5. 天天检查

定义：创造一个具有良好习惯的工作场所，持续地、自律地执行规范标准。

目标：交叉管理（相互监督管理）、责任心培养、管理权下放、员工自信心提升。

执行重点：承诺的事一定完成；看到就做，率先行动，问责守时。

改善重点：为了应付检查而制定的制度。

6. 天天改进

定义：管理坚持正常化、日常化、习惯化、自然化、真实化，以提升自我品质与效率。

目标：自我突破与追求卓越。

执行重点：集中精力，目标清晰、唯一。

改善重点：一劳永逸、安于现状。

"6T"管理标准是一个不断改进的过程，所形成的标准是一个螺旋上升的过程，每改进一次，标准的水平都会提高。

按照"6T"管理标准的要求，在不同类型餐饮服务企业建立餐饮服务企业示范样板，发挥示范带动和辐射效应，以全面提升餐饮服务业标准化管理水平，满足人民群众的消费及安全需要。

（三）推行强制快速检测，守住餐饮服务原辅料入口关

守好餐饮服务原辅料入口关是确保餐饮服务业安全的关键，应逐步实施强制性原辅料快速检测要求，在《食品经营许可管理办法》中要对餐饮服务企业提出增加建立快速检测实验室的具体要求，并作为发放餐饮服务许可的条件之一。强制性原辅料快速检测应首先在餐饮服务量化分级动态等级达到优秀（大笑卡通形象）、年度等级达到优秀（A级）的餐饮企业实行。实施强制性快速检测餐饮服务企业可以自行检测，也可以委托第三方进行快速检测，并保留检测结果的原始记录，杜绝不合格原辅料进入餐饮加工环节。在分级动态等级达到优秀的企业实施强制性快速检测取得经验后，可以在餐饮服务量化分级动态等级达到良好（微笑卡通形象），年度等级达到良好（B级）的餐饮企业实行，实施强制性快速检测餐饮服务企业可以自行检测，也可以委托第三方进行快速检测，并保留检测结果的原始记录，杜绝不合格原辅料进入餐饮加工环节。

三、餐饮业服务业监管措施

（一）制定餐饮标准体系，实施标准备案管理

实施标准化管理是提升餐饮服务业质量安全的重大举措之一。根据 GB/T 15496—2017《企业标准体系要求》、GB/T 15497—2017《企业标准体系产品实现》、GB/T 15498—2017《企业标准体系基础保障》和 GB/T 19273—2017《企业标准工作评价与改进》等标准建立餐饮服务企业标准体系，并形成餐饮服务企业标准化管理手册。对企业标准化管理手册实施备案，这是提高企业食品安全主体责任的重要抓手，也为食品安全监管部门提供监管企业标准化管理状况主要依据。

企业标准化管理手册要按照技术标准、管理标准和工作标准的要求，明确餐饮服务全过程质量安全责任，并作为企业产品加工及运营的行动指南。通常一个典型的餐饮服务企业的标准化管理手册主要内容的目录如下。

第一章　企业基本情况

1.1 企业简介

1.1.1 简介

1.1.2 企业辨认

1.2 管理方针和质量目标

1.2.1 企业发展愿景

1.2.2 企业文化

1.2.3 企业生存理念

1.2.4 企业精神

1.2.5 企业经营理念

1.2.6 企业管理理念

1.2.7 企业服务理念

1.2.8 企业核心价值

1.2.9 管理方针

1.2.10 质量目标

1.3 标准化管理手册编制说明

1.4 标准化管理手册的范围

第二章　组织机构及职责和权限

2.1 管理组织机构

2.2 部门职责与权限

2.2.1 行政人力资源部

2.2.2 生产部

2.2.3 财务部

2.2.4 营运部

2.2.5 研发中心

2.3 人员职责与权限

2.3.1 董事长

2.3.2 总经理

2.3.3 生产副总经理

2.3.4 营运副总经理

2.3.5 行政人力资源部部长

2.3.6 财务部部长

2.3.7 生产部部长

2.3.8 运营部部长

2.3.9 研发中心主任

第三章 餐饮加工运营与管理

3.1 岗位职责与权限及工作流程

3.1.1 岗位职责与权限

3.1.2 生产加工制作流程

3.2 品管中心岗位职责与权限及工作流程

3.2.1 岗位职责与权限

3.2.2 质检工作流程

3.3 餐饮配送中心职责与权限及工作流程

3.3.1 岗位职责与权限

3.3.2 物流配送工作流程

3.4 采供中心岗位职责与权限及工作流程

3.4.1 岗位职责

3.4.2 采供工作流程

第四章 餐饮运营与管理

4.1 餐饮运营与管理

4.1.1 岗位职责与权限

4.1.1.1 店长

4.1.1.2 第一副店长

4.1.1.3 第二副店长

4.1.1.4 排班经理

4.1.1.5 训练员

4.1.1.6 普通员工

4.1.1.7 见习生

4.2 餐饮工作站流程

4.2.1 门厅工作站

4.2.2 面档工作站

4.2.3 配餐工作站

4.2.4 切配工作站

4.2.5 收银工作站

4.3 运营管理标准

4.3.1 餐饮人员管理标准

4.3.2 餐厅安全卫生管理标准

第五章 销售营运与管理

5.1 岗位职责与权限

5.1.1 销售部

5.1.2 配送部

5.2 销售工作流程

5.2.1 物流工作流程

5.2.2 财务工作流程

5.3 餐厅销售管理标准化

5.3.1 人员管理

5.3.2 安全卫生管理

5.3.3 餐厅销售管理

5.4 餐饮团购和电子商务管理

5.4.1 人员管理

5.4.2 安全卫生管理

5.4.3 团购和电子商务管理

第六章 研发中心运营与管理

6.1 岗位职责

6.1.1 主任

6.1.2 研发人员

6.2 研发中心工作流程

6.2.1 项目管理

6.2.2 经费使用管理

第七章 财务运行与管理

7.1 岗位职责

7.1.1 会计员

7.1.2 出纳员

7.2 财务运行与管理流程

7.2.1 预算资金一般审批流程

7.2.2 报销流程

7.2.3 结算流程

7.3 财务管理制度

7.3.1 流动资产管理

7.3.2 收入管理

7.3.3 成本费用管理

7.3.4 财务盘点管理

7.3.5 职工福利与财务管理

第八章 人力资源管理与培训

8.1 招聘程序

8.1.1 员工的招聘流程

8.1.2 员工的入职流程

8.1.3 离职流程

8.2 合同管理

8.2.1 总则

8.2.2 合同管理职责

8.2.3 合同（重大合同）订立审签管理

8.2.4 合同履行、变更和解除

8.2.5 合同纠纷处理制度

8.3 员工教育

8.3.1 公司管理制度

8.3.2 工作态度要求

8.3.3 员工福利与休假度假制度

8.3.4 员工发展

8.4 企业文化与岗位培训

8.4.1 企业文化

8.4.2 岗位培训

8.5 食品安全培训

8.5.1 食品安全法律法规培训

8.5.2 食品标准化生产培训

第九章 督导与检查体系

9.1 监督执行组织机构

9.1.1 监督机构设置

9.1.2 总监职责

9.2 人员职责与权限

9.2.1 企业总监

9.2.2 企业副总监

9.2.3 行政人力资源部总监

9.2.4 财务部总监

9.2.5 生产部总监

9.2.6 运营部总监

9.2.7 研发中心总监

9.3 督导与检查方法

第十章 考核与奖惩

10.1 考核规定

10.1.1 考核原则

10.1.2 考核方法

10.1.3 考核对象

10.2 公司工作部门考核

10.2.1 考核的实施

10.2.2 部门工作考核标准

10.3 管理层考核

10.3.1 高层管理考核

10.3.2 中层管理考核

10.3.3 基层管理考核

10.4 部门工作人员及其他员工考核

10.5 员工申诉及其处理

不同类型的餐饮服务企业可以参照上述标准化管理手册的内容建立本企业标准化管理手册，这是提高企业食品安全自律管理的重要保障。

（二）大力推广先进经验，树立餐饮服务典型

有关餐饮服务业监管已经有许多先进经验和做法值得进一步推广。通过树立餐饮服务典型，可以带动餐饮服务业食品安全高水平发展，满足让人民群众吃得放心的目标要求。值得推广的先进经验主要有以下几种。

1. 明厨亮灶

明厨亮灶是对餐饮服务企业安全管理和员工操作规程的一种实时在线监督管理方式。笔者于 2010 年在江苏省镇江市和上海市奉贤区专门考察了明厨亮灶工程实施情况，明厨亮灶是用透视明档（透明玻璃窗或玻璃幕墙）、视频显示、隔断矮墙、开放式厨房或设置窗口等多种手段，让餐饮消费者可以直观地看到后厨员工的各种操作是否规范，环境及食品安全卫生是否合格，是否有一些不应该出现的物品。2014 年 2 月，国家食品药品监督管理总局部署各地在餐饮业开展明厨亮灶工作，从 2015 年起正式在全国推广。截至 2016 年年底，全国各地已实施明厨亮灶的餐饮服务单位达 90.26 万户，较 2015 年同期增长 115%，占持证餐饮服务单位总数的 27.52%。例如，广东省食品药品监督管理局关于"明厨亮灶"建设规范的指引的通知（粤食药监办食营〔2017〕397号）对"明厨亮灶"提出明确的实施要求，把餐饮"明厨亮灶"建设分为透明式、开放式、视频监控式、参观通道式、组合式、其他形式6种明厨亮灶类别，明确了定义。透明式"明厨亮灶"是指建设透明玻璃橱窗式厨房，使消费者能够通过透明玻璃看到食品加工制作关键过程；开放式"明厨亮灶"是指建设敞开式或者隔断式厨房，使消费者直接看到食品加工制作关键过程；视频监控式"明厨亮灶"是指在餐饮服务单位厨房内的各食品操作间（包括切配、烹调、备餐等）、餐用具清洗消毒间、食品储存等关键控制区域内安装标清以上（含标清）监控设备，将食品储存、制作及餐用具清洗消毒等过程通过视频信号传输到就餐场所或方便社会公众观看的展示平台进行播放；参观通道式"明厨亮灶"是指按照食品加工操作流程动线，在食品加工区外建设专用参观通道，通过透明玻璃可视窗方式，能够直接观察各食品操作间，包括原料进入、原料处理、半成品加工、食品分装及待配送食品储存、餐用具清洗消毒间、食品储存等关键控制区域的加工操作过程；组合式"明厨亮灶"是指餐饮服务单位采用视频监控式、透明式、开放式或参观通道式多种形式任意组合的方式，达到"向消费者展示食品加工制作关键过程，接受消费者监督"的目标要求的形式；其他形式的"明厨亮灶"是指餐饮服务单位采用其他形式，但能符合"向消费者展示视频加工制作关键过程，接受消费者监督"目标要求的形式。依据餐饮服务企业的类型，推荐大、中型餐馆和单位食堂建设视频监控式"明厨亮灶"，推荐中央厨房、集体配餐单位建设参观通道式或者视频监控式"明厨亮灶"，推荐小型餐馆、饮品店、糕点店、小餐饮建设透明式或者开放式"明厨亮灶"。各类餐饮单位也可根据实际，建设组合式"明厨亮灶"。

2018年4月26日国家市场监督管理总局《关于印发餐饮服务明厨亮灶工作指导意见的通知》（国市监食监二〔2018〕32号）指出，"明厨亮灶"是指餐饮服务提供者采用透明、视频等方式，向社会公众展示餐饮服务相关过程的一种形式。鼓励餐饮服务提供者实施明厨亮灶。

2. 阳光餐饮

阳光餐饮是指通过公开食品安全信息、展示食品生产加工过程、社会公众参与评价等方式，促进餐饮服务单位落实食品安全主体责任，各级政府落实属地责任，监管部门落实监管责任，持续提升餐饮服务业质量安全水平的一种监管方式。阳光餐饮监管覆盖范围主要包括餐饮服务经营者、中央厨房、集体用餐配送单位、单位食堂和网络订餐平台。

阳光餐饮工程具体内容涵盖以下5个方面。

（1）信息阳光　餐饮服务单位在经营场所公示食品安全信息，主要包括食品经营许可证、餐饮服务食品安全量化分级、从业人员健康证、主要原料采购来源信息、食品添加剂使用信息，倡导在菜谱或菜品的宣传资料上公示主要原料及配料。

（2）过程阳光　即餐饮服务单位生产加工操作过程的可视化（视频传输）。餐饮服务单位要大力推行"明厨亮灶"形式的透明厨房，使食品在处理、切配、烹饪、冷食类和生食类加工过程、加工专间、专用操作区域、餐饮用具清洗消毒等重要环节直观可视，消费者可直接查看监督。中央厨房使用信息传输和显示技术（含APP），使消费者在门店就餐场所就能看到半成品、成品的生产加工过程。

（3）阳光评价　建立餐饮业公众评价系统，鼓励消费者、专业人士、第三方机构、新闻媒体广泛对餐饮经营及服务单位环境、食品卫生状况、产品质量等方面进行评价，形成社会信用信息。

（4）阳光管理　餐饮单位落实主体责任，增强自律意识，配有经考核合格的专职食品安全管理人员，建立完善的各项食品安全管理制度，并严格执行《餐饮服务食品安全操作规范》。

（5）阳光监管　加强对餐饮单位过程监管，及时公开监督检查和抽查结果，对严重失信的餐饮单位及网络平台，依据《食品安全法》条款实施经济及信用惩罚，对外公开信息，接受社会监督。

2017年6月13日，北京市人民政府办公厅发布关于印发《北京市推进"阳光餐饮"工程工作方案》的通知（京政办发〔2017〕30号），对于推进餐饮服务业食品安全监管具有指导意义。北京市市场监督管理局公布的数据显示，2018年全市实际经营餐馆、食堂、中央厨房等餐饮服务单位共6.5万余家，已完成"阳光餐饮"工程建设的有5.5万家，占比近85%。其中95%以上的中小学校、托幼机构、养老机构食堂达到"阳光餐饮"标准，中央厨房、集体用餐配送单位全部达到"阳光餐饮"标准。全市建设完成128条阳光餐饮示范街（区）、6个阳光餐饮示范村。北京市教委2017年6月印发《北京高校推进"阳光餐饮"工程实施方案》，其中明确提出，2018年12月底前，北京市高校食堂"阳光餐饮"工程建设任务基本完成，实现了师生通过移动互联网等现代信息技术实时查看高校食堂食品安全基本信息和加工操作过程，参与高校食品安全监督和信用评价。

3. 快餐连锁

自改革开放以来，中国餐饮业大致经历了改革开放起步、数量型扩张、大众快餐连锁发展和品牌提升战略4个发展阶段。其中大众快餐连锁已经成为餐饮服务消费潮流，尽管20世纪80年代末到90年代初，肯德基、麦当劳等国际快餐连锁品牌企业相继进入中国，并有良好的发展，但由于中国消费者长期以来养成的饮食习惯和中餐不可抗拒的美味，在未来中式快餐连锁的发展趋势必将在餐饮服务业中占主导地位。

麦当劳是全球大型快餐集团，从1955年创办人雷·克罗克在美国开设第一家麦当劳餐厅至今，它在全世界已拥有3万多家餐厅，麦当劳的"黄金双拱门"标志已经成为人们最熟知的世界品牌之一。1990年麦当劳正式进入中国市场，在深圳开设了第一家餐厅，但这家餐厅实际是由香港麦当劳所投资。当时中国零售业尚未完全向外资开放，想要进入中国的外资企业都必须与中国企业合作，这也是可口可乐等公司进入中国的方式。于是在1991年3月，麦当劳与北京三元食品股份有限公司合作，设立合资企业北京麦当劳有限公司，它与后来成立的广东三元麦当劳公司都以特许加盟模式运营，双方各占50%股份。

目前，麦当劳在中国拥有2400多家门店，麦当劳将自己的企业理念和经营方针浓缩为QSCV（Quality, Service, Cleanness & Value），即麦当劳为人们提供品质一流的产品、周到的服务、清洁的就餐环境以及让人们感到在麦当劳就餐是物有所值的。为了实现QSCV的目标，全部采用标准化管理，提出保证一流品质的产品必须坚持"一切用数字衡量"，服务必须坚持"100%顾客满意"，清洁必须坚持"创造舒适的环境氛围"，价值必须坚持"让顾客感到物有所值"。麦当劳允诺：每个餐厅的菜单基本相同，产品、加工和烹制程序乃至厨房布置都是标准化的，因此在我国餐饮服务业形成了良好的声誉和品牌效应，也成为餐饮服务快餐连锁的典型。

树立健康食品品牌、弘扬食品安全正能量是政府食品安全管理部门的重要职责之一，应坚持一手抓打击餐饮服务业中的假冒伪劣产品和食品安全犯罪行为，一手抓树立餐饮服务业先进示范和健康食品品牌，弘扬食品安全正能量。建议设立餐饮服务业政府奖励基金，并鼓励按照先进企业的经验和模式开展餐饮服务业标准化管理；政府通过设立餐饮服务业食品安全奖和餐饮服务健康品牌活动，提升餐饮服务业食品安全水平；每年开展评选100强餐饮服务示范企业，开展评选100强餐饮服务健康品牌活动，并给予一定的奖励，引导餐饮服务企业加大在标准化管理方面的投入，发挥政府奖励基金的鼓励作用。

第四节 食品标签监管思路与措施

一、食品标签及市场监管问题概述

食品标签是传递食品特征信息的载体，是消费者获取食品组成、营养成分等信息的直接途径，也是消费者了解食品信息和知情权的主要"窗口"，并确保为消费者提供合理、平衡的膳食需要。同时，食品标签还是企业对食品质量的保证和企业信誉的承诺，也是食品流通执法监督机构监督检查的重要依据。食品标签对于引导消费者选购食品，维护食品制造者的合法权益，消除国际贸易技术壁垒等方面都具有重要作用[57]。

GB 7718—2011《食品安全国家标准 预包装食品标签通则》于2011年4月20日发布，2012年4月20日实施，该标准适用于直接提供给消费者的预包装食品标签和非直接提供给消费者的预包装食品标签，不适用于为预包装食品在储藏运输过程中提供保护的食品储运包装标签、散装食品和现制现售食品。该标准对预包装食品和食品标签的定义分别是：预包装食品是指预先定量包装或者制作在包装材料和容器中的食品，包括预先定量包装以及预先定量制作在包装材料和容器中并且在一定限量范围内具有统一的质量或体积标识的食品；食品标签是指食品包装上的文字、图形、符号及一切说明物。

GB 28050—2011《食品安全国家标准 预包装食品营养标签通则》于2011年10月12日发布，2013年1月1日实施。该标准是对GB 7718—2011《食品安全国家标准 预包装食品标签通则》的补充和完善，制定GB 28050—2011《食品安全国家标准 预包装食品营养标签通则》的目的有以下几点：规范食品营养标签的标示，明确营养成分和含量；引导消费者合理选择食品，保护消费者知情权和身体健康，改变不良饮食习惯，促进膳食营养平衡，降低健康护理费用；规范企业行为，引导健康导向，鼓励厂家生产创新的、真正的营养健康产品。该标准适用于预包装食品营养标签上营养信息的描述和说明，不适用于保健食品及预包装特殊膳食用食品的营养标签标示。该标准对营养标签定义是指预包装食品标签上向消费者提供食品营养信息和特性的说明，包括营养成分表、营养声称和营养成分功能声称。

GB 13432—2013《食品安全国家标准 预包装特殊膳食用食品标签通则》于2013年12月26日发布，2015年7月1日实施。该标准适用于预包装特殊膳食用食品的标签（含营养标签）。该标准对预包装特殊膳食用食品定义为满足特殊的身体或生理状况和（或）满足疾病、紊乱等状态下的特殊膳食需求，专门加工或配方的食品。这类食品的营养素和（或）其他营养成分的含量与可类比的普通食品有显著不同。该标准规定的特殊膳食用食品主要包括以下几类：

（1）婴幼儿配方食品

①婴儿配方食品；

②较大婴儿和幼儿配方食品；

③特殊医学用途婴儿配方食品。

（2）婴幼儿辅助食品

①婴幼儿谷类辅助食品；

②婴幼儿罐装辅助食品。

（3）特殊医学用途配方食品（特殊医学用途婴儿配方食品涉及的品种除外）

（4）除上述类别外的其他特殊膳食用食品（包括辅食营养补充品、运动营养食品以及其他具有相应国家标准的特殊膳食用食品）

关于保健食品的标签，GB 16740—2014《食品安全国家标准 保健食品》代替了 GB 16740—1997《保健（功能）食品通用标准》，在 GB 16740—1997《保健（功能）食品通用标准》中对国产和进口保健（功能）食品销售包装的标签规定了应标注保健（功能）食品名称、配料表（配料）、功效成分和营养成分表、保健功能、净含量及固形物含量、制造者的名称和地址、生产日期、保质期和（或）保存期、贮藏方法（条件）、食用方法、产品标准号和审批文号和特殊标注内容共 11 项具体的要求，而 GB 16740—2014《食品安全国家标准 保健食品》中仅给出了"标签标识应符合有关规定"。标签标识应符合以下有关规定：一是现行《食品安全法》第七十八条的规定：保健食品的标签、说明书不得涉及疾病预防、治疗功能，内容应当真实，与注册或者备案的内容相一致，载明适宜人群、不适宜人群、功效成分或者标志性成分及其含量等，并声明"本品不能代替药物"。保健食品的功能和成分应当与标签、说明书相一致。二是根据《关于规范保健食品功能声称标识的公告》（原食品药品监管总局 2018 年 2 月 13 日发布），按照《中华人民共和国食品安全法》有关保健食品声称保健功能应当具有科学依据的规定，现就保健食品功能声称标识有关事项公告如下：第一条，未经人群食用评价的保健食品，其标签说明书载明的保健功能声称前增加"本品经动物实验评价"的字样；第二条，此前批准上市的保健食品生产企业，应当在其重新印制标签说明书时，按上述要求修改标签说明书。至 2020 年底前，所有保健食品标签说明书均需按此要求修改；第三条，自 2021 年 1 月 1 日起，未按上述要求修改标签说明书的，按《中华人民共和国食品安全法》有关规定查处；第四条，经过人群食用评价的保健食品，具体评价技术要求及标识另行规定；第五条，本公告自发布之日起实施（2018 年 2 月 13 日）。三是《〈关于规范保健食品功能声称标识的公告〉（2018 年第 23 号）有关问题的解读》（国家市场监督管理总局 2018 年 4 月 17 日发布）的要求，主要有以下内容：①未经人群食用评价的保健食品（营养素补充剂产品除外），应在标签、说明书"保健功能"项下，保健功能声称前增加"本品经动物实验评价"的字样。标注为"［保健功能］本品经动物实验评价，具有×××的保健功能"。②已批准上市的保健食品，其保健功能均经过人群食用评价的，在新的评价技术要求及标识规定发布实施前，原保健功能声称的标识不变。涉及多项保健功能声称的保健食品，应根据动物实验评价及人群食用评价情况，按上述要求分别进行标注。例如：保健功能"A"，仅经动物实验评价；保健功能"B"，仅经人群食用评价；保健功能"C"，经动物实验及人群食用评价。标注为"［保健功能］A、B、C（经动物实验评价，具有 A 的保健功能）"。③营养素补充剂产品不涉及动物实验和人群食用评价，保健功能声称标识不变，标注为"［保健功能］补充×××"。④申请人应按公告要求自行修改标签、说明书，无须单独针对此项内容提出变更申请。⑤自 2021 年 1 月 1 日起，未按上述要求修改标签说明书的，按《食品安全法》有关规定查处。"自 2021 年 1 月 1 日起"是指未按上述要求修改标签说明书的保健食品的销售截止日期。四是 2016 年 7 月 1 日实施的《保健食品注册与备案管理办法》（国家食品药品监督管理总局令第 22 号），其中第五十四条规定，申请保健食品注册或者备案的，产品标签、说明书样稿应当包括产品名称、原料、辅料、功效成分或者标志性成分及含量、适宜人群、不适宜人群、保健功能、食用量及食用方法、规格、贮藏方法、保质期、注意事项等内容及相关制定依据和说明等。第五十五条规定，保健食品的标签、说明书主要内容不得涉及疾病预防、治疗功能，并声明"本品不能代替药物"。第五十六条规定，保健食品的名称由商标名、通用名和属性名组成。商标名，是指保健食品使用依法注册的商标名称或者符合《商标法》规定的未注册的商标名称，用以表明其产品是独有的、区别于其他同类产品。通用名，是指表明产品主要原料等特性的名称。属性名，是指表明产品剂型或者食品分类属性等的名称。五是保健食品标签除应符合 GB 7718—2011《食品安全国家标准 预包装食品标签通则》的基本要求外，在标签上还要标注保健食品标志及保健食品批准文号，且每种产品最多只能有 2 种保健功能，其标识的保健功能必须与批准的保健功能一致。

　　农产品和食用农产品的包装和标识按照农业部《农产品包装和标识管理办法》执行。第七条规定，农产品生产企业、农民专业合作经济组织以及从事农产品收购的单位或者个人，用于销售的下列农产品必须包装：①获得无公害农产品、绿色食品、有机农产品等认证的农产品，但鲜活畜、禽、水产品除外。②省级以上人民政府农业行政主管部门规定的其他需要包装销售的农产品。符合规定包装的农产品拆包后直接向消费者销售的，可以不再另行包装。第八条规定，农产品包装应当符合农产品贮藏、运输、销售及保障安全的要求，便于拆卸和搬运。第九条规定，包装农产品的材料和使用的保鲜剂、防腐剂、添加剂等物质必须符合国家强制性技术规范要求。包装农产品应当防止机械损伤和二次污染。第十条规定，农产品生产企业、农民专业合作经济组织以及从事农产品收购的单位或者个人包装销售的农产品，应当在包装物上标注或者附加标识标明品名、产地、生产者或者销售者名称、生产日期。有分级标准或者使用添加剂的，还应当标明产品质量等级或者添加剂名称。未包装的农产品，应当采取附加标签、标识牌、标识带、说明书等形式标明农产品的品名、生产地、生产者或者销售者名称等内容。第十一条规定，农产品标识所用文字应当使用规范的中文。标识标注的内容应当准确、清晰、显著。第十二条规定，销售获得无公害农产品、绿色食品、有机农产品等质量标志使用权的农产品，应当标注相应标志和发证机构。禁止冒用无公害农产品、绿色食品、有机农产品等质量标志。第十三条规定，畜禽及其产品、属于农业转基因生物的农产品，还应当按照有关规定进行标识。2015 年 12 月 8 日经国家食品药品监督管理总局局务会议审议通过，自 2016 年 3 月 1 日起施的《食用农产品市场销售质量安全监督管理办法》第三十二条规定，销售按照规定应当包装或者附加标签的食用农产品，在包装或者附加标签后方可销售。包装或者标签上应当按照规定标注食用农产品名称、产地、生产者、生产日期等内容；对保质期有要求的，应当标注保质期；保质期与贮藏条件有关的，应当予以标明；有分级标准或者使用食品添加剂的，应当标明产品质量等级或者食品添加剂名称。食用农产品标签所用文字应当使用规范的中文，标注的内容应当清楚、明显，不得含有虚假、错误或者其他误导性内容。第三十三条规定，销售获得无公害农产品、绿色食品、有机农产品等认证的食用农产品以及省级以上农业行政部门规定的其他需要包装销售的食用农产品应当包装,并标注相应标志和发证机构,鲜活畜、禽、水产品等除外。第三十四条规定,销售未包装的食用农产品,应当在摊位(柜台)明显位置如实公布食用农产品名称、产地、生产者或者销售者名称或者姓名等信息。鼓励采取附加标签、标示带、说明书等方式标明食用农产名称、产地、生产者或者销售者名称或者姓名、保存条件以及最佳食用期等内容。第三十五条规定,进口食用农产品的包装或者标签应当符合我国法律、行政法规的规定和食品安全国家标准的要求,并载明原产地,境内代理商的名称、地址、联系方式。进口鲜冻肉类产品的包装应当标明产品名称、原产国(地区)、生产企业名称、地址以及企业注册号、生产批号;外包装上应当以中文标明规格、产地、目的地、生产日期、保质期、储存温度等内容。分装销售的进口食用农产品,应当在包装上保留原进口食用农产品全部信息以及分装企业、分装时间、地点、保质期等信息。陕西省地方标准 DB61/T 379—2006《蔬菜外包装箱规格与标识标注规范》规定的产品标注包括产品名称,净含量,配菜清单,生产者和经销者名称、地址、电话、邮政编码,包装日期(批号),安全食用期,执行标准号,产品质量合格证书,质量(品质)等级和其他需要标示的内容。

绿色食品和有机食品以及农产品地理标志产品的标识标志按照相应管理办法的规定执行。此外,对标签标识虚假声称或者标签标识不规范的行为,根据现行的《食品安全法》第一百二十四条的规定,违反本法规定,生产经营标注虚假生产日期、保质期或者超过保质期的食品、食品添加剂和生产经营未按规定注册的保健食品、特殊医学用途配方食品、婴幼儿配方乳粉,或者未按注册的产品配方、生产工艺等技术要求组织生产,由县级以上人民政府食品安全监督管理部门没收违法所得和违法生产经营的食品、食品添加剂,并可以没收用于违法生产经营的工具、设备、原料等物品,违法生产经营的食品、食品添加剂货值金额不足一万元的,并处五千元以上五万元以下罚款;货值金额一万元以上的,并处货值金额十倍以上二十倍以下罚款;情节严重的,责令停产停业,直至吊销许可证。第一百二十五条规定,违反本法规定,生产经营无标签的预包装食品、食品添加剂或者标签、说明书不符合本法规定的食品、食品添加剂和生产经营转基因食品未按规定进行标示,由县级以上人民政府食品安全监督管理部门没收违法所得和违法生产经营的食品、食品添加剂,并可以没收用于违法生产经营的工具、设备、原料等物品。违法生产经营的食品、食品添加剂货值金额不足一万元的,并处五千元以上五万元以下罚款;货值金额一万元以上的,并处货值金额五倍以上十倍以下罚款;情节严重的,责令停产停业,直至吊销许可证。生产经营的食品、食品添加剂的标签、说明书存在瑕疵但不影响食品安全且不会对消费者造成误导的,由县级以上人民政府食品安全监督管理部门责令改正。拒不改正的,处二千元以下罚款。

虽然有关食品标签的规定和法律责任十分明确,但食品标签问题,特别是保健食品标签还不够规范。2015 年国家食品标签标识专项监督检查食品生产企业 108806 家次,发现问题标签标识涉及企业 11634 家,占 10.7%。检查产品 170249 批次,发现问题标签标识涉及产品 15607 批次,占 9.2%。检查食品流通经营户 605673 家次,发现问题标签标识涉及 8865 家,占 1.5%。检查产品 1126254 批次、发现问题标签标识涉及产品 11821 批次,占 1%。查处案件 4508 起,涉案货值 2191.41 万元,查处大案要案 29 件,移交司法机关案件 4 件,移交其他部门案件 4 件。在 2017 年新疆维吾尔自治区专项监督抽检中,标签不合格率达 9.8%。

目前食品标签标准和食品企业食品标签存在的主要问题表现在以下几个方面。

(1) 食品标签定义模糊,企业标示内容不规范,随意增加不需要的标注内容 GB 7718—

2011《食品安全国家标准　预包装食品标签通则》和 GB 28050—2011《食品安全国家标准　预包装食品营养标签通则》都是强制性食品安全国家标准，但标准强制性的效果不容乐观，一方面是食品生产经营主体的责任没有完全落实，另一方面与 GB 7718—2011《食品安全国家标准　预包装食品标签通则》中对食品标签的定义有关（食品标签是指食品包装上的文字、图形、符号及一切说明物），该定义是一个包含范围极其广泛的概念，不够严谨，这就给企业制作食品标签留出巨大的空间和想象。食品标签允许有"文字、图形、符号"，在食品标签上使用的"文字、图形、符号"如果具有推销商品作用的话，就属于传播媒介，甚至正好符合"广告"的内涵。实际上一些食品标签上的文字、图形等宣传用语有可能本身就是其做广告时的宣传用语。而食品生产经营主体可能会从食品标签的定义中找到"文字、图形和符号"并与其产品广告相结合，即食品标签上"文字、图形和符号"既可能是标签，也可能是广告。这些问题在预包装食品中普遍存在，已经超出了 GB 7718—2011《食品安全国家标准　预包装食品标签通则》和 GB 28050—2011《食品安全国家标准　预包装食品营养标签通则》必须强制标示要求的范围。因此，建议修改食品标签定义，并直接指出食品标签需要给出强制性要求的具体内容。而如上述食品标识的内容与食品安全国家标准规定毫无关系，应该在食品标签坚决禁止，严禁有误导消费问题出现，把食品选择权交给消费者。

（2）食品标签标识虚假标注、夸大标注或夸大宣传　我国食品加工所用的原料，许多与中药材相关，传统上称为"药食兼用"或者"药食两用"，也就是食品概念中"按照传统既是食品又是中药材的物品，但是不包括以治疗为目的的物品"，但含有中药材的食品绝对不许宣称该食品有疾病预防及治疗功能。保健食品的标签、说明书主要内容也不得涉及疾病预防及治疗功能，并声明"本品不能代替药物"。但是有的食品企业，为了增加食品销量，诱骗消费者，在食品标签标识中虚假标注、夸大标注或夸大宣传；有的食品企业恶意混同他人标签标识生产"山寨"食品或保健食品；有的食品企业在食品流通环节对预包装食品进行私自分装以及非法变更原包装标识信息。

（3）食品标签标识强制性要求常见问题　食品标签标识强制性要求出现的常见问题，从食品生产经营主体的文化素质来看，存在有客观和主观两个方面的问题。一是个别食品生产流通企业对食品标签相关的法律法规的规定要求不清楚，对预包装食品标签标准的标注不够重视等多方面的原因造成，这是客观因素，不是有意而为之。二是个别食品生产流通企业对食品标签相关的法律法规的规定要求非常清楚，对预包装食品标签标准的标注也十分重视，这是主观因素，是有意而为之。常见问题主要表现在以下几个方面。

①食品名称：食品名称不能真实反映产品真实属性。GB 7718—2011《食品安全国家标准　预包装食品标签通则》要求食品名称的字体应使用同一字号及同一字体颜色标示食品真实属性的专用名称。但有的食品企业则利用字号大小、色差、图形、符号及暗示性的语言误导消费者。使消费者误将购买的食品或食品的某一性质与另一属性相近的产品混淆。如"芭乐汁饮料"或"芭乐果味饮料"，"芭乐汁"或"芭乐"字号大、颜色醒目，而反映其真实属性的"饮料"或"果味饮料"字体则很小，颜色较淡，消费者很容易将这类产品误认为是纯粹的芭乐果汁。实际上芭乐又称番石榴，消费者对番石榴更熟悉，芭乐汁饮料就是番石榴饮料。又如添加了芒果味香精的果味饮料，"芒果"两字大且醒目，颜色与"果味饮料"不一致，让消费者误以为"芒果汁饮料"而购买。某糕点配料中添加了少量普通虾粉，食品名称为"干吃龙虾面油炸糕点"，其中"龙虾面"标注在包装正面中间字体特别大，颜色醒目，在包装袋正面

下沿用浅色小号字体标注"油炸糕点",误导消费者认为该产品是以龙虾为原料制作的干吃面而购买。"冰糖燕窝"标签用大字体突出"燕窝"两字,误导消费者[82]。食品名称为"酱牛肉蚕豆",而产品配料表并无牛肉,只是使用了与之相关的香精香料,则名称中应标为"牛肉味"等字样[83]。

②配料表:常见问题有:名称标示不规范,如"鸡精"应标注为"鸡精调味料","糖"应标注为白砂糖或者赤砂糖,"盐或精盐"应标注为食用盐;配料不按加入量的递减顺序排列;加入量超过25%的复合配料未标示其原始配料;食品添加剂标示形式混乱;复配食品添加剂标示不规范;特别强调的成分或配料未按要求进行定量标示等[84]。

③食品添加剂:一是食品添加剂标注不规范;二是隐瞒不标注食品添加剂;三是超范围、超限量使用、甚至使用了不合法的添加剂却不标注;四是有的食品企业未按规定的多标,如食品标签上出现"本产品不添加防腐剂"和"本产品食品添加剂零添加"等声称,这是没有必要的,应该按照食品添加剂标识的规定,添加食品添加剂的应有标注。

④生产日期:生产日期与食品保质期密切相关,有的食品企业没有按照真实情况标注生产日期。部分国家标准和行业标准规定了产品的保质期,但企业没有按照标准执行。有的食品企业日期标注不清晰,标注不规范,甚至字迹模糊。有的食品企业篡改食品生产日期、伪造产地、违法涂改标签、伪造冒用他人品牌或商标、伪造冒用食品生产经营许可证及标识。这类问题普遍存在,消费者购买的食品是否安全难以得到保证。

⑤营养成分表:GB 28050—2011《食品安全国家标准 预包装食品营养标签通则》从2013年1月1日开始实施,有的企业对该标准颁布实施的目的意义理解不够深入,在给出的营养成分表中的数据不符合标准的要求。一是有的食品企业数据标示不规范,食品营养成分含量值以范围值标示,而并非是单一数值。二是有的食品企业在1+4核心营养素中,钠、能量的修约间隔为"1",脂肪、碳水化合物、蛋白质的修约间隔为"0.1"。除了核心营养素外,一些其他营养素都可以按照GB 28050—2011《食品安全国家标准 预包装食品营养标签通则》中表1所制定的修约间隔进行修约。但是在实际检测过程中,经常会发现未按照要求进行修约间隔的营养素,且直接把检测结果写在营养成分表中。三是有的食品企业已经按照GB 28050—2011《食品安全国家标准 预包装食品营养标签通则》的规定制作了营养成分表,也按照规定进行了数据修约,但标注的数据与实际产品不符,有误导消费者之嫌,使高能量食品变成低能量食品。有的食品企业在标签中强调高钙、富硒、高铁、高纤维、富含氨基酸,但在营养成分表中没有标示其含量。

总之,由于市场主体数量和食品种类繁多、消费市场巨大、食品标签类型多样,食品标签除了上述主要问题之外,还有净含量(法定计量单位、净含量字体高度)规格不规范、在标签中单一标示使用繁体字(繁体字不属于规范汉字)、在标签中使用拼音、外文字体大于相应的中文字体、品质等级标识不符合标准要求等问题。这就对食品标签的监管增加巨大的工作量,如何有效监管食品标签,遏制误导消费者问题的发生,是食品标签监管的重要任务。

二、食品标签监管思路

食品标签监管是食品生产经营的重点监管内容之一,特别是食品流通领域监管的关键。针对食品标签常见问题,食品标签的监管的思路主要有以下几个方面。

(一) 加快修订食品标签标准，实施食品电子监管码

修订不同类型食品标签食品安全国家标准，使标签标注更加具体化，对不同类型的食品标签应该明确规定强制性标示的内容，且强制性以外的不得标示。虽然，GB 7718—2011《食品安全国家标准 预包装食品标签通则》和 GB 28050—2011《食品安全国家标准 预包装食品营养标签通则》对预包装食品必须强制标示内容和有关食品可以豁免标示的内容都有明确的规定，但在食品企业的实际执行中额外增加了不需要标示的内容。这可能与该标准对食品标签定义有关，目前的食品标签定义指食品包装上的文字、图形、符号及一切说明物。建议在修订 GB 7718—2011《食品安全国家标准 预包装食品标签通则》时，把食品标签的定义修改为"食品标签是由标示在食品包装上的食品名称，配料表，净含量和规格，生产者、经销者的名称、地址和联系方式，生产日期，贮存条件，食品生产许可证编号，产品标准代号，其他强制性标示内容和其他推荐性标示内容构成"（具体强制和推荐标示的内容可以依据 GB 7718—2011 的修改情况而定）。该定义的修改目的就是要严禁在食品标签上标注标示强制性和推荐性以外的企业想象的标注标示。修订该标准的目标应该达到简明扼要，不同类型的预包装食品标签应该标示什么？怎样标示是正确的？严禁标示什么？使食品企业食品标签标示有根有据，更便于实施。

在修订 GB 7718—2011《食品安全国家标准 预包装食品标签通则》和 GB 28050—2011《食品安全国家标准 预包装食品营养标签通则》的同时，在强制性标注标示中，增加中国食品电子监管码。电子监管码是我国政府为了对产品实施电子监管而为每件产品赋予的标识。每件产品的电子标签唯一，即"一件一码"，相当于商品的身份证，可实现对产品生产、流通、消费的全程监管，及产品真假判断、质量追溯、召回管理与全程跟踪等功能。电子监管码是我国逐步实行的一项强制性和鼓励性产品管理措施，已于 2011 年 3 月 31 日在基本药品包装领域强制执行，该技术可以推广应用于预包装食品和其他产品包装流通领域。监管码由 20 位数字组成，一般印刷或粘贴在产品包装上[82]。消费者可以通过扫码软件或国家电子监管网，查验产品上的监管码，方便快捷地了解预包装食品的生产企业、生产日期、质量安全等方面的信息，能够作为判断产品来源真实性的依据，既保护了消费者自身权益，又形成了对食品市场假冒伪劣行为的社会威慑环境。

(二) 建立食品标签备案制度，为监管提供实物依据

在对食品市场主体实施食品生产许可证和食品经营许可证管理制度的基础上，对食品市场主体生产和销售预包装食品提出食品标签备案要求。也就是要建立食品标签备案制度，依据政府食品安全管理部门食品生产和经营许可的权限，按照"谁许可、谁备案"的原则，提出不同类型预包装食品标签备案条件及执行标准要求。在食品标签备案制度中明确要求食品生产和经营企业提出食品标签备案申请书，申请书中必须提供使用的食品标签、包装状况和备案标签设计的图片资料。政府可以委托社会第三方技术机构或者行业协会对食品企业备案标签进行技术性审查，审查不合格的要求重新修改完善，审查合格的予以备案，已经备案的食品标签可作为该食品企业标签在市场流通监管的"实物"依据。如果国家食品标签相关法律法规和食品安全国家标准有关食品标签的要求发生变化，或者食品企业食品标签设计发生变化的，在食品标签进入食品市场流通前 6 个月必须重新备案，以确保食品标签备案的连续性。

三、食品标签监管措施

(一)针对重点监管领域,制定本年度监管计划

食品标签监管是一项日常监管的重点工作。要针对消费者投诉或者社会反映强烈领域开展食品标签的监管工作。重点监管婴幼儿配方乳粉、婴幼儿辅助食品、乳制品、酒类产品、肉制品、粮食加工品、食用植物油、饮料、代用茶及含茶制品、糕点、蜜饯、糖果和保健食品等食品标签标准的执行情况,特别是针对食品标签中虚假宣传、夸大宣传和欺骗欺诈消费者问题,制定本年度工作计划。按照不同类型预包装食品,实施分类摸底排查,每个企业、每个产品都进行排查,实现全覆盖、不留死角。对排查发现的问题,认真分析原因、提出解决办法,违法乱纪的给予相应的处理。同时做好食品标签的科普宣传引导,通过科普宣传,提高对食品标签虚假宣传、欺骗欺诈的辨识能力,引导消费者树立正确的健康科学消费意识。

(二)结合食品企业实际,采用电子监管码监管

对预包装食品采用电子监管码监管,要结合食品企业实际,按照全面规划、分步实施、逐步推进的原则,分类分批对预包装食品实施电子监管码监管。首先在集团公司和大型食品企业实施,在取得经验后再进一步推广扩大实施范围,最终实现所有预包装食品电子监管码的全覆盖。可以按照三个步骤全面规划:第一步,对粮油制品、白酒、果酒、啤酒、乳制品、肉制品和保健食品等特殊食品实行电子监管;第二步,对饮料、果汁、罐头、调味品实行电子监管;第三步,对所有食品全部实行电子监管。通过预包装食品电子监管工作的推行,实现对预包装食品的质量安全追溯,对存在安全隐患的食品及时召回,切实保障公众的食品安全。

实施食品电子监管码的企业需要花费一定的人力、物力和财力,如食品生产企业要对现有生产线进行改造,需要增加生产线赋码关联系统,该系统按自动化的程度高低,可分为自动线、半自动线和手动线,以及相关配套设备设施,这都要增加企业投入。建议政府在推行食品电子监管码的同时出台相应的帮扶鼓励政策,以减轻实施食品电子监管码企业的负担,鼓励推动企业实行积极性和延续性,如给予企业一定的补贴或政策上的倾斜优惠,同时,为实施食品电子监管码的企业树立食品电子监管码行业典范[83]。

第五节 食品广告的监管思路与措施

一、食品广告及市场监管问题概述

广告是广而告之的意思,即向社会广大公众告知某件事物。我国古代有许多的广告,据《史记·司马相如列传》记载,在汉代,沿街酒家会将空的大酒坛垒成高台,称为"垆",挑选年轻貌美的女子,站在垆上,一边吸引来往行人注意,一边招呼客人进店饮酒。西汉大才子司马相如与卓文君私奔,在四川临邛开了一家小酒馆,卓文君在高垆上揽客,司马相如穿着短裤洗碗,留下了"文君当垆,相如涤器"的典故,从此,卓文君的促销广告流传至今,现在流传在陕西"七星河"和"姜嫄水乡"古镇等旅游中出现的摔碗酒的广告,"喝了摔碗酒,家里啥都有"就是该广告的一种延伸。苏东坡是北宋文学家、书画家,是唐宋八大家之一,在

诗、词、散文、书、画等方面取得了很高的成就，这位文豪不仅是商业策划的能手，而且还是制作商业广告的高手。在黄州（今湖北省黄冈市），苏东坡改良了当时猪肉的制作方法，为了加速推广，他专门写诗赞曰："黄州好猪肉，价贱如泥土。富贵不肯吃，贫者不解煮。早晨起来打两碗，饱得自家君莫管。"人们如法炮制，猪肉果然肥而不腻，鲜美无比，食客称此肉为"东坡肉"。实际上，这首诗便是"东坡肉"的广告语。苏东坡也曾写过一首推销馓子的"广告诗"："纤手搓来玉色匀，碧油煎出嫩黄深。夜来春睡知轻重，压匾佳人缠臂金。"寥寥数语，把馓子的色、香、味描绘得淋漓尽致。

总之，我国是拥有 5000 年历史的文明古国，商品广告发展经历了从无到有，由简单到复杂的发展过程，其发展历程从实物广告开始，如卖牛羊的直接把牛羊牵到集市上；叫卖广告如卖油翁一边敲"梆子"，一边吆喝"卖油喽"；布贩子和买日杂的用"拨浪鼓"吸引客人。招牌广告，如北京"全聚德""六必居""同仁堂"，西安"贾三灌汤包子""老孙家牛羊肉泡馍""老樊家肉夹馍"等老字号招牌，实际上已成为经营者的品牌标志广告，流传至今。幌子广告分为形象幌和标志幌，如酒店门前挂葫芦或放置一酒坛、中药铺门前摆放制作中药材的铁"碾子"等就是形象幌；而在酒店前挂一面旗帜（酒旗），在客栈、旅馆门前挂灯笼就是标志幌。这都是古代比较普遍的广告形式。北宋时期，济南刘记针铺广告则是中国现存最早的工商业印刷广告。到清代广告范围和方式也发生了很多变化，特别是受西方广告的影响，各种平面媒体广告也应运而生。如在 1872 年 4 月 30 日，在上海创刊的《申报》成为最早印有广告的报纸。1904 年《东方杂志》上出现了第一个杂志广告。1908 年上海的有轨电车出现了最早的车身广告[84]。

我国进入社会主义市场经济以来，中国广告业突飞猛进，经过了 40 多年的发展与磨砺，已经步入了盛年时期，有了完善的体系、科学的工具、先进的理论，中国已经成为一个广告大国。但由于广告业如雨后春笋的发展，广告形式不断翻新，其中欺诈广告也五花八门，有的已经严重破坏了正常的社会经济秩序，引起了社会各界的强烈不满。因此，人们对广告监管的呼声也越来越高，为了维护正常的社会经济秩序，规范广告活动，保护消费者的合法权益，1994 年全国人民代表大会常务委员会通过了《中华人民共和国广告法》，我国广告业开始步入法制化管理轨道。为了做好广告法的管制，维护公平竞争，现行的《中华人民共和国广告法》第二条对于广告业活动有关的责任人或者组织给出了明确的定义，如广告主是指为推销商品或者服务，自行或者委托他人设计、制作、发布广告的自然人、法人或者其他组织；广告经营者是指接受委托提供广告设计、制作、代理服务的自然人、法人或者其他组织；广告发布者是指为广告主或者广告主委托的广告经营者发布广告的自然人、法人或者其他组织；广告代言人是指广告主以外的，在广告中以自己的名义或者形象对商品、服务做推荐、证明的自然人、法人或者其他组织。把广告主、广告经营者、广告发布者和广告代言人一并纳入广告监管范畴。

关于广告的定义，有广义和狭义之分。广义广告是指不以营利为目的的广告，通常指的是公益广告，如政府公告，政党、宗教、教育、文化、市政、社会团体等方面的启事、声明等。狭义广告是指以营利为目的广告，通常指的是商业广告，或称经济广告，它是工商企业为推销商品或提供服务，以付费方式，通过广告媒体向消费者或用户传播商品或服务信息的手段。关于狭义广告，不同国家和组织有其不同的定义，但定义本质是基本一致的。如 1948 年美国市场营销协会的定义委员会对广告定义是由可确认的广告主，对其观念、商品或服务所作的以任何方式付款的非人员式的陈述与推广。美国广告协会对广告的定义是付费的大众传播，其最终目的为传递情报，改变人们对广告商品的态度，诱发其行动而使广告主得到利益。其核心意义是"认知、理解、说服、行动"。现行的《中华人民共和国广告法》第二条规定：在中华人民共和国境内，商品经营者或者服务提供者通过一定媒介和形式直接或者间接地介绍自己所推销的商品或者服务的商业广告活动，适用本法。实质上该条所指的"商品经营者或者服务提供者通过一定媒介和形式直接或者间接地介绍自己所推销的商品或者服务商业广告活动"就是该法对"广告"的定义，特别强调了"商业广告活动"，也就是说我国广告法主要针对的商业广告活动，而非商业活动的广告，即公益广告不受该法约束。可见，政府的广告法律法规主要是针对狭义广告而制定。

根据广告目的、媒体、内容、形态、范围、艺术形式和广告主等不同，可以把广告分成以下几个类型。

（1）根据广告的目的分类　可分为商业广告（营利性广告）和公益广告（非营利性广告）两大类。

（2）根据广告的内容分类　可分为商品广告、服务广告和观念广告、培训广告、招生广告、就业广告、寻人广告、征婚广告、租赁广告、房地产广告、金融广告等。

（3）根据广告的媒体分类　可分为报纸广告、杂志广告、印刷广告、广播广告、电视广告、网络广告等。

（4）根据广告的形态分类　可分为墙体广告、楼体广告、路牌广告、候车亭广告、招牌（幌子）广告、灯箱广告、橱窗广告、射灯广告、音响广告、气球广告、单立柱广告、电子屏广告、公交车广告、电梯广告、地铁广告、候机楼广告、会议广告（订货会、洽谈会、展销会、联销会、博览会、交易会、推介会）、运动会广告、卫生间广告、大厅广告、走廊广告、楼梯广告、地面广告、动漫广告、电子邮件广告、手机电话短信广告、平面广告和立体化广告。

（5）根据广告的范围分类　可分为全球性广告、全国性广告、区域性广告和地区性广告等。

（6）根据广告的艺术形式分类　可分为图片广告、文字广告、表演性广告、人体广告、演说广告和情节性广告等。

（7）根据广告主或者广告发布者分类　可分为自然人广告、法人广告、其他组织广告和代言人广告。

目前，我国广告的形态不断拓展，各类广告应有尽有，特别是近几年出现的网络广告，以铺天盖地之势，占据了广告业的半壁江山，已经成为继报纸杂志、广播电视之后的第三大广告媒体。网络广告既满足了不同消费者的心理特点，又可以达到最佳的宣传效果，取得了显著效益。据艾瑞咨询报告显示，2013年中国整体网络广告市场规模为1100亿元，市场同比增长达到46%，2014年中国网络广告市场规模达到了1540亿元，2015年中国网络广告市场规模达到2093.7亿元，展示类广告中，交通、房地产、食品饮料三大行业所占份额较大，占比分别为20.4%、13.5%、12.0%。网络广告由于网络自身的开放性与自由性，导致发布渠道出现了隐蔽、多样的特性。同时，由于网络市场准入门槛较低、网络广告受众多、法律法规制定相对滞后、政府行政监督手段和监管技术无法与市场变化相匹配等特性，导致网络广告发展过程中出现了诸多问题，不良广告、违法违规广告乘虚而入，对网络广告的有效监管增加难度。2016年1~9月国家工商行政管理部门共查处虚假违法食品广告案件1303件，罚没款2639万元。

2018年1~6月，全国工商、市场监管部门共查处互联网广告案件8104件，同比增长64.2%；罚款金额达到11668.70万元，同比增长17.0%。

对于食品广告而言，目前主要存在的问题主要表现在以下几个方面。

（1）食品广告内容虚假，并声称具有预防疾病及治疗功能。《中华人民共和国食品安全法》和《中华人民共和国广告法》规定，食品和保健食品广告的内容必须真实合法，不得含有虚假内容，不得涉及疾病预防、治疗功能。某些保健食品广告宣传超出了食品药品监督管理部门批准的内容，含有利用患者名义和形象作证明，不科学地表示功效的断言和保证，严重欺骗和误导消费者[85]。

（2）网络食品广告虚假，与实际标签和说明书内容不符。利用自媒体形式做违法食品广告；有的在互联网平台开设网页宣传销售产品。

（3）利用宣传册、音频视频和专家讲座，甚至假借新闻单位的名义等方式，做欺诈销售广告。制作的食品和保健食品宣传册、音频视频、专家讲座的推销的广告内容与标签、说明书标示的内容不符，夸大食品和保健食品具有疾病预防、治疗功能。有的食品生产经营者擅自修改广告内容，与批准的广告内容不一致。有的假借新闻单位的名义，做欺诈宣传等广告内容[85]。

总之，由于食品、特别是保健食品的广告市场巨大、形式多样、无处不在，这就对食品广告市场的监管提出更高的要求，特别是食品网络广告的监管还需要高科技手段，创新监管方式和思路势在必行。

二、食品广告监管思路

（一）严格广告备案，规范广告多媒体

坚持实行食品广告备案审查制度，通过备案审查建立食品行业有关的自然人、法人、其他组织和代言人对食品广告的严肃性认识，从源头解决食品广告的真实性、科学性等问题，有效遏制非法宣传广告。食品行业产品复杂，建议成立从国家到省、直辖市和自治区不同类型食品的广告备案审查机构，或者委托相关行业协会承担此项工作，也可以建立社会第三方备案审查机构，确保食品广告审查的权威性。针对食品广告常见违法问题，有的放矢地安排审查内容，制定审查标准规范，做到防患于未然。

《中华人民共和国广告法》第十八条，规定保健食品广告不得含有下列内容：①表示功效、安全性的断言或者保证；②涉及疾病预防、治疗功能；③声称或者暗示广告商品为保障健康所必需；④与药品、其他保健食品进行比较；⑤利用广告代言人作推荐、证明；⑥法律、行政法规规定禁止的其他内容。保健食品广告应当显著标明"本品不能代替药物"。第十九条规定，广播电台、电视台、报刊音像出版单位、互联网信息服务提供者不得以介绍健康、养生知识等形式变相发布医疗、药品、医疗器械、保健食品广告。第二十条规定，禁止在大众传播媒介或者公共场所发布声称全部或者部分替代母乳的婴儿乳制品、饮料和其他食品广告。第二十三条规定，酒类广告不得含有下列内容：①诱导、怂恿饮酒或者宣传无节制饮酒；②出现饮酒的动作；③表现驾驶车、船、飞机等活动；④明示或者暗示饮酒有消除紧张和焦虑、增加体力等功效。可见，我国《广告法》对保健食品和酒类广告有明确的规定，且国家食品药品监督管理总局制定了《保健食品广告审查暂行规定》（国食药监市[2005]211号），对保健食品实行了备案审查制度，建议首先将乳制品、肉制品、饮料、粮油制品和特殊膳食食品也纳入广

告备案审查之中，逐步实现全部食品广告的备案审查制度，确保广告的真实性。

（二）政府主动广告，占领广告主战场

食品广告不仅是食品企业的事情，也不仅仅是食品行业有关的自然人、法人、其他组织和代言人的事情。过去食品广告是"独角戏"，政府职责是规范监管。从政府保护消费者利益义务出发，要主动出击，把"独角戏"转变成"二人转"，通过树立食品企业典型广告，介绍食品标准化生产企业经验，弘扬食品广告正能力和新形象，建议在中央电视台建立食品广告平台，在人民日报广告部等中央和国家级、省级报纸，以及中央和国家、省级政府网络平台开设食品广告专栏，使其成为中国食品规范广告的旗帜，占领食品广告主战场，引导和规范食品广告市场。如人民日报广告部是全面承揽、制作和发布人民日报商业广告和公益广告的人民日报社直属部门。广告部作为党中央机关报、全国第一大报《人民日报》的广告经营部门，始终坚持经济效益以政治效益为前提和根本，始终坚持广告在政治上必须符合党报的基本要求，其要求广告内容符合广告法的规定，广告的诉求符合读者和消费者的根本利益，广告必须真实可信，广告制作必须精美。为了食品安全，保证人民吃得放心，需要充分发挥人民日报在食品广告中的示范带动作用。

三、食品广告监管措施

（一）遏制虚假宣传广告，创建食品安全频道

要遏制虚假宣传广告，强化对食品广告的备案审查，严格约束与广告有关传媒是一个很重要措施，但这些都是对市场主体监管的需要作为出发点的，建议国家有关部门在中央电视台设立食品安全频道（卫视），该频道的主要宣传内容可以考虑开设以下栏目：

①宣传食品生产经营标准化管理的典型经验；
②食品安全法律法规和政策解读；
③开展假冒伪劣食品鉴别大讲堂以及违法广告查出通报；
④健康中国和实施食品安全战略知识宣传；
⑤开展食品和保健食品科普与营养与合理饮食专家讲座；
⑥食品消费提示和风险提示违法案例剖析。

通过食品安全频道占领宣传舆论导向和阵地，与非法宣传广告做斗争。

（二）启动多方联动机制，打击广告违法事件

违法食品广告是一个"顽疾"，根治的难度很大，建议从修订《广告法》为突破口，并加强地方立法，启动"国家食品安全委员会+市场监督管理总局+农业农村部+商务部+工业和信息化部+卫生健康部+国家广播电视总局+中央宣传部+国家新闻出版署+中央网信办+国家林业和草原局+地方政府+公安部"等多方联动机制，从严从快，打击广告违法事件。

充分发挥地方立法的补充作用。以湖北省为例，湖北省人民代表大会常务委员会讨论了《湖北省食品安全条例（草案）》，拟对未经审核将会场出租给用于"会销"保健食品的酒店等出租单位进行行政处罚。同时对开讲座、现场兜售保健食品的处以所宣称价格20倍以上的罚款。此举可从出租者入手斩断讲座类欺骗式营销源头，从罚款入手加大违法人员的违法成本[85]。尽管2015年《食品安全法》当中提出了社会共治的理念，但是对社会共治的主体、对社会共治的权利、机制、平台、保障、方法等尚需细化[62]。建议增加对食品广告违法网络和电话举报渠道，发挥社会共治和人民群众的作用。

第六节 传统食品监管思路与措施

一、传统食品及市场监管问题概述

我国是具有五千年悠久历史的文明古国,传统食品享誉全球,已经成为中国百姓饮食生活,甚至国外朋友饮食的重要内容。中国文明史与传统食品的发展息息相关,中国传统食品是展示中华文化的重要载体之一,引起了世界各地食品科学家和健康组织的普遍关注,深受国内外消费者的青睐,具有巨大市场发展潜在优势。

提起中国传统食品,自然会想到"中华老字号"。中华老字号(China Time–honored Brand)是指历史悠久,拥有世代传承的产品、技艺或服务,具有鲜明的中华民族传统文化背景和深厚的文化底蕴,取得社会广泛认同,形成良好信誉的品牌。在中华老字号里食品行业的数量占据60%以上。[86] 1991年由中华人民共和国原国内贸易部认定了1600余家老牌企业并授牌。2006年原商务部发布了《"中华老字号"认定规范(试行)》"振兴老字号工程"方案,并以中华人民共和国商务部名义授予中华老字号牌匾和证书。在中华老字号中,有许多传统食品就是中国传统食品代表和典范,如中国全聚德(集团)股份有限公司(注册商标:全聚德),创建于清朝同治三年(1864年)。天津狗不理集团有限公司(注册商标:狗不理),始创于清咸丰年间(1858年),为"天津三绝"(狗不理包子、十八街麻花、耳朵眼炸糕)之首。山西老陈醋集团有限公司(注册商标:东湖),始于元末明初,是中国四大名醋之一。新疆七一酱园酿造食品有限责任公司(注册商标:七一酱园),生产酱油、食醋、腐乳,历史最早可追溯到1876年,包括左宗棠入疆时期由"人吉地旺,丰之美也,义而兴亡,泰而处之"而创建的"吉美丰"酱油坊和"义兴泰"醋作坊等。

从中华老字号来看,中国传统食品的特色有四点:一是传统食品具有独特原料和加工工艺;二是传统食品具有深厚文化底蕴;三是传统食品具有独特营养、风味和最佳的配方;四是传统食品具有民族特色和地方特色。但关于传统食品的概念及含义,目前还没有一个权威性的定义。相对于现代食品而言,传统食品一般可有两种界定形式:一是将手工食品即由餐饮业或者家庭烹饪手工操作的食品定义为传统食品,称为狭义的传统食品;二是将手工过渡到工厂生产,但把机械化水平相当低的工业食品也包括进去,称为广义的传统食品[87]。有人把传统食品描述为"起源于当地的,本土传统农产品等为主要原料加工而成的,符合当地人饮食习惯,长期被当地人们日常食用或因庆祝节日等特殊目的而食用,具有丰富的加工经验、独特的地域特色和传统文化特质的食品。"但就目前关于传统食品的含义来看,则比较统一解释为:传统食品包括餐饮业和家庭烹饪手工制作的食品两个部分。

济南大学商学院副院长张炳文认为,这类食品由中国人创造发明,采用传统加工工艺、反映地方和(或)民族特色,生产历史悠久,在国人的饮食发展史中扮演过重要角色,具有鲜明的中国传统文化背景和深厚的文化底蕴,充足的健康养生价值科学证据,一定的社会认知、认同度,质量信用良好、市场占有率和顾客满意度高,发展前景广阔。特别是在各个节日或者国家长假期间,各地旅游市场人山人海,传统食品成为大家的青睐。但就传统食品发展现状分析来看，目前主要存在的问题表现在以下几个方面。

(1) 传统食品手工技艺要求高，缺乏参数化标准　传统食品工艺复杂，许多环节需要手工操作，但大多数还缺乏参数化标准。如陕西省蒲城县的"椽头馍"，是国家非物质文化遗产，其传统工艺分为起（面粉置入大盆中，加水和面时即加进发酵种子面团，均匀地混合在一起，然后盖上棉被，使面发酵。发好的面，称为起面。面泛起之后，再续入适量的面絮）、压（起面和续面摊在木案板上，把大木杠置于面上。大木杠一头固定在挨案的洞中，人按住另一头，不停地弹跳向下猛压，使起面和续面糅合在一起）、称（将在木案上用大杠子揉压好的面团，切块成剂，上秤，保证每个馍足够的分量）、排（称好的面剂再到石案板上用小杠子排着压，届时蒸馍师傅一手握着小杠子不停地弹压，一手将面团不停地顺时针转动，使面团达到内韧外光）、搓（小杠子排好的面团，放在木案上，双手揉搓滚动，使其形成似椽的长条，粗细要匀，待面条达到一定长度，将有等距铁钉的尺杆在面条上轻轻按压，然后按铁钉压痕切开，成为节节馍坯）、飞（切开的节节磨坯，竖起重重直蹾在木案上，双手搓动，整形飞棱，使馍呈现椽头形状）、醒（醒馍，蒲城人称为泛馍，实质即二次发酵。泛馍时将馍坯飞棱一面朝上，然后放在热炕上，盖上棉被，待一段时间后，又将馍坯翻过来发酵）、蒸（将醒好的馍坯入笼上锅蒸。蒸时要掌握好火候，先用大火猛攻，等烧到气圆之后，再渐减火力，把握好时间，直至蒸熟）共 8 道工序，每道工序都有严格的要求[88]。如浙江嘉兴市的"五芳斋粽子"，是国家地理标志（原产地）产品，其生产粽子，从淘米、拌米，到粽叶清洗，再到手工扎线……制成成品需要 36 道工序、9 个手工动作完成。如麻婆豆腐始创于清朝同治元年（1862年），是四川省传统名菜之一。麻婆豆腐的特色在于麻、辣、烫、香、酥、嫩、鲜、活八字，也称为 8 字箴言，其对加工工艺也有着更高的要求。

胡小松（2013）认为，我国几千年传承下来的传统面、米主食，如馒头、面条、包子、饺子、油条、八宝饭、肉夹馍、煎饼、发糕、油饼、米粥、豆粥等，以及丰富多彩的中式菜肴，如回锅肉、麻婆豆腐、鱼香肉丝、宫保鸡丁等，均具有强烈的市场需求。只有建立了传统食品原辅料、工艺、配方、分割、包装、销售等环节的生产安全卫生标准、质量标准、产品标准，才能确保传统食品优质、独特的风味和品质。也只有通过建立传统食品的国际化标准，才能使传统食品占领国内与国际两个市场，创造更高的经济效益[89]。

(2) 传统食品从业人员年龄大，设备机械化配套低　我国从事传统食品行业的技术人员年龄相对偏大，加之传统食品工业难以实现加工设备机械化，青年人投入传统食品行业的积极性不高，严重影响产业后继发展。如中国社科院等单位曾联合发布《中国传统手工生存现状调研报告》，报告显示，我国 86% 的传统手工从业者分布在农村，55% 的传统手工从业者年龄在 50 岁以上，近 70% 从业者学习时间超过 5 年。对大多数年轻人来说，其他能够更快获得酬劳的行业似乎更具吸引力，传统食品产业发展后继人力资源匮乏。

(3) 传统食品连锁经营发展快，标准化管理水平低　近 20 多年来，我国传统食品餐饮业学习吸收借鉴"洋快餐"的经验，使中式传统食品快餐在逆境中也有了长足的发展，一大批中式传统食品快餐发展很快，满足了国人对中式快餐的需要。但在中国餐饮连锁企业取得可喜成绩的背后，也出现了许多问题。有的餐饮连锁企业盲目扩张，强调规模和市场品牌效应，连锁店品质和安全难以保证，管理水平下滑等。从标准化管理来看，标准体系不完整，水平相对较低，特别是标准化加工设备和标准化管理等不能满足连锁经营行业发展需要，食品质量与安全水平还有待进一步提升[90]。孙宝国院士在一次农产品加工战略会议上介绍说，中餐主食有上千种，中式菜肴花样繁多——工信部统计在案的有1.8万余种，这些大部分都需要实现现代化。近几年中餐主食的机械化卓有成效，但主要是比较大众的比如馒头、水饺企业，其他很多小众食品企业比如粥类、饼类等，还没有实现机械化、自动化。但要实现传统食品的机械化和自动化生产，最为关键的是传统食品的标准化，只有标准化，才能实现传统食品现代化[91]。

因此，这些问题都对传统食品监管提出了更高的要求，传统食品市场监管主要涉及餐饮业和传统手工食品加工生产两个方面，要确保传统食品的安全，市场监管任务依然严峻。

二、传统食品监管思路

传统食品安全的监管是食品安全监管的重要组成部分。但因传统食品的标准化程度相对较低。实际上许多传统食品的标准都引用了食品大类标准，而大类标准难以反映具体产品的特征。关于传统食品监管的思路主要有两个方面。首先要补充完善传统食品标准体系和市场监管体系，这是做好传统食品市场监管的先决条件。由于不同地区和不同民族的传统食品的特色、特性完全不同，因此传统食品标准体系和市场监管的要求和标准也应不同。其次，按照食品安全法律法规的要求，政府食品安全管理部门应当因地制宜，在法律法规的允许下，根据传统食品的特色、特性和监管难点，制定相应的管理办法或规定，完善传统食品的监管标准体系。

在传统食品标准体系的建设中，要坚持"传承不守旧，创新不忘本"的指导思想。依据现代食品科技和食品安全观点，对传统食品原料处理、工艺、储存等环节确实存在食品安全隐患的，在标准的传承上要给予剔除，不能守旧，但在传统食品的创新方面，也绝不能改变原有产品的形态和配料，要保持传统食品的特色、特征，也就不能忘记传统食品的"本色"。这是确保传统食品继承与发展根本保障，也是传统食品市场监管的依据。

三、传统食品监管措施

制定传统食品生产加工工艺和技术规程以及传统食品产品标准，为传统食品监管提供技术依据。关于传统食品的标准，首先要从传统食品产品质量标准的制定做起，其次建立相关技术标准至少应该包括以下几项。①原辅料控制标准：如生物污染（寄生虫、致病病菌、霉菌、毒素等），物理污染（各类杂质或者异物），化学污染（农药残留、兽药残留、重金属等）。②原料储存控制标准：如储存条件控制，生物污染（微生物交叉污染），化学污染（各类化学反应产生的有害物质）。③加工过程控制标准：生产工艺标准，员工卫生，加工温度与加工时间，设备设施标准，检验检测控制标准等。

为了规范传统食品管理，满足传统食品监管需要，咸阳市组织制定了传统特色小吃生产工艺和技术规程。如制定咸阳市地方标准 DB 6104/T 10—2017《秦人旬邑花子馍制作工艺及技术规程》，DB 6104/T 15—2018《秦人三原疙瘩面制作工艺及技术规程》，DB 6104/T 16—2018《秦人三原泡泡油糕制作工艺及技术规程》，DB 6104/T 17—2018《秦人三原千层油饼制作工艺及技术规程》，DB6104/T 18—2018《泾阳让饸制作工艺及技术规程》等，为市场监管提供了技术依据。其中，秦人旬邑花子馍制作工艺及技术规程如下所示。

旬邑花子馍制作工艺及技术规程

1 范围

本规范规定了旬邑花子馍的术语和定义，原料要求，工艺流程，加工条件，质量安全要求，标志、标签、包装、运输与储存。

本规范适用于传统工艺制作的旬邑花子馍的生产加工与管理。

2 规范性引用文件

下列文件对于本文件的应用是必不可少的。凡是注日期的引用文件，仅所注日期的版本适用于本文件。凡是不注日期的引用文件，其最新版本（包括所有的修改单）适用于本文件。

GB/T 191 包装储运图示标志

GB 1355 小麦粉

GB 2760 食品添加剂使用卫生标准

GB 5749 生活饮用水卫生标准

GB 1886.1 食品添加剂　碳酸钠

GB/T 6543 运输包装用单瓦楞纸箱和双瓦楞纸箱

GB 7718 食品安全国家标准　预包装食品标签通则

GB/T 8937 食用猪油

GB 9683 复合食品包装袋卫生标准

GB/T 10004—2008 包装用塑料复合膜、袋　干法复合、挤出复合

GB/T 21118—2007 小麦粉馒头

GB/T 28118 食品包装用塑料与铝箔复合膜、袋

LS/T 3204 馒头用小麦粉

陕西省第十二届人民代表大会常务委员会，陕西省食品小作坊小餐饮及摊贩管理条例

陕西省食品药品管理局，陕西省食品小作坊监督管理办法

3 术语和定义

下列术语和定义适用于本文件。

3.1

旬邑花子馍

以小麦面粉和水为主要原料，以传统发酵种子面团为主要发酵剂，手工制作，蒸制而成的具有旬邑地方特色的小麦粉馒头类制品。花子馍又称心连心馍，是旬邑特色小吃。

3.2

发酵种子面团

是指前次制做花子馍后留作再次发面用作发酵种子的面团。

4 原辅料要求

4.1 小麦粉

应符合 GB 1355 或 LS/T 3204 的规定。

4.2 水

应符合 GB 5749 的规定。

4.3 食用猪油

应符合 GB/T 8937 的规定。

4.4 碳酸钠

应符合 GB 1886.1 的规定。

5 基本配方

花子馍的原辅料配方应符合表 1 的规定。

表 1　　　　　　　　花子馍原辅料案例

原辅料	在每 50kg 发酵面团中所占的比/%	在每 50kg 发酵面团中的用量/kg
小麦粉	68.73	34.35
水	27.49	13.75
发酵种子面团	3.44	1.72
碳酸钠	0.34	0.17

注：发酵种子面团和碳酸钠用量因加工季节的不同可适当增减，一般夏季减少，冬季增加。

6 加工工艺

6.1 工艺流程

小麦粉 → 和面 → 加发酵种子面团发酵 → 加碳酸钠中和 → 揉匀、整形涂食用猪油 → 成形 → 醒发 → 汽蒸 → 冷却 → 成品。

6.2 和面

取 50kg 面粉为例，分次加入 20kg 温水，在和面机中搅拌 10~15min，然后加入发酵种子面团 2.5kg，继续搅拌至面团不黏手、有弹性、表面光滑时投入发酵缸。

6.3 发酵

发酵缸盖上湿布，在室温条件下发酵 6~8h（具体发酵时间根据季节变化确定），至面团体积增长约 1 倍，内部蜂窝组织均匀，且有明显酸味。

6.4 加碳酸钠中和

将已发酵好的面团投入和面机，加入适量的碳酸钠水溶液（碳酸钠加入量为 0.25kg 左右，具体数量根据发酵面团情况确定），再加入适量干面粉，搅拌 10~15min 至面团呈筋光状。然后取中和好的面团 10~15g 用火烧烤检验酸碱度。

6.5 揉匀、整形、涂食用猪油、成形

将面团放在压面机上，上下挤压 5~7 次，揉匀面团，然后分次把面团搓成圆条，分成约（0.2+0.05）kg 的面团，反复揉匀，用手压成直径约（15+0.5）cm、厚约（5+0.5）cm 的面饼，见图 1 所示。在其一面涂上液态食用猪油，并每两块相向叠加、压实。见图 2 所示。

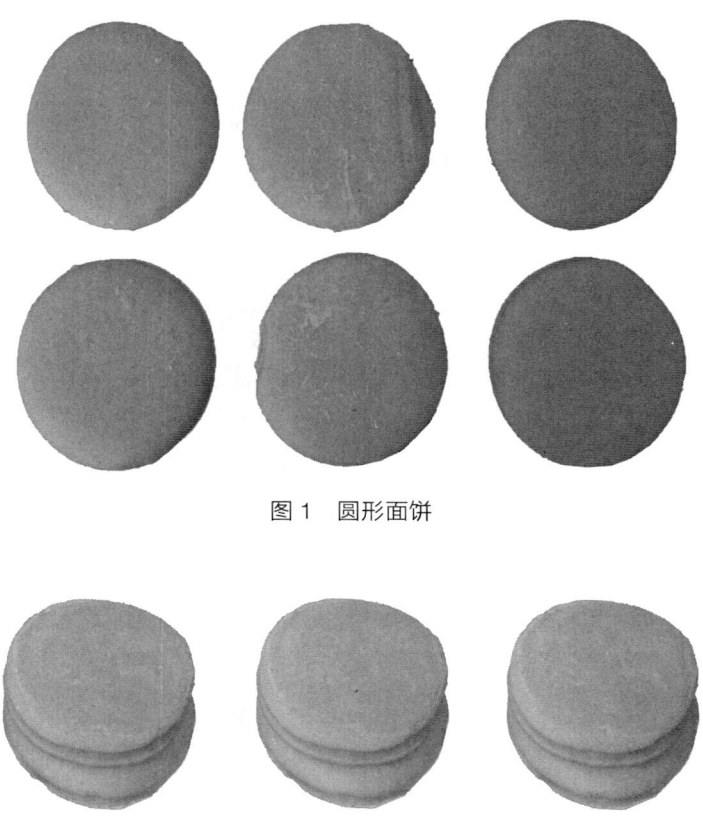

图 1　圆形面饼

图 2　两块圆形面饼叠加、压实

用刀将叠加在一起的面饼十字型切成 4 个等份。见图 3 所示。

图 3　十字型切成 4 等份

取每一份，用双手捏住两个底角，轻轻拉长成带状（长度能绕底部半周即可），在底部同向相缠做成底座。见图 4 所示，成形的花子馍见图 5 所示。

图 4 花子馍底座

图 5 花子馍成品

6.6 醒发

将成形的花子馍顶部垂直朝上,底座压实摆放于蒸笼上,行间隔距离不小于 5cm。常温下自然醒发(静置),一般夏天约 20min 即可,冬天可适当延长至 30min,见图 6 所示。

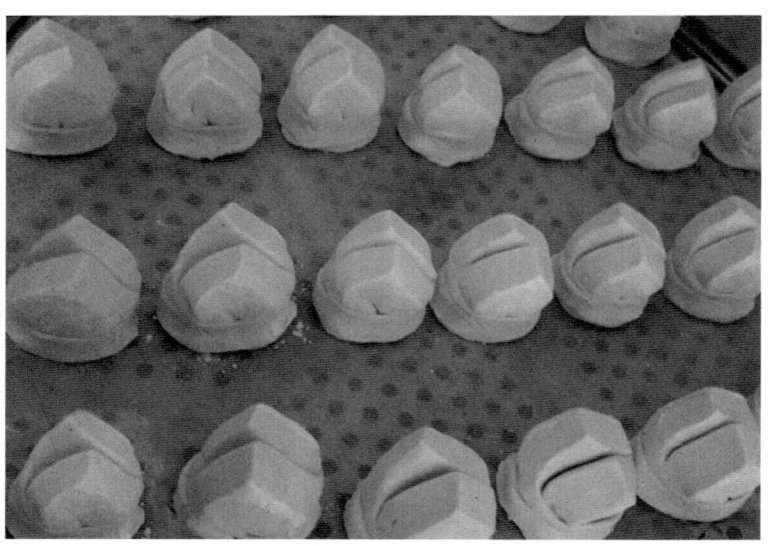

图 6 笼上醒发

6.7 汽蒸

采用传统锅蒸,水烧开后再上屉(笼),等蒸汽溢出后,用大火蒸 20~25min 即熟。

> 6.8 冷却
>
> 自然冷却至室温后，即为成品。最佳食用期为 48h 以内。
>
> 7 生产加工条件
>
> 7.1 花子馍生产加工小作坊和企业销售应取得食品生产加工小作坊许可证，并符合食品小作坊有关规定。
>
> 7.2 加工过程不得使用、添加任何非食用物质。
>
> 8 质量安全和净含量要求
>
> 花子馍质量应符合 GB/T 21118 的规定。单个花子馍应在 80~100g，且净含量最大负偏差应符合定量包装商品计量有关规定。
>
> 9 标志、标签、包装、运输与储存
>
> 9.1 标志与标签
>
> 产品标签应符合 GB 7718 和 GB 28050 的规定，包装贮运图示标志应符合 GB/T 191 的规定。
>
> 9.2 包装
>
> 产品内包装用塑料袋应符合 GB 9683、GB/T 10004 或 GB/T 28118 的规定；产品外包装用瓦楞纸箱应符合 GB/T 6543 的规定，产品用塑料周转箱应符合 GB/T 5737 的规定。
>
> 9.3 运输
>
> 运输车辆和器具应保持清洁、卫生。运输中应避免日晒、雨淋。不得与有毒、有害或有腐蚀、有异味物品混装运输。
>
> 9.4 储存
>
> 应储存于符合食品卫生要求的库房或者储存室内，严禁与有毒、有害或有腐蚀、有异味物品一同存放。

第七节　食品包装监管思路与措施

一、食品包装及市场监管问题概述

食品包装与食品加工、储存、流通和消费等环节密切相连，是食品商品的组成部分，也是食品工业过程中的重要工程之一。食品包装的主要目的就是要保护食品，使食品在市场流通过程中，防止生物性、化学性、物理性等外来因素的损害，以保持食品质量与安全稳定，延长食品的货架期，满足食品消费者的需要。食品包装不仅代表着食品企业品牌形象，而且具有食品商品美学价值，同时还具有食品本身价值以外的价值。[92]

食品包装随着食品工业发展而发展，随着社会经济发展和人们追求的变化而变化，具有明显的时代特征和特色。由于食品包装材料、包装技术和方法的创新与发展，不断丰富了食品包装的形式和内涵，已经形成了相对独立的自我体系，食品包装材料及包装制品、食品包装技与方法、食品包装机械与设备、食品包装设计、食品包装印刷工艺和食品包装安全与测试满足了食品工业发展和消费者的需要。

食品包装材料是指用于包装食品的一切材料，包括纸、塑料、金属、玻璃、陶瓷、木材及各种复合材料以及由它们所制成的各种包装容器及辅助品。GB/T 23509—2009《食品包装容器及材料　分类》标准把食品包装容器及材料分成了八个大类：塑料包装容器及材料、纸包装容器及材料、玻璃包装容器、陶瓷包装容器、金属包装容器及材料、复合包装容器及材料、其他包装容器、辅助材料和辅助物。

随着食品工业和化学工业的迅速发展，食品包装材料从木、纸、陶瓷、玻璃、金属等发展到现在的塑料、橡胶、涂料、复合材料制品。由于这些材料可能含用某些有害的化学物质，会缓慢迁移到食品中去，对食品安全性造成一定的威胁[93]。如纸类包装材料的油墨问题、塑料包装材料的单体残留和添加剂问题、金属包装材料的重金属残留问题等，都对食品安全有非常大的影响。要做好食品的安全包装，需要建立健全食品包装安全法规和标准，开发新型包装材料和包装技术，并完善相应的检测体系，这样才能减少食品包装材料带来的安全问题，发挥食品包装最重要的功能——保护食品[94]。根据现行的《食品安全法》第二条规定，把用于食品的包装材料、容器、洗涤剂、消毒剂和用于食品生产经营的工具、设备的生产经营和安全管理纳入食品安全的监管之下，并对食品包装材料作为食品相关产品实行生产许可证管理制度。原国家质量监督检验检疫总局从2006年开始对塑料食品包装、容器、工具等制品实施生产许可制度，制定食品相关产品的生产许可证审查细则，要求食品包装企业进行相应的检测认证，产品必须获得生产许可证方可上市销售或使用。原卫生部依据《食品安全法》的要求，制定了GB 9685—2008《食品容器、包装材料用添加剂使用卫生标准》，2016年进行了修订并发布了GB 9685—2016《食品安全国家标准　食品接触材料及制品用添加剂使用标准》，并于2017年10月19日实施。该标准明确规定了食品接触材料及制品用添加剂的使用原则、允许使用的添加剂品种、使用范围、最大使用量、特定迁移限量或最大残留量及其他限制性要求，为落实《食品安全法》和食品包装市场监管提供了科学依据。

食品包装净含量也是消费者十分关注的食品市场监管的范围之一。定量包装商品是指以销售为目的，在一定量限范围内具有统一的质量、体积、长度、面积、计数标注等标识内容的预包装商品。标注净含量是指由生产者或者销售者在定量包装商品的包装上明示的商品的净含量。预包装食品属于定量包装商品的范畴。为了保护消费者和生产者、销售者的合法权益，防止短斤少两损害消费者利益事件的发生，根据《中华人民共和国计量法》的规定，并参照国际通行规则，2005年5月16日国家质量监督检验检疫总局局务会议审议通过并颁布了《定量包装商品计量监督管理办法》，于2006年1月1日起施行。同时宣布原国家技术监督局发布的《定量包装商品计量监督规定》（国家技术监督局令第43号）废止。同时，发布了JJF 1070—2005《定量包装商品净含量计量检验规则》，为定量包装商品计量市场监督管理和计量C标志认证提供了技术依据。

改革开放以来，随着人民经济收入的不断增加，生活水平不断提高，食品消费结构也不断升级，但由于部分食品生产企业环保意识淡漠，对过度包装的危害认识不足，导致食品过度包装不断加剧，甚至助长商业欺诈之风，诱发社会奢侈风气[95]。这些做法不符合党的十八届五中全会提出的"创新、协调、绿色、开放、共享"和我国"绿水青山就是金山银山"的发展理念。从生态环境保护来看，食品过度包装所引起的环境问题是一个不得不关注的重要问题。

就近几年食品网络外卖市场产品而言，外卖食品为城市居民生活提供了巨大的便利，但其所带来的资源浪费和环境污染问题不容小觑。据美团外卖、饿了么、百度外卖等公布的数据显示，这三家外卖平台的日订单量大概在 700 万单左右，按照每单外卖用 1 个塑料袋，每个塑料袋 0.06 平方米计算，每天所用的塑料袋可覆盖 42 万平方米，大约相当于 59 个足球场[96]。北京印刷学院教授魏先福发表的报告指出，我国油墨年产量已达 55 万吨，60%有机物要排放出去，即每千克油墨可排放 0.6L 有机挥发物。挥发性有机物含有苯、二甲苯、丙酮等有毒有害成分，在印刷过程中会对大气环境造成污染，存在易燃易爆的隐患，对印刷机操作人员的健康有不良影响，并会对包装商品造成污染，尤其是食品药品包装、儿童玩具。

为了减少食品包装对环境的影响，我国在商品包装特别是食品包装等方面先后出台了相关的法规和标准，如我国在 2005 年 4 月 1 日实施的《固体废物污染环境防治法（修订）》中已经明确将"限制产品过度包装"列入其中，但却并未从环境保护的实际可操作角度对过度包装行为做全面的规范，这在一定程度上给执法过程造成困难[97]。2008 年国家发展和改革委员会、国家质量监督检验检疫总局、商务部、国家工商行政管理总局等部门就《限制商品过度包装条例（征求意见稿）》进行相关协调工作。2008 年商务部下发关于在商务领域开展适度包装、节约资源专项工作的通知，要求各省、自治区、直辖市、计划单列市及新疆生产建设兵团商务主管部门进一步规范市场秩序，维护消费者权益，从流通环节制止月饼、茶叶、酒类、保健品、化妆品等商品过度包装现象。2009 年 1 月 23 日国务院办公厅发布了《关于治理商品过度包装工作的通知》（国办发〔2009〕5 号），通知强调治理商品过度包装要从源头抓起，对直接关系人民群众生活和切身利益的商品，要在满足保护、保质、标识、装饰等基本功能的前提下，按照减量化、再利用、资源化的原则，从包装层数、包装用材、包装有效容积、包装成本比重、包装物的回收利用等方面，对商品包装进行规范，引导企业在包装设计和生产环节中减少资源消耗，降低废弃物产生，方便包装物回收再利用。同时要求发展改革委要切实负起牵头责任，加强组织协调和督促指导，监察、财政、商务、质检、工商、价格、宣传等部门要充分发挥职能作用，密切配合，结合实际制定具体实施办法，共同做好治理商品过度包装工作。质检部门要将商品包装的有关国家标准执行情况纳入日常监督检查内容，原国家工商行政管理部门要重点加强对商场、超市等场所执行商品包装有关规定的监督检查，对违反有关规定生产、销售过度包装商品的，有关部门要依法予以查处。鼓励广大群众对过度包装商品进行举报，质检、工商、价格等部门要认真做好举报电话的值守工作，及时处理群众反映的问题。国家颁布了相关标准如 GB/T 31268—2014《限制商品过度包装　通则》、GB 23350—2009《限制商品过度包装要求　食品和化妆品》、GB/T 34343—2017《农产品物流包装容器通用技术要求》、NY/T 1655—2008《蔬菜包装标识通用准则》；地方政府也先后出台相关法规，如 2012 年 11 月 21 日上海市第十三届人民代表大会常务委员会第三十七次会议通过了《上海市商品包装物减量若干规定》，该规定自 2013 年 2 月 1 日起施行。2014 年 3 月 3 日广州市人民政府第 14 届 105 次常务会议讨论通过了《广州市限制商品过度包装管理暂行办法》，该《办法》分为总则、限制商品过度包装的一般规定、限制商品过度包装的特别规定、地方技术规范、监督管理、法律责任、附则 8 章 45 条，自 2014 年 10 月 1 日起施行。相关行业协会也发挥了重要作用，如上海市糖制食品工业专业协会、上海市包装技术协会、上海市烹饪协会、上海市食品协会等，其中上海市旅游行业协会饭店分会 2005 年出台了《上海市月饼适度包装暂行办法》。这些法规和标准的实施，对推进商品包装，尤其是食品包装的绿色包装等发挥重要作用。

从我国食品包装现状的分析中不难发现，现代食品包装材料繁多，包装类型花样百出，有的食品包装已不仅仅局限于延长货架寿命，甚至远远超越了保护食品的需要，特别是月饼、茶叶、保健食品等食品的过度包装，这一问题已经引起了政府和食品包装行业及学者的关注[98-102]。

就食品包装市场监管而言，主要包括食品包装材料的安全性监管、食品包装标示净含量的计量监管和过度包装三个方面。从环境保护和生态安全及可持续发展来看，做好食品包装市场监管的关键是过度包装监管，监管品种的重点是：月饼、茶叶、保健食品、酒、节日性食品，其过度包装引起的环境问题相当严重。据有关方面统计，仅从月饼生产企业来看，每生产10万盒月饼，包装耗材就需要砍伐4~6棵直径在10cm以上的树木，全国每年要生产1亿多盒月饼，就意味着一个中秋节就要"吃掉"6000多棵树木。据报载，仅上海市每年产生的500万吨和垃圾中，各种商品的包装物至少占1/4，其中大部分是因豪华的过度包装造成的废弃物[103]。

根据《上海市商品包装物减量若干规定》，企业不得销售违反国家限制商品过度包装强制性规定的商品。2013年第3季度商品包装专项监督抽查，对上海市生产和销售领域的饮料酒、糕点、化妆品和糖果共四类商品进行了商品包装专项监督抽查，共抽查300批次商品，存在过度包装的商品有28批次，合格率为90.67%。2014年上海市质监局在对茶叶、化妆品、粽子及其他食品的商品包装监督抽查中，对366批次不能通过简单判断确定是否属于过度包装的商品进行抽样检验，重大节假日期间，还对16批次涉嫌过度包装的商品进行了抽样检验，两次抽检中，共发现了75批次商品过度包装，合格率为80.4%。检查还发现了15家过度包装的老品牌，这15家企业已经连续两年被查出商品存在过度包装行为[104]。笔者在某超市随机选取了5种茶叶，对其包装材料的质量与茶叶净含量进行了实际称重，结果发现包装材料质量是茶叶净含量的1.63~5.31倍，其中一个茶叶净含量仅为300g，其包装材料的质量为1.5kg，包装层数为4层，属于典型的过度包装。

二、食品包装监管思路

对食品包装市场监管，必须贯彻绿色发展理念，坚持"适度包装、节约资源、确保安全"的总原则，而建立企业、消费者和政府"三方"监管机制是根治过度包装最有效的途径。在食品包装市场监管上，要继续加大对食品包装材料和容器的安全性、定量包装产品的净含量计量管理监管，针对目前月饼、茶叶、保健食品、酒、节日性食品等存在的严重过度包装[105]，提出食品包装监管的思路如下。

（一）包装企业源头监管

食品过度包装表现在食品企业，实际源头是食品包装设计者及包装生产企业。因此，对食品包装监管要把源头监管纳入到监管范围之中，要求食品生产企业和食品包装设计者及生产者都要增强自身的社会责任意识，对食品生产企业发现的过度包装不符合国家相关规定和标准的应给予相应的处罚，同时也要对为该食品生产企业提供设计包装和生产包装的企业，一并做出相应的处罚。也就是要把包装源头企业一并纳入监管范围，同时承担相应的连带责任。

（二）加大终端消费宣传

对市场已经出现的食品过度包装产品，应加大对消费者关于过度包装的危害和国家法律法规以及相关标准的宣传，用违规违标的案例提高消费者对国家实施限制过度包装重大意义的认识，要教育食品包装终端消费者树立绿色包装消费观念，抵制购买过度包装的食品。大力发展实施真正"菜篮子"工程，像20世纪50~70年代一样，人人带着自己的菜篮子去超市或者菜市场购物，取缔或者严格限制"塑料袋子"的使用，减少资源浪费，保护环境。

（三）提升包装监管标准

依据我国月饼、茶叶、保健食品等过度包装食品现象，并参考国外相关标准修订GB 23350—2009《限制商品过度包装要求　食品和化妆品》和GB/T 31268—2014《限制商品过度包装　通则》等相关标准，确保适度包装，实现绿色发展。

三、食品包装监管措施

要确保食品过度包装监管的有效性，最主要的措施就要把过度包装纳入法制化和标准化管理。虽然我国已经出台相关的法规和标准，但要求仍然达不到限制过度包装问题的现实需要，如GB/T 31268—2014《限制商品过度包装　通则》的第四章总则中提出了包装应符合有关法律法规规定及有关国家、行业标准的规定，同时应考虑回收处理的可能性及对健康和环境的影响；在不损害商品包装作用的基本原则下，应使包装轻质化、采用简易包装；在满足包装主要功能的前提下，其辅助功能应简单、实用（如封合功能、开启功能、携带功能、装饰功能等）；包装尺寸大小与形状应适当，尽可能简化结构、减少包装层数和包装空隙率；鼓励采用可复用、可回收和再循环使用的包装，并应符合GB/T 16716所有部分的规定；能不用包装时，可以不进行包装。鼓励包装容器的再使用及供应零售商品时客户自己携带原包装容器盛装商品。这6条规定要求虽然考虑得比较全面，但大多数条款都是原则上的规定，缺乏量化指标，具体操作实施也不易到位。由于商品门类复杂，对包装的要求各不相同，建议根据不同商品包装的实际，分类型制定相应的限制商品过度包装新标准，并做到指标具体，便于操作和实施。

GB 23350—2009《限制商品过度包装要求　食品和化妆品》专门针对食品和化妆品，且对食品限制商品过度包装要求实现了全覆盖。该标准对食品和化妆品限制包装提出了五项要求：一是包装设计应科学、合理，在满足正常的包装功能需求的前提下，包装材料、结构和成本应与内装物的质量和规格相适应，有效利用资源，减少包装材料的用量；二是应根据食品和化妆品的特征和品质，选择适宜的包装材料。包装宜采用单一材质，或采用便于材质分离的包装材料。鼓励使用可循环再生、回收利用的包装材料；三是应合理简化包装结构及功能，不宜采用烦琐的形式或复杂的结构，尽量避免包装层数过多、空隙过大、成本过高的包装；四是应考虑包装全生命周期成本，采取有效措施，控制包装直接成本，考虑包装回收再利用和废弃处理时对环境的影响及产生的相关成本；五是对于包装功能完成后还可作为其他功能使用的包装，应充分考虑其经济性与实用性，避免为了追求其他功能而增加包装成本。该标准还规定了食品和化妆品包装空隙率及标准层数的限量要求（表8-1），同时该标准还提出了除初始包装之外的所有包装成本的总和不应超过食品销售价格的20%。这些要求对市场监管而言，便于操作和实施。

表8-1　食品和化妆品包装空隙率及标准层数的限量要求

商品类别	包装空隙率限量指标/%	包装层数限量指标/%
饮料酒	≤55	3层及以下

续表

商品类别	包装空隙率限量指标/%	包装层数限量指标/%
糕点	≤60	3 层及以下
粮食①	≤10	3 层及以下
保健食品	≤50	3 层及以下
其他食品	≤45	3 层及以下
化妆品	≤50	3 层及以下

注：当内装产品所有单件净含量均不大于 30mL 或者 30g，其包装空隙率不应超过 75%；当内装产品所有单件净含量均大于 30mL 或者 30g，并不大于 50mL 或者 50g，其包装空隙率不应超过 60%。

①指原粮及其初级加工品。

《上海市月饼适度包装暂行办法》第二章对月饼适度包装提出了 6 条标准和要求，一是月饼包装材料应符合国家相关标准规定，符合安全、卫生、环保和能回收利用的要求，确保市民安全、健康。不用木材作包装材料，更不能用红木、水晶等名贵高价材料制作月饼盒。二是月饼包装应达到保护商品完好，耐受冲击震动，防止破碎和受潮、霉变等机械、物理、化学和生物损害的目的。三是月饼盒内不放茶具、茶叶、酒瓶等其他商品，纯化月饼市场。四是月饼体积与月饼盒容积之比>20%。五是每盒月饼包装总成本为月饼盒、保鲜袋、托盘、外包装箱和封条等包装物实际耗用的进货合计数。每盒月饼包装总成本不高于每盒月饼零售价的 20%。六是月饼包装标签的文字、图形、符号、说明等要符合国家法律、法规和有关标准的规定。

《广州市限制商品过度包装管理暂行办法》对限制食品和化妆品过度包装提出具体要求，如第十四条规定，对于容易出现过度包装，与民生密切相关的茶叶、酒类、保健食品、化妆品等日常消费品和月饼、粽子等节日商品细化包装标准，进行重点监管；第十五条规定月饼、粽子、茶叶、酒类、保健食品、化妆品的包装材料，除遵守第九条的规定外，还限制使用木材、纺织物、陶瓷、漆器等浪费资源或者难以回收处理的材料，推荐使用可回收利用的纸质包装；第十六条规定月饼、粽子、茶叶、酒类、保健食品、化妆品的包装层数应当在三层或者三层以下；第十七条规定月饼、粽子、茶叶、酒类、保健食品、化妆品的包装成本总和，除初始包装成本外，不得超过商品正常销售价格的 20%；第十八条规定月饼、粽子的包装空隙率不得超过 60%，茶叶的包装空隙率不得超过 45%，酒类的包装空隙率不得超过 55%，保健食品、化妆品的包装空隙率不得超过 50%。当内装产品所有单件净含量均不大于 30mL 或者 30g，其包装空隙率不得超过 75%；当内装产品所有单件净含量均大于 30mL 或者 30g，并不大于 50mL 或者 50g，其包装空隙率不得超过 60%；第十九条规定月饼、粽子、酒类、保健食品包装的重量，除初始包装重量外，不得超过商品的净重。该办法自 2014 年 10 月 1 日起施行，有效期 3 年，待有效期届满，根据实际情况依法评估修订。该办法是目前全国限制商品过度包装比较全面的技术法规，应尽快修订，以保持其有效性。

通过上述比较分析，建议尽快修订相关标准规范，提高食品过度包装限量指标的要求，如糕点、茶叶、月饼包装空隙率不超过 20%，饮料酒包装空隙率不超过 10%，花式蛋糕的包装空隙率不超过 35%，月饼、粽子、酒类、保健食品包装材料的重量不得超过产品净含量的 1.5 倍，食品包装成本应在产品总成本的 15% 以下，并修改《食品和化妆品包装计量检验规则》对初始包装和完全包裹的定义，确保有效检验方法的完整准确性[106]。

参考文献

[1]吴进.国内外市场细分研究综述[J].中国市场,2012,(11):9-13.
[2]王冰,郭伟.论市场构成要素和市场关系[J].经济问题,1998,(10):7-10.
[3]吴弘,胡伟.市场监管法论[M].北京:北京大学出版社,2006.
[4]工业和信息化部消费品工业司.2016年度食品工业发展报告[M].北京:中国轻工业出版社,2016.
[5]工业和信息化部消费品工业司.2017年度食品工业发展报告[M].北京:中国轻工业出版社,2017.
[6]姜俊贤.2017.中国餐饮业发展报告[M].北京:中共中央党校出版社,2017.
[7]唐显键,孙文.政府与市场关系研究文献综述[J].现代商业,2018,(6):173-174.
[8]张明澍.论政府与市场关系的两个主要方面[J].政治学研究,2014,(6):62-70.
[9]雷美霞.重构政府与市场关系的前提和切入点[J].成都大学学报(社会科学版),2015,(3):31-36.
[10]张建东,高建奕.西方政府失灵理论综述[J].云南行政学院学报,2006,(5):82-85.
[11]蓝志勇."公共失灵论"替代"市场失灵论"——市场监管理论的国外借鉴与创新[J].中国行政管理,2015,(12):9-12,28.
[12]张兰.真实票据理论、自由银行理论和货币契约思想的比较研究[J].新疆财经,2012,(2):26-31.
[13]罗通元,吴超.安全信息学的基本问题[J].科技导报,2018,36(6):65-76.
[14]滕月.信息不对称与食品安全监管[J].哈尔滨商业大学学报(社会科学版),2009,(2):17-19.
[15]孙长江,秦小园,汪璇,张建新.我国食品安全中存在的信息不对称及其对策探究[J].农产品加工.学刊,2011,(9):118-120.
[16]陈天华,唐海涛.射频识别技术在食品安全控制中的应用[J].北京工商大学学报(自然科学版),2011,29(5):69-73.
[17]济宁市编办、市工商局.构建"互联网＋信用"监管新模式不断完善商事领域事中事后监管体系[J].机构与行政,2016,(8):33-34.
[18]刘书庆.质量管理学[M].北京:机械工业出版社,2012.
[19]李娜.中国质量管理研究现状综述[J].质量探索,2015,(5):57-58.
[20]黄亚钧.微观经济学[M].北京:高等教育出版社,2009.

[21] 高其才著.法社会学[M].北京:北京师范大学出版社,2013.
[22] 薛颖洁.浅议我国网络监管中政府回应性监管问题[J].福建论坛(社科教育版).2010,(8):10-11.
[23] 杨炳霖.监管治理体系建设理论范式与实施路径研究——回应性监管理论的启示[J].中国行政管理,2014,(6):47-54.
[24] 刘鹏,王力.回应性监管理论及其本土适用性分析[J].中国人民大学学报,2016,(1):91-101.
[25] 刘洋洋.回应性监管:一种食品安全应急管理新途径[J].山东行政学院学报,2016,(2):84-88.
[26] 杨炳霖.回应性监管理论述评:精髓与问题[J].中国行政管理,2017,(4):131-136.
[27] 徐鸣.大市场监管体制改革:反思与超越[J].社会科学家,2017,(12):86-89.
[28] 范柏乃.监管什么、怎么监管、监管得怎么样是"十三五"期间需要解决的三大问题[J].中国工商管理研究,2015,(11):23-24.
[29] 陈自立.简政放权、放管结合下的监管问题研究——基于回应性监管理论的分析[J]宜宾学院学报,2016,16(2):83-89.
[30] 梁晓宇.论马克思主义发展的一般规律和特殊规律[J].沈阳干部学刊,2016,(1):27-29.
[31] 徐景和.监管工作者要有完美主义的目标、英雄主义的气概(中国食品安全高峰论坛2010.)[J].商品与质量,2010,(7):5-6.
[32] 左京生.遵循市场监管规律构建长效管理机制[J].中国工商管理研究,2014,(10):70-71.
[33] 李成军.推进市场监管创新提高规范市场秩序的科学化水平[J].中国工商管理研究,2014,(12):45-48.
[34] 涂永前,王晓天.关于当前我国食品安全治理若干问题的思考[J].江汉大学学报(社会科学版),2017,34(4):18-26,125.
[35] 李忠.大市场监管体制下做好食品安全监管工作的思考[J].中国食品药品监管,2018,(7):6-10.
[36] 戴小枫,张德权,武桐,等.中国食品工业发展回顾与展望[J].农学学报2018,8(1):125-134.
[37] 齐振海.社会主义一般规律和特殊规律的统一——建设有中国特色的社会主义的哲学探讨[J].创新,2009,(11):45-51.
[38] 胡颖廉.改革开放40年中国食品安全监管体制和机构演进[J].中国食品药品监督,2018,(10):5-24.
[39] 陈君石.中国食品安全的过去、现在和将来[J].中国食品卫生杂志,2019,31(4):301-306.
[40] 薛澜,李希盛.深化监管机构改革推进市场监管现代化——以杭州市为例[J].中国行政管理,2018,(8):21-29.
[41] 王秋实,时洪洋.食品安全治理改革的障碍与路径探析[J].当代财经,2015,(8):71-78.
[42] 吴晓东.我国食品安全的公共治理模式变革与实现路径[J].当代财经,2018,(9):

38-47.

[43]徐鸣.整体性治理:地方政府市场监管体制改革探析——基于四个地方政府改革的案例研究[J].学术界,2015,(12):217-222.

[44]郑如心.基层"三合一"市场监管行政执法体制改革研究——以苏州市为例[D].兰州:兰州大学,2018.

[45]徐景和.完善统一权威食品药品监管体制的若干思考[J].中国食品药品监管,2016,(4):17-22.

[46]张建新,沈明浩.食品安全概论[M].郑州:郑州大学出版社,2011.

[47]赖瑞洪,陈利民,魏小芳.市场监管领域"双随机、一公开"抽查监管的实践与思考[J].中国市场监管研究,2017,(11):57-61.

[48]金发忠.关于严格农产品生产源头安全性评价与管控的思考[J].农产品质量与安全,2013,(3):5-8.

[49]刘欣,韩豪,孙国娟,等.中国食品追溯体系现状及发展趋势[J].食品安全导刊,2016,(11):74-75

[50]孙宝国,周应恒.中国食品安全监管策略研究[M].北京:科学出版社,2013.

[51]段一泓.全面质量管理的演进(上)[J].中国质量,2018(5):37-39.

[52]段一泓.全面质量管理的演进(下)[J].中国质量,2018(6):35-37.

[53]上海质量编辑部.中国质量管理之父:刘源张[J].上海质量,2014,(2):10-13.

[54]吕叔湘,丁声树.现代汉语词典(第7版)[M].北京:商务印书馆出版,2016.

[55]安建,张穹,牛盾.中华人民共和国农产品质量安全法释义[M].北京:法律出版社,2006.

[56]张建新,沈明浩.食品环境学[M].北京:中国轻工业出版社,2006.

[57]张建新.食品标准与技术法规(第二版)[M].北京:中国农业出版社,2014.

[58]文容.论我国食品安全监管法律制度的完善[D].湘潭大学学报,2013.

[59]付文丽,陶婉亭,李宁.创新食品安全监管机制的探讨[J].中国食品学报,2015,15(5):261-266.

[60]田林.食用农产品安全监管问题的立法比较研究[J].食品科学,2015,36(9):265-270.

[61]刘兆彬.《食品安全法》修订重在质量[J].中国质量技术监督,2015,(1):50-53.

[62]刘兆彬.食品安全现代化治理体系的核心是社会共治[N].经济日报,2018.

[63]吴亚东,李钊对体系、制度、机制、体制相关概念的辨析与理解[J].现代商贸工业,2010,(4):237-238.

[64]张忠军.金融监管法论[M].北京:法律出版社,1998.

[65]刘录民.我国食品安全监管体系研究[M].北京:中国质检出版社,2013.

[66]王振旭,魏法山,乔青青.我国食品标准的现状及存在的问题[J].食品安全导刊,2017,(6):016-17.

[67]陈佳维,李保忠.中国食品安全标准体系的问题及对策[J].食品科学,2014,35(9):334-338.

[68]刘云.论我国食品安全标准的法律制度及其改革[J].法治社会,2018,(3):71-78.

[69]樊永祥,何来英,韩宏伟,等.完善食品安全标准制度研究[J].中国食品卫生杂志,2014,26(4):324-328.

[70]樊永祥.落实健康中国2030规划纲要完善食品安全标准体系研究[J].中国食品卫生杂志,2016,28(6):687-691.

[71]李江华.建立健全农产品质量安全标准体系[J].食品科学,2008,29(8):685-687.

[72]于航宇,樊永祥.我国食品安全地方标准存在的问题及管理建议[J].中国食品卫生杂志,2016,28(2):230-234.

[73]迟玉杰.保健食品学.北京:中国轻工业出版社,2016.

[74]汤晓艳,郭林宇,王敏,等.农产品质量安全标准体系发展现状与主攻方向[J].农产品质量与安全,2017,(6):3-8.

[75]郑鹭飞.我国农业投入品标准体系的现状与问题分析[J].农产品质量与安全,2016,(6):24-27.

[76]陈志红,杨学军,鄢胜波.天门市农业投入品管理现状与对策[J].湖北植保,2017,(6):3-4.

[77]邱从乾,王李伟,李洁.香港、新加坡餐饮食品安全监管状况及启示[J].上海食品药品监管情报研究,2014,12(15):1-4.

[78]孙静.食品快速检测技术在餐饮监管中的应用[J].现代食品,2016,(10):14-15.

[79]韩雪芳,王晓莉.食品安全监管现状分析[J].现代食品,2016,(10):3-7.

[80]本书组编会(阎祖强等).餐饮服务单位食品安全ABC规范化管理[M].上海:上海文化出版社,2014.

[81]许淑琴,杨志敏.兰州市餐饮业食品安全监管现状及对策探索[J].食品安全导刊,2018,(8):8-9.

[82]王天西.预包装食品标签标注常见问题研究[J].质量技术监督研究,2018,(3):46~50,60.

[83]杨明月,金卫,蒋婷婷.预包装食品标签实施过程中存在的问题及分析[J].食品安全质量检测学报,2017,8(12):4921~4924.

[84]杨明月,黄锐,庞源.预包装食品标签常见问题及规范措施[J].食品与发酵科技,2015,51(5):104~107.

[85]王小芳,张鹏飞,仝丽梅."电子监管码"知多少[J].印刷世界,2012,(11):27-29.

[86]吴悦,臧恒昌.我省药品电子监管码实施情况调研[J].海峡药学,2013,25(10):203-205.

[87]石晨旭.发展广告学与广告史研究[J].广告大观(理论版).2018,(4):18-23.

[88]任韧.我国保健食品相关犯罪问题研究[D].中国公安大学学报,2017.

[89]张丽君.食品中华老字号——老字号里的顶梁柱[J].中国食品工业.2019,(12):70-71.

[90]励建荣.论中国传统食品的工业化和现代化[J].食品工业科技,2004,(2):6-12.

[91]曹志勇,张建新,周文利,等蒲城橡头馍与普通馒头的品质特性比较[J].麦类作物学报.2017,37(5):639-646

[92]胡小松.传统食品工业化发展面临四大挑战[J].中国连锁,2013,(7):2.

[93]王箱强.乐清市传统食品安全监管研究[D].福建农林大学学报,2016.

[94]赵广立.中国工程院院士孙宝国:传统食品现代化势在必行[N].科学新闻,2015,(3):40-41.

[95] 章建浩.食品包装学(第四版)[M].北京:中国农业出版社,2016

[96] 韩宇.过度包装产生原因研究[J].江苏商论,2005,(3):51-52.

[97] 中国包装网.包装材料对食品安全的影响分析[J].中国包装,2018,(3):63-67.

[98] 汤秀华.做好商品过度包装计量监督服务节能减排[J].中国计量,2013,(2):27.

[99] 宋寒.外卖食品包装的现存问题及相关对策分析[J].工业设计,2018,(12):75-76.

[100] 许超.过度包装的抑制举措[J].美术向导,2008,(4):58-59.

[101] 刘思敏.再议循环经济与适度包装——推行适度包装客观分析[J].上海包装,2005,(1):1-2.

[102] 陈天华.我国保健食品包装的几个关键问题及其对策研究[D].河北科技大学学报,2011.

[103] 喻子龙.月饼包装的减量化设计研究[D].湖南工业大学学报,2017.

[104] 郭杰.解析"过度包装"现象——以中国传统节日食品包装设计为例[J].中国艺术,2018,(5):44-49.

[105] 马菁.节约型社会中的食品包装设计需求[J].设计,2019,(3):88-89.

[106] 王学民,刘丽敏.从过度包装走向适度包装[J].经济论坛,2006,(12):61-62.

[107] 义峰.上海严查月饼过度包装行为[J].广东印刷,2014,(4):4.

[108] 周洁,苗小虎.论商品的过度包装与企业的社会责任[J].江苏商论,2010,(9):11-13.

[109] 孙巨虎.对《食品和化妆品包装计量检验规则》的两点看法[J].中国计量,2018,(2):67.